中航工业检测及焊接人员资格鉴定与认证
系列培训教材

航空非金属材料性能测试技术
③ 油料与涂料

航空非金属性能鉴委会　　组织编写
李凤兰　于献　马永福　编　著

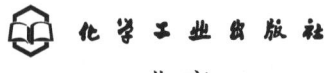

·北京·

本书系统介绍了油料和涂料两类非金属材料的种类、结构、性能、制备、用途等基础知识，工艺特征与性能测试等专业知识。重点描述了材料的性能测试方法，包括试验原理、试验方法、操作步骤要求、数据处理、试验异常处理等。试验方法基本覆盖了航空、航天对该材料要求的各项性能，并与国外相应的试验方法进行了比较；性能测试从原理入手，对设备和试样要求、试验步骤、数据处理及影响因素进行阐述。本书是航空非金属材料性能测试技术培训教材，其知识结构和深度符合 HB7475 中 II 级资格证的要求，适用于油料、涂料技术人员及分析检测人员阅读。

图书在版编目（CIP）数据

航空非金属材料性能测试技术. 3. 油料与涂料/李凤兰，于献，马永福编著；航空非金属性能鉴委会组织编写. —北京：化学工业出版社，2014.11
ISBN 978-7-122-21889-6

Ⅰ. ①航⋯　Ⅱ. ①李⋯ ②于⋯ ③马⋯ ④航⋯　Ⅲ. ①航空材料-非金属材料-性能检测②航空油料-性能检测③航空材料-涂料-性能检测　Ⅳ. ①V250.2

中国版本图书馆 CIP 数据核字（2014）第 220669 号

责任编辑：李晓红　　　　　　　　　　　　装帧设计：王晓宇
责任校对：宋　夏

出版发行：化学工业出版社（北京市东城区青年湖南街 13 号　邮政编码 100011）
印　　装：北京科印技术咨询服务有限公司数码印刷分部
710mm×1000mm　1/16　印张 14¼　字数 262 千字　2014 年 11 月北京第 1 版第 1 次印刷

购书咨询：010-64518888　　　　　　　　售后服务：010-645198899
网　　址：http://www.cip.com.cn
凡购买本书，如有缺损质量问题，本社销售中心负责调换。

定　价：58.00 元　　　　　　　　　　　　　　　　版权所有　违者必究

编审委员会

主　任　李　伟

副主任　李　莉　　陶春虎

成　员（以姓氏笔画为序）

于　浩	王　斌	王宇魁	尹泰伟	叶　勇
史亦韦	吕　健	刘　嘉	刘昌奎	刘晓燕
闫秀芬	李　伟	李　泽	李　剑	李　莉
李秀芬	杨国腾	杨春晟	杨胜春	何　军
何玉怀	张世林	张田仓	张学军	张银东
武振林	苗蓉丽	欧阳小琴	季　忠	金冬岩
胡成江	侯丽华	徐友良	郭广平	郭子静
陶春虎	黄玉光	章菊华	熊　瑛	

编审委员会秘书处

主　任　宋晓辉

成　员

马　瑞	马文利	任学冬	李　彦	李　轩
宋晓辉	张文扬	周静怡	赵　梦	盖依冰
焦泽辉	谢文博	程　琴		

序 PREFACE

公元前 2025 年的汉谟拉比法典，就提出了对制造有缺陷产品的工匠给予严厉的处罚，当然，在今天的以人为本的文明世界看来是不能予以实施的。即使在当时，汉谟拉比法典在总体上并没有得到真正有效的实施，其主要原因在于没有理化检测及评定的技术和方法用以评价产品的质量以及责任的归属。从公元前 2025 年到世界工业革命前，对产品质量问题处罚的重要特征是以产品质量造成的后果和负责人为对象的，而对产品制造过程和产品质量的辨识只能靠零星、分散、宏观的经验世代相传。由于理化检测和评估技术的极度落后，汉谟拉比法典并没有解决如何判别造成质量问题和失效的具体原因的问题。

近代工业革命给人类带来了巨大物质文明，也不可避免地给人类带来了前所未有的灾难。约在 160 多年前，人们首先遇到了越来越多的蒸汽锅炉爆炸事件。在分析这些失效事故的经验教训中，英国于 1862 年建立了世界上第一个蒸汽锅炉监察局，把理化检测和失效分析作为仲裁事故的法律手段和提高产品质量的技术手段。随后在工业化国家中，对产品进行检测和分析的机构相继出现。而材料和结构的检测开始受到重视则是近半个世纪的事情。第二次世界大战及后来的大量事故与故障，推动了力学、无损、物理、化学和失效分析的快速发展，如断裂力学、损伤力学等新兴学科的诞生以及扫描电镜、透射电镜、无损检测、化学分析等大量的先进分析设备等的应用。

毋庸置疑，产品的质量可靠性要从设计入手。但就设计而言，损伤容限设计思想的实施就需要由无损检测和设计用力学性能作为保证，产品从设计开始就应考虑结构和产品的可检性，需要大量的材料性能数据作为设计输入的重要依据。

就材料的研制而言，首先要检测材料的化学成分和微观组织是否符合材料的设计要求，性能是否达到最初的基本设想。而化学成分、组织结构与性能之间的协调关系更是研制高性能材料的基础，对于材料中可能存在的缺陷，更需要无损检测的识别并通过力学损伤的研究提供判别标准。

就构件制造而言，一个复杂或大型结构需要通过焊接来实现，要求在结构设计时就对材料可焊性和工艺可实施性进行评估，使选材具有可焊性，焊接结构具有可实施性，焊接接头缺陷具有可检测性，焊接操作者具有相应的技能水平，这样才能获得性能可靠的构件。

检测和焊接技术在材料的工程应用中的作用更加重要。失效分析作为服役行为和对材料研制的反馈作用已被广泛认识，材料成熟度中也已经考虑了材料失效模式是否明确；完善的力学性能是损伤容限设计的基础，材料的可焊性、无损检测和失效模式不仅是损伤容限设计的保证，也是产品安全和可靠使用的保证。

因此，理化检测作为对材料的物理化学特性进行测量和表征的科学，焊接作为构件制造的重要方法，在现代军工产品质量控制中具有非常重要的地位和作用，是武器装备发展的重要基础技术。理化检测和焊接技术涉及的范围极其广泛，理论性与实践性并重，在军工产品制造和质量控制中发挥着越来越重要的作用。近年来，随着国防工业的快速发展，材料和产品的复杂程度日益提高，对产品安全性的保证要求越来越严格；同时，理化检测和焊接新技术日新月异，先进的检测和焊接设备大量应用，对理化检测和焊接从业人员的知识、技能水平和实践经验都提出了更高的要求。

为贯彻《军工产品质量管理条例》和GJB《理化试验质量控制规范》，提高理化检测及焊接人员的技术水平，加强理化实验室的科学管理和航空产品及科研质量控制，中国航空工业集团公司成立了"中国航空工业集团公司检测及焊接人员资格认证管理中心"，下设物理冶金、分析化学、材料力学性能、非金属材料性能、无损检测、失效分析和焊工七个专业人员资格鉴定委员会，负责组织中航工业理化检测和焊接人员的专业培训、考核与资格证的发放工作。为指导培训和考核工作的开展，中国航空工业集团公司检测及焊接人员资格认证管理中心组织有关专家编写了"中航工业检测及焊接人员资格鉴定与认证系列培训教材"。

这套教材由长期从事该项工作的专家结合航空工业的理化检测和焊接技术的需求和特点精心编写而成，包括了上述七个专业的培训内容。教材全面、系统地体现了航空工业对各级理化检测和焊接人员的要求，力求重点突出，强调实用性而又注意保持教材的系统性。

这套教材的编写得到了中航工业质量安全部领导的大力支持和帮助，也得到了行业内多家单位的支持和协助，在此一并表示感谢。

中国航空工业集团公司
检测及焊接人员资格认证管理中心

前言 FOREWORD

以高分子为基础的非金属材料，包括复合材料、橡胶、密封剂、塑料、纺织材料、胶黏剂、油料、涂料8类材料，由于具有密度小、重量轻等优点，在飞机、火箭等航空、航天器上的应用日益广泛和重要。以复合材料为例，在B787的飞机结构重量中占50%以上，在A380飞机上占25%以上，且应用于机翼、机身、垂尾、平尾、地板梁、整流罩、部分舱门、发动机机匣等重要部位。橡胶密封件用于飞机、航天器的液压系统、滑油系统、燃油系统、环境控制系统等，需在使用温度、系统压力等作用下具有良好的密封稳定性，否则影响飞行器的可靠性，甚至发生重大飞行事故，如美国挑战者号航天飞机就因密封圈失效造成了空中爆炸。密封剂是飞机整体油箱的关键材料，燃料性能更是飞机飞行安全的保证……。总之，非金属材料作为重要功能材料或结构材料，其性能直接决定了飞行器的飞行安全性和经济性。

航空非金属材料的性能测试，作为航空工业的重要技术基础，是确保装机产品质量，实施产品质量控制的重要手段。

中航工业非金属性能鉴定委员会（以下简称鉴委会）是"中国航空工业集团公司检测及焊接人员资格认证管理中心"下属的7个专业人员资格鉴定委员会之一，其主要任务是依据HB7475《航空非金属性能检测人员的资格鉴定》对从事航空非金属材料性能测试的人员进行技术培训和资格考核。鉴委会成立于1989年，25年来为国内航空工业培训并考核了数千名非金属材料性能检测人员，同时也有来自包括航天、兵器、核工业、空军修理厂、汽车制造业等行业的检测人员。

为配合培训和考核工作的开展，20世纪90年代初，鉴委会的张向宇、杨力东、邵毓俊、杜灵玄、周以琏、陈慧敏等同志编写了《非金属性能检测丛书》，包括《复合材料测试》、《塑料测试》、《胶黏剂测试》、《橡胶测试》、《密封剂测试》、《特种纺织品及性能检测》、《涂料测试》、《油料测试》8册，在对检测人员的培训和资格鉴定过程中发挥了重要作用。随着航空工业的发展，新材料、新技术、新设备的不断涌现，需要重新编写培训教材。从2002年开始，鉴委会编制了新的培训教材，并随后逐年进行修订、更新。在此基础上，2011年对教材再次进行全面更新，经3年来的试用和完善，完成了这套《航空非金属材料性能测试技术》的编著。

《航空非金属材料性能测试技术》按材料分为5个分册，包括《橡胶与密封剂》、《塑料与纺织材料》、《胶黏剂》、《油料与涂料》和《复合材料》，与新修订的HB7475《航空非金属性能检测人员的资格鉴定》的专业划分相适宜，也与各航空企业内测试专业的设置相符合。各分册的章节设置大致相同，简要介绍了材料的结构、组成等基础知识，工艺特征、性能测试等专业知识。重点阐述了材料的性能测试方法，包括试验原理、试验方法、操作步骤要求、数据处理、试验异常处理和案例分析等，旨在提高检测人员的检测水平和对实验数据处理、分析能力，其知识结构和深度符合 HB7475 的要求。

《航空非金属材料性能测试技术》是为中航工业航空非金属材料性能检测人员技术培训、考核和资格鉴定工作编写的，也可供其他从事非金属材料性能检测的专业人员学习和参考。编著者均为中航工业科研院所及飞机、发动机厂的专业人员，有着 20 多年从事航空非金属材料性能测试的技术、学术实践和培训教学经验。其中，《油料与涂料》由李凤兰、于献、马永福编著，全书由章菊华统稿。

《油料与涂料》分为油料、涂料两部分。油料部分介绍了当前航空上使用的油料的基础知识、物理性能测试、化学性能测试、试验室常用物品及安全知识等。涂料部分对基础知识、施工工艺和物理、化学性能测试等均进行了介绍。本分册重点描述了两种材料的性能测试方法，包括试验原理、试验方法、操作步骤要求、数据处理、影响因素等。试验方法基本覆盖了航空、航天对该材料要求的各项性能，并与国外相应的试验方法进行了比较。

本分册在编写过程中参考了国内外的相关著作、文章和标准，从中得到了许多启发和帮助。需要特别说明的是，油料部分是在西安航空动力股份有限公司苏成桂高工编写的 2002 版培训教材的基础上完成的，在此对苏成桂高工表示特别感谢。全书得到了北京航空材料研究院橡胶与密封研究所所长刘嘉研究员的大力支持，同时北京化工大学的何立凡、西安航空动力股份有限公司的李航等也参与了审校工作，在此一并表示感谢。

由于水平有限，书中难免有疏漏和错误之处，敬请读者批评指正。

编著者
2014 年 9 月

目录 | CONTENTS

第一篇 油 料

1 基础知识 ……………………………………………………………………… 002
  1.1 概述 ………………………………………………………………………… 002
  1.2 分类与组成 ………………………………………………………………… 002
    1.2.1 分类 …………………………………………………………………… 002
    1.2.2 组成 …………………………………………………………………… 004
  1.3 性能与用途 ………………………………………………………………… 008
    1.3.1 航空汽油的性能和用途 ……………………………………………… 008
    1.3.2 喷气燃料的性能和用途 ……………………………………………… 010
    1.3.3 航空液压油的性能和用途 …………………………………………… 011
    1.3.4 航空润滑油的性能和用途 …………………………………………… 012
    1.3.5 航空润滑脂的性能和用途 …………………………………………… 014
    1.3.6 固体润滑剂 …………………………………………………………… 015
  1.4 常用油料 …………………………………………………………………… 015
    1.4.1 航空燃料 ……………………………………………………………… 015
    1.4.2 航空润滑油 …………………………………………………………… 016
    1.4.3 航空液压油 …………………………………………………………… 018
    1.4.4 航空润滑脂 …………………………………………………………… 019
    1.4.5 固体润滑剂 …………………………………………………………… 025

2 物理性能的测定 …………………………………………………………… 029
  2.1 密度的测定 ………………………………………………………………… 029
    2.1.1 定义及原理 …………………………………………………………… 029
    2.1.2 仪器、设备 …………………………………………………………… 029
    2.1.3 操作要点 ……………………………………………………………… 030
    2.1.4 结果评定 ……………………………………………………………… 031
    2.1.5 讨论 …………………………………………………………………… 031
  2.2 黏度及锥入度的测定 ……………………………………………………… 032
    2.2.1 石油产品黏度的测定 ………………………………………………… 032
    2.2.2 润滑脂锥入度的测定 ………………………………………………… 034
  2.3 馏程的测定 ………………………………………………………………… 036

  2.3.1　概述 ·········· 036
  2.3.2　馏程测定法 ·········· 037
 2.4　冰点与凝点的测定 ·········· 039
  2.4.1　概述 ·········· 039
  2.4.2　冰点测定法 ·········· 040
  2.4.3　凝点的测定 ·········· 040
  2.4.4　倾点的测定 ·········· 042
 2.5　杂质分析 ·········· 043
  2.5.1　润滑脂的检验 ·········· 043
  2.5.2　油中杂质的检验 ·········· 049
 2.6　安定性的测定 ·········· 056
  2.6.1　润滑脂滴点的测定 ·········· 056
  2.6.2　润滑脂胶体安定性的测定 ·········· 059

3　化学性能试验 ·········· 062

 3.1　水溶性酸或碱及酸值的测定 ·········· 062
  3.1.1　水溶性酸或碱 ·········· 062
  3.1.2　润滑油酸值的测定 ·········· 063
 3.2　闪点及燃点的测定 ·········· 068
  3.2.1　开口闪点及燃点 ·········· 068
  3.2.2　闭口闪点的测定 ·········· 069
 3.3　化学安定性的测定 ·········· 070
  3.3.1　实际胶质测定法 ·········· 070
  3.3.2　氧化腐蚀测定 ·········· 072
  3.3.3　润滑油氧化安定性的测定 ·········· 075
  3.3.4　润滑脂化学安定性试验 ·········· 078
 3.4　腐蚀性试验 ·········· 081
  3.4.1　润滑油232℃腐蚀测定法 ·········· 081
  3.4.2　石油产品铜片腐蚀试验法 ·········· 082
  3.4.3　润滑脂腐蚀试验法 ·········· 083
  3.4.4　润滑脂防护性能测定 ·········· 084

4　防锈油脂的防锈性试验方法 ·········· 086

 4.1　防锈油脂湿热试验方法 ·········· 086
  4.1.1　测定湿热试验用湿热箱设备 ·········· 086
  4.1.2　结果评级 ·········· 087
 4.2　防锈油脂盐雾试验方法 ·········· 087

		4.2.1 测定盐雾试验用的标准盐雾箱 ·· 087
		4.2.2 结果评定 ·· 087
	4.3	防锈油脂的防护性能试验 ··· 087
	4.4	湿热试验和盐雾试验测定过程注意事项 ·································· 088
5	航空油料及润滑脂国内外常用试验方法 ··· 089
6	试验室常用物品及安全知识 ·· 092
	6.1	化学试剂 ··· 092
		6.1.1 化学试剂的等级 ·· 092
		6.1.2 试剂的取用方法 ·· 092
		6.1.3 使用试剂注意事项 ··· 093
	6.2	玻璃仪器 ··· 093
		6.2.1 常用玻璃仪器 ··· 093
		6.2.2 玻璃仪器的洗涤 ·· 096
		6.2.3 玻璃仪器的干燥 ·· 096
	6.3	加热仪器 ··· 096
		6.3.1 电热恒温水浴锅 ·· 096
		6.3.2 电热恒温干燥箱 ·· 097
		6.3.3 高温炉 ·· 097
	6.4	零星常用物品 ·· 098
		6.4.1 常用干燥剂 ·· 098
		6.4.2 常用制冷剂 ·· 098
		6.4.3 其他常用物品 ··· 098
	6.5	试验室安全知识 ··· 099
		6.5.1 油料试验室人员遵守规则 ·· 100
		6.5.2 一般伤害的救护 ·· 100
		6.5.3 试剂的使用与保管 ··· 101
		6.5.4 试验室灭火常识 ·· 102

参考文献 ··· 103

第二篇 涂 料

7	基础知识 ·· 106
	7.1 涂料的作用和基本特性 ··· 106
	7.1.1 涂料的作用 ·· 106
	7.1.2 涂料的基本特性 ··· 107

7.2 涂料的组成和分类 109
   7.2.1 涂料的组成 109
   7.2.2 涂料的分类 110
7.3 涂料的命名与型号 112
   7.3.1 涂料的命名 112
   7.3.2 涂料型号 112
7.4 涂料施工 114
   7.4.1 涂料的成膜过程 114
   7.4.2 涂料的成膜方式 115
   7.4.3 涂层系统的选择 117
   7.4.4 涂料的施工方法 118
   7.4.5 涂装的施工程序 120
   7.4.6 涂层的病态及其原因 122
7.5 航空涂料的主要品种 123
   7.5.1 醇酸树脂涂料 123
   7.5.2 氨基涂料 124
   7.5.3 硝基涂料 125
   7.5.4 过氯乙烯涂料 127
   7.5.5 丙烯酸涂料 128
   7.5.6 环氧涂料 129
   7.5.7 聚氨酯涂料 130
   7.5.8 有机硅涂料 132
   7.5.9 特种涂料 133

8 涂料的物理和化学性能测试 — **134**
8.1 涂料产品取样 134
   8.1.1 产品类型 134
   8.1.2 取样数目 134
   8.1.3 盛样容器和取样器械 135
   8.1.4 待取样产品的初检 135
   8.1.5 取样 136
8.2 密度的测定 137
   8.2.1 原理 137
   8.2.2 仪器设备 137
   8.2.3 试验步骤 138
   8.2.4 结果评定 138

   8.2.5 讨论 139
  8.3 固体含量及挥发物和不挥发物的测定 139
   8.3.1 固体含量的测定 139
   8.3.2 挥发物和不挥发物的测定 141
  8.4 黏度和细度的测定 142
   8.4.1 黏度的测定 142
   8.4.2 细度的测定 146
  8.5 酸值、酸价和皂化值的测定 148
   8.5.1 酸值的测定 148
   8.5.2 酸价的测定 150
   8.5.3 皂化值的测定 152

9 涂膜施工及表观性能的测定 154
  9.1 涂膜制备及状态调节 154
   9.1.1 涂膜一般制备法 154
   9.1.2 测定耐湿热、耐盐雾、耐候性（人工加速）的漆膜制备法 156
   9.1.3 绝缘漆漆膜制备法 157
   9.1.4 涂料试样状态调节和试验的温湿度 158
  9.2 光泽、颜色及外观的测定 158
   9.2.1 光泽的测定 158
   9.2.2 颜色及外观的测定 160
  9.3 涂膜干燥性能的测定 161
   9.3.1 表面干燥试验方法 162
   9.3.2 漆膜、腻子膜干燥时间测定 162
  9.4 涂膜的流平性及流挂性测定 164
   9.4.1 流平性的测定 164
   9.4.2 流挂性的测定 165
  9.5 涂膜厚度与遮盖力的测定 166
   9.5.1 厚度的测定 166
   9.5.2 遮盖力的测定 168

10 涂膜力学性能的测定 171
  10.1 柔韧性与冲击强度的测定 171
   10.1.1 柔韧性的测定 171
   10.1.2 弯曲试验 172
   10.1.3 冲击强度的测定 174
  10.2 硬度的测定 176

  10.2.1 摆杆阻尼硬度的测定 ·· 176
  10.2.2 铅笔硬度的测定 ·· 178
  10.2.3 划痕硬度的测定 ·· 179
  10.2.4 压痕试验 ·· 180
 10.3 涂膜附着力的测定 ·· 181
  10.3.1 画圈法附着力测定 ·· 182
  10.3.2 划格法附着力的测定 ··· 183
  10.3.3 拉开法附着力测定 ·· 185
  10.3.4 附着力测定结果讨论 ··· 186

11 涂膜的耐介质和耐环境性能的测定 ························· **188**
 11.1 耐介质性测定 ·· 188
  11.1.1 耐水性的测定 ··· 188
  11.1.2 耐汽油性测定 ··· 189
  11.1.3 耐化学试剂性测定 ·· 190
  11.1.4 耐盐雾测定 ·· 191
 11.2 耐环境性测定 ·· 192
  11.2.1 耐热性测定 ·· 192
  11.2.2 耐湿热测定 ·· 193
  11.2.3 耐霉菌测定 ·· 194
  11.2.4 漆膜的人工气候老化和人工辐射暴露测定 ············ 196

12 涂膜的其他物理性能测定 ······································· **198**
 12.1 耐磨性的测定 ·· 198
  12.1.1 原理 ··· 198
  12.1.2 材料和仪器设备 ·· 198
  12.1.3 试验步骤 ·· 199
  12.1.4 讨论 ··· 199
 12.2 磨光性的测定 ·· 199
  12.2.1 原理 ··· 199
  12.2.2 材料及仪器设备 ·· 199
  12.2.3 试验步骤 ·· 200
  12.2.4 试验结果评定 ··· 200
 12.3 耐码垛性试验 ·· 200
  12.3.1 原理 ··· 200
  12.3.2 仪器设备及材料 ·· 200
  12.3.3 试验步骤 ·· 201

  12.3.4　结果评定 …… 201
 12.4　杯突试验 …… 202
  12.4.1　原理 …… 202
  12.4.2　设备及材料 …… 202
  12.4.3　试验步骤及结果判定 …… 202
 12.5　无印痕试验 …… 203
  12.5.1　原理 …… 203
  12.5.2　材料及设备 …… 203
  12.5.3　试验步骤及评定结果 …… 204
  12.5.4　讨论 …… 204

13　绝缘漆漆膜特殊性能测定 …… 205
 13.1　绝缘漆漆膜吸水率和耐油性的测定 …… 205
  13.1.1　绝缘漆漆膜吸水率的测定 …… 205
  13.1.2　绝缘漆漆膜耐油性的测定 …… 206
 13.2　绝缘漆的体积电阻和表面电阻 …… 206
  13.2.1　原理 …… 206
  13.2.2　材料和仪器设备 …… 206
  13.2.3　测定方法 …… 207
  13.2.4　结果评定 …… 208
 13.3　绝缘漆耐击穿强度的测定 …… 208
  13.3.1　原理 …… 208
  13.3.2　材料和仪器设备 …… 208
  13.3.3　测试方法 …… 209
  13.3.4　结果评定 …… 209
 13.4　绝缘漆耐电弧性的测定 …… 210
  13.4.1　原理 …… 210
  13.4.2　材料和仪器设备 …… 210
  13.4.3　试验步骤 …… 210
  13.4.4　结果评定 …… 211
  13.4.5　讨论 …… 211

14　国内外涂料试验方法 …… 212

参考文献 …… 214

第一篇 油 料

航空非金属材料性能测试技术

3 油料与涂料

1

基础知识

1.1 概述

航空油料是航空燃料、液压油、航空特种仪表油和航空润滑材料的总称。

航空燃料是飞机的动力源,同时还是润滑系统、液压系统及许多部件、设备的优良冷却剂,并兼作燃油系统摩擦部件的润滑剂。现代大型远程飞机中,燃油质量超过飞机总质量的50%,燃油消耗费用也占飞机材料直接费用的一半以上。

多种形态的润滑材料是飞机、发动机及机载设备上各系统不可缺少的功能材料。因使用部位和工作条件截然不同,润滑材料的作用、状态和性能要求差别很大。正确合理的选用润滑材料对保障飞机、发动机及各机载设备的正常工作和飞机飞行安全起着非常重要的作用,它们虽然不是结构材料,但在航空材料中却占有特别重要的地位。

1.2 分类与组成

1.2.1 分类

航空油料按功能可分为:燃料、润滑油、液压油、特种仪表油、润滑脂及固体润滑剂等几大类材料,每一类材料按其组成,或特性,或用途的不同而进行分类。其中固体润滑剂是近些年发展起来的一种新型润滑材料,从形态上、组成上区别于传统的润滑油和润滑脂,已越来越多的应用于飞机、发动机和机载设备的需要特殊部位。

(1) 航空燃料 当前,飞机广泛采用的仍限于化学燃料,主要为石油燃料,或称烃类燃料。烃类燃料系轻质石油馏分,为各种烃类的复杂混合物,烃含量达96%~99%,包括烷烃、环烷烃、芳烃等,其余组分为非烃和杂质。

因发动机的工作原理不同,燃料分为不同类型。航空发动机大多以空气为氧化剂,而火箭发动机则自身携带氧化剂。以空气为氧化剂的航空燃料分为两大类:①活塞式发动机使用的航空汽油;②喷气发动机使用的喷气燃料。近年来还采用合成烃和其他高能化学燃料。因喷气式飞机已在广泛领域内取代活塞式螺旋桨飞机,航空汽油的比例愈来愈小,因而品种和性能要求也无显著变化。随着喷气式飞机的迅速发展,对燃料的各种性能和数量都不断提出新的要求,促使喷气燃料性能不断改进,新品种也不断产生。

(2) 航空润滑油 航空润滑油为用以润滑和冷却航空发动机的轴承、齿轮等摩擦件的液体。按用途分为活塞式发动机润滑油和燃气涡轮发动机润滑油。活塞式发动机用的润滑油一般采用石油基润滑油(或称矿物油)。燃气涡轮发动机早期采用石油基润滑油。但随着发动机性能的提高,石油基润滑油在抗热氧化安定性和抗炭化结焦油泥性能上已不能满足要求,逐渐转向使用合成润滑油。合成油具有黏-温性能好,分解温度可高达200℃~320℃,加入抗氧化剂、金属钝化剂及极压添加剂等后,还能使其使用性能进一步提高。

(3) 航空液压油 飞机机械系统中一般含有液压装置,如飞行控制器、起落架机构、机翼操纵系统、尾舵等,这些装置工作的准确性直接关系到飞行的安全。液压油是系统中机械能传递和转换的工作介质,同时对系统活动部件起润滑作用。

(4) 航空仪表油 航空仪表油是航空润滑油的一部分,主要用以润滑仪表摩擦部件,如微型轴承、齿轮机构、陀螺等仪表。要求有一定的耐热氧化性能,保证长期使用不变质、无油泥、不结焦、不产生漆膜。由于仪表的部件小而且精密度高,接触面小而单位面积负荷大,因此须有一定的耐负荷润滑性能。

(5) 航空润滑脂 润滑脂是一种介质于液体与固体之间的膏状润滑材料。它是由稠化剂分散在液体润滑剂中构成的分散体系。为了使其具有某些特殊性能,还可加入其他组分(添加剂或填料)构成混合体系。润滑脂在飞机上应用很广,如用于飞机操作系统,起落架系统,电气、仪表及各种机械和动力装置中的滚动、滑动轴承,齿轮、螺杆等各种摩擦部件,使用航空润滑脂可以减少航空机械的摩擦与磨损,也可以保护零件表面不被腐蚀或氧化,还可以起到良好的密封作用。

(6) 固体润滑剂 随着现代工业技术的发展需要,航空工业、宇宙空间技术、原子能应用等对润滑剂提出了更高的要求,摩擦面常出现极限状态(超高温、超高速、高真空),润滑油脂已不能适应该要求,因此固体润滑材料应运而生。目前固体润滑材料已发展为润滑剂的一大分支,在解决极限状态方面,特别是在解决机械设备的自润滑问题上有了很大的进展,国内外相继发展了各种自润滑材料。

固体润滑材料已成为航空润滑剂中不可缺少的一大类别。固体润滑材料在使用中不能补充,其使用寿命应和飞机部件的翻修寿命一致。在实际应用中,主要有黏结型固体润滑膜(又称干膜润滑剂)、化学转化膜、等离子喷涂膜、聚四氟乙烯编织物、浅射润滑膜、自润滑复合材料等。

1.2.2 组成

1.2.2.1 石油的化学组成

石油不是一种单一的化合物,是许多碳氢化合物的混合物。从元素组成来说,主要是碳(占83%~87%),其次是氢(占11%~14%),两者合计达96%~99%。其余是硫、氧、氮三元素,合计占1%~4%。此外还有许多微量的非金属元素(例如:氯、硅、磷、砷、碘等)和微量的金属元素(例如:钒、镍、钛、钙、铜、钠、锌、铝、铅、钼等),合计含量在0.003%以下。在石油组分中,非金属元素以化合物状态存在,金属元素以配合物状态存在。

石油是由烃类(碳氢化合物的简称)和非烃类(除碳氢处还含有其他元素的化合物)两部分组成。烃类有烷烃、环烷烃、芳香烃(混合烃)、不饱和烃等;非烃类有含硫化合物、含氮化物、含氧化合物、胶质、沥青等。组成石油的主体是烃类,非烃类通常占百分之十几,但对石油加工和产品性能的影响很大。

(1) 烃类

① 烷烃(又称脂肪烃或蜡烃):烷烃是开链的饱和烃,通式为C_nH_{2n+2},式中n代表碳原子的数目。烷烃是石油中的主要成分,石油的种类不同,烷烃含量也有所不同。含烷烃多的油品抗氧化安定性好,贮存中不易氧化变质。

石油中的烷烃主要为液体或固体,液体烷烃是液体燃料的主要成分,如汽油、煤油,其中汽油烷烃为C_5~C_{12},煤油为C_{12}~C_{16}。石油中常温下的固态烃类叫做蜡,通常由馏分油中分离出来,当冷却后呈结晶状态析出。蜡存在油品中严重影响其低温流动性,应脱除。

② 环烷烃(又称脂环烃):环烷烃是闭链的饱和烃,通式为C_nH_{2n}。环烷烃无论对燃料油或润滑油都是理想组分。汽油中环烷烃的抗爆性很好,煤油中环烷烃和烷烃一样不易产生烟点,而且其凝固点较烷烃低,不致发生堵塞灯芯的情况。

③ 芳香烃:凡具有苯环结构的烃称为芳香烃。芳香烃按结构可分为三类。a. 单环芳香烃,分子中只有一个苯环的芳香烃,即苯及其同系物。b. 多环芳香烃,分子中含有两个或两个以上独立苯环的芳香烃。c. 稠环芳香烃,分子中含

有两个或两个以上的苯环并且彼此间共用相邻碳原子稠合而成的芳香烃。在各类烃中芳香烃的密度最大,故芳香烃含量高的石油比重大。芳香烃辛烷值高,抗爆性能好,是汽油的良好组分。油品中的芳香烃具有保护烷烃和环烷烃不被氧化的能力,因此人们将芳香烃看做是油品中的天然抗氧剂。

④ 不饱和烃:烯烃、二烯烃和环烯烃都是不饱和烃,它们都是分子中碳原子间有双键的化合物。烯烃只有一个双键,二烯烃有两个双键,环烯烃分子中碳原子结合成环状。

直链烯烃的分子通式为 C_nH_{2n},环烯烃和二烯烃为 C_nH_{2n-2},环二烯为 C_nH_{2n-4}。

在精制石油产品加热裂化时会生成大量烯烃,其中有二烯烃。烯烃是汽车用汽油的组分之一,二烯烃则是汽油中应该清除的不良杂质。油品中存在的不饱和烃使其抗氧化安定性变坏,不利于使用和贮存,在油品精制时,不饱和烃是清除的物质之一。

(2) 非烃类

① 含硫化合物:硫是石油中常见的元素之一。硫化物包括硫化氢和有机硫化物,一般原油中含硫量在千分之几。

含硫化物可分为活性和非活性两种硫化物。活性硫化物,如硫化氢(H_2S)、硫醇(RSH),能直接与金属作用造成腐蚀。非活性硫化物不能直接与金属作用,但受热后由于分解成硫醇、硫化氢,燃烧后产生二氧化硫或三氧化硫,这些硫化物对金属有腐蚀作用。

② 含氧化合物:石油中氧元素的 80%~90% 集中在胶质沥青质中,大约 10% 左右以石油酸的形态存在(环烷酸、脂肪酸及酚类统称为石油酸)。环烷酸是石油中主要的酸性含氧化合物,占总量的 95% 左右。

环烷酸还能与金属作用,其中与铅(Pb)、锌(Zn)作用更强,因此环烷酸对金属设备有腐蚀作用。

含氧化合物中的另一类是胶状物质,这是一些分子量很大,结构很复杂的物质。它们的组成中除了碳和氢以外,还含有氧、硫和氮等。胶状物质中主要有中性胶质和沥青质,对石油产品的性质有不良影响,使石油产品容易产生炭渣,尤其对滑油品质影响更大。

③ 含氮化合物:石油中氮的含量很少,一般为万分之几到千分之几,我国石油中氮含量约在 0.2%~0.5%。含氮化合物主要有吡啶、吡咯、喹啉和胺类等,氮化物性质很不稳定。当石油产品含氮量较多时,会使油品的热安定性降低,也是在加工过程中,清除的物质之一。

④ 胶质沥青质:胶质沥青质是一些含有 C、H、O、N、S 等多环化合物的混合物。原油中 90% 以上的氧,80% 以上的氮和 50% 以上的硫都集中在胶质沥青

质中。胶质沥青是石油中非烃类化合物的主体，一般轻质石油中其含量为 5%～10%，重质石油中含量为 40%～50%。

石油中胶质沥青质并不是某种单一的化合物，而是多种多样复杂的杂环化合物的混合物。它的存在对石油产品有害，可使油品颜色加深，氧化安定性下降，黏-温性变差，燃烧后形成积炭，增加磨损，所以在精制时也需将其清除。脱出的沥青经氧化可制成建筑、铺路和电器绝缘用的沥青。

⑤ 矿物质：矿物质含量一般是万分之几到十万分之几。石油中矿物质燃烧后形成灰分，灰分由 Si、Ca、Mg、Fe、Na、Al、Mn、Ni 等 38 种元素组成。在重质石油产品和石油蒸馏后的残油中矿物质含量较多。

1.2.2.2　航空汽油的组成

航空汽油由基础油、高抗爆性调合组分和添加剂组成。

(1) 航空汽油基础油　我国航空汽油基础油主要是以直馏柴油为原料，经催化裂化，催化精制而得到催化裂化汽油，或经催化裂化，加氢改质而得到汽油馏分。低品级的燃料，也可用部分直馏汽油作航空汽油基础油。

(2) 高抗爆性调合组分　它们可分异构烷烃和芳烃两类。前者主要是为了提高燃料的辛烷值，后者主要是为了提高燃料的品度值。通常采用的高抗爆性组分有：工业异辛烷、工业异丙苯、二甲苯等。

(3) 添加剂　包括改进抗爆性的乙基液，改进贮存安定性的抗氧剂 2,6-二叔丁基对甲酚和染色剂油溶黄，苏丹Ⅳ染料等。乙基液的主要成分是四乙基铅，乙基液的产品不同，则四乙基铅的含量也不一样（约含四乙基铅 54%～61.5%）。为了减少四乙基铅燃烧后发动机中产生氧化铅沉积的有害影响，还应加入二溴乙烷或溴乙烷等引出剂，使之燃烧后变成挥发的溴化铅，随废气排出。

1.2.2.3　喷气燃料的化学组成

不同牌号的喷气燃料及同一牌号不同产地的喷气燃料，其化学组成不同，可分为两大类。

① 烃族的组成：烷烃、环烷烃、芳烃、不饱和烃等。
② 元素组成：C、H、O、N、S 等，3 号喷气燃料油就是由直馏煤油馏分经碱洗、脱水等生产工序制得，并加入抗静电剂。

1.2.2.4　航空润滑油的组成

航空润滑油用于喷气发动机润滑系统或活塞式发动机润滑系统，按其组成可分为石油基润滑油和合成润滑油两大类。

(1) 石油基润滑油的组成　以天然矿物油为基础油，根据性能需要添加不同功能的性能改进剂调和而成。如含多效添加剂聚合物稠化馏分润滑油、含抗氧化剂天然低黏度馏分润滑油、天然残渣高黏度润滑油、含抗磨添加剂传动润滑油及含抗腐蚀添加剂封存润滑油等。

(2) 合成润滑油的组成 采用酯类油、聚酯醚油、聚合物稠化酯类油、氟碳与氟氯碳油、有机硅油等为基础油,添加相应的性能改进添加剂调和而成。

1.2.2.5 航空润滑脂的组成

润滑脂是由许多不同的组分组成的,每一组分都赋予润滑脂以某些特性。润滑脂主要由基础油、稠化剂、添加剂及填充剂组成。

(1) 基础油 基础油即分散介质,是润滑脂的主体组分,含量占70%～90%。基础油决定了润滑脂的性质,所以选择基础油很重要。黏度小的油制成的脂柔软细腻,黏度大的油使脂有强黏附力。用合成油作基础油有许多独特和优良的性能。如工作范围宽广、耐温性好、寿命长等。

(2) 稠化剂 稠化剂是分散相,润滑脂中的固态组分,占润滑脂总量10%～30%,它的性质与含量对润滑脂的性质有决定性影响。

常用的稠化剂有:

a. 皂基稠化剂,如钙皂、钠皂、锂皂、铝皂、钡皂、铅皂、锌皂等。

b. 烃基稠化剂,如石蜡、地蜡、石油脂等固态烃。

c. 有机稠化剂,如芳基脲、酰胺、酞菁颜料、聚四氟乙烯等。

d. 无机稠化剂,如膨润土、硅胶、炭黑、二硫化钼等。

稠化剂在基础油中形成结构骨架,紧密吸附着基础油,将其包含在一起,所以稠化剂要有适当的亲油性。一般是稠化剂含量越大,稠化力越强,润滑脂越黏稠。稠化剂耐热和耐水性能越好,制得的润滑脂耐水和耐热性能越好。

(3) 稳定剂 稳定剂又称溶胶剂或结构改进剂。是稳定润滑剂结构的添加剂,它实质上是稠化剂与油的结合剂。稳定剂是一些极性较强的化合物,如水、甘油、有机酸、醇、醚、胺等。

(4) 添加剂 为改善润滑脂某种性能而加入的物质,添加剂不应妨碍胶体结构的稳定性,如防锈剂和极压剂多为极性化合物,往往破坏脂的结构。需要注意的是,某些添加剂对润滑油有效,但对润滑脂可能效果很差。常用添加剂有抗氧剂、防锈剂、防腐剂、极压抗磨剂等。

1.2.2.6 固体润滑剂的组成

固体润滑材料是以固体的形式存在于两相对运动的表面,起润滑及减磨作用。因此固体润滑材料应具有:较小的摩擦系数和较好的耐磨性能,与负荷相适应的承载能力,高温下的抗氧化稳定性,相当高的导热性和最佳的热膨胀系数,在真空和各种特殊环境气氛中工作的适应能力,特别是抗咬合能力和抗疲劳破坏的能力等。

固体润滑材料由基材组元、润滑组元及各种辅助作用的其他组元按照一定的组成原则和配比,经过相应的工艺制备而成。

(1) 基材 基材是固体润滑材料的基体材料,固体润滑材料的物理、力学和化学等性能主要由基体材料来决定。金属基润滑材料的基材通常是金属，非金属基润滑材料的基材通常是高分子聚合物，陶瓷润滑材料的基材通常是陶瓷或金属和陶瓷。镀（涂）覆型润滑材料和黏结型润滑材料的基材可以是金属材料，也可以是非金属材料。背衬型润滑材料的基材一般是钢质或有机编织材料。

(2) 润滑材料　可以用作润滑组元的通常是固体润滑剂。它的种类较多，大致分为软金属、金属化合物、无机物和有机物等。

软金属包括：铅（Pb）、锡（Sn）、铟（In）、锌（Zn）、钡（Ba）、银（Ag）、金（Au）等，它们在压力加工、辐射、真空和高温等条件下，具有良好的润滑效果。

金属化合物有：金属氧化物（PbO、Pb_3O_4、Fe_3O_4等）、卤化物（CaF_2、BaF_2、$CdCl_2$、$CrCl_3$、$NiCl_2$、$CuBr_2$、CaI_2等）、硒化物（WSe_2、$MoSe_2$、$NbSe_2$等）、硫化物（MoS_2等）、磷酸盐（$Zn_3(PO_4)_2$等）、硫酸盐（Ag_2SO_4、$LiSO_4$等）和有机酸盐（各种金属的脂肪皂等）等。

无机物包括：石墨、氟化石墨、玻璃等，而滑石和云母等虽润滑性能较差，但电绝缘性好，在某些特殊工况下可作润滑剂使用。

有机物包括：蜡、固体脂肪酸和醇、联苯、颜料、塑料和树脂（聚四氟乙烯、聚酰胺、聚酰亚胺、聚甲醛、超高分子聚乙烯、聚苯、酚醛等）。

(3) 其他成分　为适应各种工况和环境气氛的工作特性，还需添加其他组分来弥补基材和润滑材料的性能不足。

为提高材料的强度、硬度和耐磨性，可加入硬质相，只要控制硬质相的含量，就不会影响材料的摩擦系数。

为增强固体润滑薄膜与基材的结合强度，必须加入黏结剂。

某些固体润滑材料需制成含油材料，其中有孔隙度要求，根据不同的基材和不同的制备工艺加入不同的造孔剂。

为增强润滑材料的塑性、降低脆性，需加入增塑剂。

1.3　性能与用途

1.3.1　航空汽油的性能和用途

航空发动机分为活塞式发动机和燃气涡轮发动机两大类，相应的燃料被分为航空汽油和喷气燃料，其中航空汽油用于活塞式发动机，喷气燃料用于燃气涡轮发动机。

1.3.1.1　航空汽油的性能

根据航空汽油贮存、运输和使用条件，必须具备良好的蒸发性、无爆震燃烧、不生成沉积物和积炭、不腐蚀发动机零部件以及有良好的物理化学稳定性，不含水分和外来杂质。

(1) 蒸发性能 汽油在点火燃烧前，先与空气形成混合气体。在很短时间内，若汽油不能快速蒸发，便会在燃烧混合气内留下液滴，使燃烧过程恶化、耗油量增加和严重积炭。若汽油的蒸发性不佳，还可导致气缸中的混合气浓度分布不均匀。若蒸发性过高，会导致蒸发损失过大，并在燃油系统形成气阻，使发动机工作不稳定。

航空汽油的蒸发性，通常用馏程和饱和蒸汽压两个指标来评定。

馏程试验通常要求测出初馏点、馏出 10%、50%、90%、97.5% 及终馏点来表示的。

航空汽油的初馏点可判断汽油中有无保证发动机在低温下易于起动的轻馏分。10% 馏出温度可判断影响汽油中轻馏分的数量，发动机起动性和形成气阻倾向的指标。50% 馏出温度表示燃料分配均匀性的平均蒸发度，90% 馏出温度可判断影响汽油充分蒸发和燃烧的尾部重质馏分数量，因而可控制不汽化燃料进入气缸的数量。97.5% 馏出温度和 90% 馏出温度意义基本相同，能进一步判断在汽油中进入了多少重质成分或胶质馏分。饱和蒸汽压也是用来反映燃料蒸发性能的指标，可以衡量燃料中高挥发性组分的蒸发趋势和在燃料系统中形成气阻的倾向。

(2) 抗爆性能 发动机要求汽油有良好的抗爆性，压缩比越大，对抗爆安定性要求越高。

抗爆性是航空汽油最重要的一个使用指标，可以表征汽油能否在一定设计条件和要求的活塞式发动机无爆震地正常工作，对提高发动机功率，降低燃料消耗，充分发挥飞机性能，保证飞行安全等都有直接的关系。

表示航空汽油抗爆燃性的指标有辛烷值和品度值。航空汽油通常根据这两个指标来决定它的牌号。

(3) 安定性能 航空汽油工作温度不高，其安定性主要为长期贮存所要求，即在贮存中汽油不应因氧化而变质，生成胶质，酸性物质和沉淀。

航空汽油的安定性通常用碘值、实际胶质、酸度、贮存安定性、氧化安定性等指标来衡量。

(4) 腐蚀性 航空汽油不应腐蚀燃料系统的金属部件，要求与橡胶密封材料相容性好。

此外，航空汽油还须限制水溶性酸碱、有机酸、硫及硫化物等腐蚀性物质的含量。芳烃是航空汽油中的良好组分，因为其具有高的辛烷值和品度值。但是，芳烃易使合成橡胶、塑料和涂料软化、膨胀、溶解、浸蚀等，从而降低橡胶密封件等性能。

1.3.1.2 航空汽油的用途和品种

(1) 用途　航空汽油是活塞式航空发动机的燃料。

(2) 品种　航空汽油按辛烷值分为 75、95、100 三个牌号，代号分别为 RH-75、RH-95/100、RH-100/130。其中，"R"代表"燃"，"H"代表"航"分别以（汉语拼音第一个字母表示）。前者是产品类别符号，表示属于石油燃料；后者是组别符号，表示属于航空汽油组。后面的数字，分子表示辛烷值，分母表示品度值。

1.3.2 喷气燃料的性能和用途

1.3.2.1 喷气燃料的性能

喷气燃料应具有良好的燃烧性能，雾化性能及蒸发性能，良好的热安定性，抗氧化安定性及防静电性能，较低的冰点，较高的发热量和较大的密度。

(1) 理化性能　理化性能与使用性能之间有密切关系，因此可用作喷气燃料生产与检验的质量指标。

① 密度：密度是指在规定温度下，单位体积内所含物质的质量数，以 g/cm^3，或 g/ml 表示。

喷气燃料密度的大小影响到飞机油箱中燃料的储备量，燃料的密度越大，在油箱的相同容积中装入的燃料量就越多，续航能力就越大。在材料标准中，喷气燃料的密度都有要求。

密度与油品的组成有关。在碳原子数相同的情况下，各种烃类的密度有显著的差别。环烷烃的密度比烷烃大，芳香烃的密度比环烷烃大。

② 馏程：用来判定油品轻、重馏分组成的多少。轻馏分燃料起动和燃烧性能好，但在低压及高温条件下易蒸发和产生气阻，着火安全性也差。重馏分燃料的优缺点正与之相反，是高空高速飞机必须采用的燃料。

③ 饱和蒸气压：反映燃料蒸发性能的指标。通常发动机燃料的饱和蒸汽压越大，则挥发性越大，含的低分子轻质烃类也越多。

④ 浊点和冰点：浊点和冰点是喷气燃料使用时的重要质量指标之一。发动机经常在高空低温条件下工作，油品中出现结晶后，立即使供油状态恶化，乃至滤油器的堵塞和供油的减少，从而破坏正常供油，甚至使发动机完全停车。浊点主要与燃料的吸水性有关，芳烃吸水性最强，其浊点也最高。冰点高低，受正构烷烃含量影响最大，其含量越高，冰点越高。

⑤ 黏度：是油品重要的质量指标。正确选择一定黏度的油品，可保证发动机稳定可靠的工作状况。随着黏度的增大，会降低发动机的功率，增大燃料的消耗。若黏度过大，会造成起动困难；若黏度过小，会降低油膜的支撑能力，使摩擦面之间不能保持连续的润滑层，增加磨损。黏度还是影响雾化性能的重要

参数。

黏度亦因化学组成不同而异，分子量相同的烃化合物，其黏度大小顺序如下：

正构烷＜异构烷＜环烷＜芳烃。

⑥ 比热容（热值）：是燃料的一项重要设计参数。比热容越大，冷却能力越高。影响比热容的主要因素是，随 C/H 增大及烃的分支程度增加比热容减少，因此正构烷的比热容最高，馏分越轻比热容也越高。

⑦ 热导率：反映燃料冷却性能的重要参数。热导率越大，冷却效率越高。热导率随温度升高而减小。

⑧ 导电性：控制静电起火性能的指标。因烃类的导电性能极差，在运输、倒罐、过滤及加热过程中产生大量静电，如不能快速消除，会导致静电起火。

(2) 使用性能　喷气燃料的使用性能主要有燃烧性能、安全性能、输送性能、抗腐蚀性能、抗磨性、着火安全性等。

1.3.2.2　喷气燃料的用途和品种

喷气燃料按生产方法可分为直馏燃料与二次加工燃料两类。按馏分组成又可分为煤油型和宽馏分型等燃料。3 号喷气燃料是宽馏分型喷气燃料。

1.3.3　航空液压油的性能和用途

大型和结构复杂的飞机一般它们的机械系统中都含有液压装置，如飞行控制器、起落架机构、机翼操纵系统、尾舵等。由于这些装置工作的准确性关系到飞行的安全，因此对航空液压油有严格的要求。

1.3.3.1　航空液压油的性能

航空液压油是在飞机液压系统进行工作的液体，不仅要能有效地传递压力，还要起润滑密封、防锈、防腐、冷却等作用。需在高的压力下和宽的温度范围工作，经受强烈的机械剪切作用。因此，液压油的使用性能好坏，直接关系到液压系统能否有效可靠工作，并影响飞行安全。随着飞机液压系统的操作温度和操作压力不断提高，航空液压油应满足以下性能要求。

(1) 黏度　黏度较低有利于高效率传能，保证液压装置快速反应和良好工作性，但黏度过低又会出现渗漏。因此黏度范围应由油泵性能所决定。

(2) 氧化安定性　液压油在贮运及使用中不应氧化变质。氧化变质后的液压油易造成运动部件磨损，油泵效率下降，控制阀失灵等故障。

(3) 剪切安定性　是液压油特有的重要性能。系统内压力越高，产生的剪切力越大。评定剪切安定性可采用超声波法或液压泵剪切试验法。

(4) 相容性　液压油对与接触的金属材料及橡胶、涂料等非金属材料均不应有腐蚀或浸蚀作用，并能防护水及其他污染物的腐蚀。

(5) 热物理性能 是液压系统设计时必须考虑的参数。液压油有较高的热导率和比热及较小的膨胀系数。

此外,液压油还应有良好的抗乳性和高清洁度。

1.3.3.2 航空液压油的品种

航空液压油按其化学组成和制造方法可分为石油基液压油和合成液压油两大类。

(1) 石油基航空液压油 国内外生产的石油基航空液压油的途径基本相同,性能也相近,如我国的 YH-10、YH-12 航空液压油,俄 AMΓ-10 号及美国的 MiL-H-5606E 液压油等一般可以互换。现我国的 15 号液压油可以替代 YH-10、YH-12 以及美国 MiL-H-5606 液压油使用。

(2) 合成航空液压油 由于矿物液压油易燃和热氧化安定性的局限性,发展了合成液压油。按其使用要求和工作特点一般可分为抗燃和高温两类。如 HFSN15 合成烃航空耐燃液压油,其性能与符合 MIL-H-83282 规范的航空液压油相当。4601 号合成液压油为高温液压油,其性能与国外 OS-45Ⅳ产品相当。

1.3.4 航空润滑油的性能和用途

航空润滑油按基础油类别分为石油基润滑油及合成润滑油两大类。

1.3.4.1 航空润滑油的性能

在航空润滑油中,对润滑油的性能有严格的要求,主要有以下几点。

(1) 适当的黏度和良好的黏温特性 为保证良好的润滑,润滑油在使用温度下应具有合适的黏度,由于航空发动机各部位温度差别很大,因此要求润滑油具有较高的黏度指数。由于飞机冬天露天停放和要在低温下起飞,因此还要求润滑油有较低的倾点。

(2) 良好的抗磨润滑性能 由于航空发动机负荷大,采用的是风冷方式,温度较高,起飞和降落时具有冲击负荷,因此要求润滑油具有较好的抗磨润滑性能。

(3) 良好的热氧化安定性 航空发动机气缸温度高,润滑油可能与燃烧气体接触,因而易发生热氧化变质。氧化生成的胶质可能使油泵、管线结胶,甚至阻塞而发生润滑油中断,造成烧坏发动机的重大事故,因而要求润滑油有良好的耐热和抗氧化性能。

(4) 形成积炭的倾向性小 发动机燃烧室积炭的形成主要决定于所用的燃油性质,但也和润滑油性质有关。当润滑油含胶质和沥青质时,随活塞上行后留在气缸壁上的油膜或上到活塞顶部的润滑油,会受热分解发生结焦和积炭。结焦和积炭产生后,则会增加气缸和活塞及活塞环的磨损。含硫、氧等杂环化合物形成的结焦和积炭质较硬、造成的磨损较大。因此要求控制航空发动机润滑油中含有的胶质、沥青质等的数量。

(5) 较好的清净分散性　由于航空发动机气缸和活塞工作温度较高，为保持摩擦面清洁并有良好的散热性，要求表面不能有油泥沉积或漆膜，因此要求润滑油有良好的清净分散性，能将表面的漆膜油泥清洗下来并分散到润滑油中。

(6) 良好的抗泡沫性能　由于泡沫会使压力泵缺油或产生油箱溢流，而造成供油中断，影响发动机正常润滑。因此要求润滑油不能形成泡沫，这也是高空飞行对润滑油的重要性能要求。

(7) 良好的材料适应性　航空润滑油要与多种金属材料及密封材料接触。要求润滑油对与之接触的材料不发生任何有害的作用。而且润滑油应不含水分和机械杂质，不腐蚀金属材料，并能保证在长期储存过程中不变质。

1.3.4.2　航空润滑油的用途

(1) 航空燃气涡轮发动机润滑油　燃气涡轮发动机可分为涡轮轴、涡喷、涡桨、涡扇发动机四类。所使用的润滑油主要是 HP-8、4109 滑油、4106 滑油等。国外采用卡斯特罗-3C.345，埃索 2380、壳牌 390，飞马Ⅱ号等。

(2) 直升机传动装置用润滑油　直升机传动润滑油，主要用于润滑和冷却减速器轴承，传动齿轮和方向接头。传动装置要求润滑油有良好的润滑和抗磨性，以免齿轮在油膜较薄的情况下发生磨损、擦伤和熔合。为保证润滑油有良好的润滑性能，允许润滑油中含有胶质、硫化物、有机酸等成分，为减少磨损常在润滑油中加入含氯、硫、磷等极压添加剂起抗磨作用。

(3) 航空活塞式发动机润滑油　润滑油在航空活塞式发动机中处于高温、高压等较为苛刻的条件中工作。当发动机起动时，几乎所有摩擦零件呈现边界润滑，将液体润滑油从零件中挤出来。避免机件过热并防止机件锈蚀，同时起密封活塞和气缸间隙，防止气体从燃烧室进入曲轴箱的作用。另外还有清洗摩擦表面，以及作为调节装置所用工作液体的作用。

润滑部件主要是滑动摩擦，如汽缸与活塞，活塞与活塞销，连杆和连杆销等。所用滑油主要是 20 号航空滑油。

(4) 航空机件，仪表润滑油　航空仪表是飞行的感官和控制指令系统，为保证飞行安全，要求绝对正确无误，因此对所用的润滑油的质量有严格的要求。由于仪表的部件小且精密度高，接触面小而单位面积负荷大，因此必须有一定的耐负荷性能。为保证仪表在地面起飞时的高温和高空飞行时的低温下都能正常稳定地准确工作，必须使用高黏度指数的润滑油。由于高空低气压，润滑油必须有挥发性低的特点。

常使用含性能温和的极压剂的硅油或分子结构中引入极性基因或极性原子的硅油。航空仪表油、罗盘减震器油、扭矩变换油等也常由硅油制成。

1.3.5 航空润滑脂的性能和用途

航空润滑脂用于飞机上一些不能使用润滑油来润滑的摩擦关节和部件中，一般为黏稠状，或用于封存、防锈、密封等用途的多成分油膏。由于润滑脂黏附力强，能在摩擦表面形成较强的脂膜，不会因压力被挤出或被离心力甩出。在外力作用下能改变形状，但不会破坏结构的可塑性胶体组织。

1.3.5.1 航空润滑脂的性能

润滑脂是一种由稠化剂分散在液体润滑剂中制成的固体或半流体润滑剂。和润滑油相比，润滑脂具有较高的承载能力、抗极压性能好，以及适应性好，可用于苛刻环境下，防护密封性好，减震性强，良好的填充能力和保护能力，使用寿命长，费用低等性能特点。

(1) 稠度 相当于润滑油的黏度，代表脂的软硬度。对润滑脂要求有适当的稠度。根据稠度的大小可以了解脂在外力作用下润滑脂的变形程度。在工作条件下，润滑脂的稠度应适宜。稠度过大，易生沟槽，润滑不良，产生过热现象。稠度过小，可被挤出或因高转速而甩掉，渗漏损失加大。通常高转速低负荷应选用稠度较小的脂，而低转速高负荷选用稠度较大的脂。润滑脂的稠度用针入度表示。针入度越小，润滑脂越稠。

(2) 耐热性 润滑脂的耐热性表示其在高温条件下工作的性状。耐热性好的润滑脂可以在较高温度下使用。耐热性差的润滑脂温度过高时，易从结构中流失，失去润滑作用，造成机械磨损。润滑脂的耐热性可用滴点表示，滴点越高，耐热性越好。

(3) 抗水性 润滑脂的抗水性表示在大气湿度条件下吸收水分的性能。润滑脂在保管和使用中吸收水分后，可使稠化剂溶解而改变结构，从而降低滴点，引起腐蚀。润滑脂的抗水性主要取决于稠化剂。烃基润滑脂抗水性最佳，钠基润滑脂抗水性最差。

(4) 防护性 润滑脂良好的防护性是润滑脂保护金属表面不受腐蚀的保障。航空润滑脂有良好的保护性，能有效地黏附在金属表面，隔绝空气、水或其他腐蚀性介质与金属接触。润滑脂应不含水分，本身应不腐蚀金属。相比而言，烃基润滑脂比皂基润滑脂防护性好，皂基润滑脂中钠基脂防护性较好。通常可在润滑脂中加防锈剂，提高润滑脂的防护性。

(5) 触变安定性和机械安定性 润滑脂在使用过程中，常因受机械剪切而变软，这是因为润滑脂的皂纤维结构遭到不同程度的破坏，使其稠度有不同程度的下降。如经过一定机械作用后，其结构体系的稠度不变，则触变安定性较好。触变安定系数为工作后润滑脂针入度与工作前润滑脂针入度的比值。此值越大，脂触变安定性越差。

润滑脂的机械安定性又称剪切安定性或剪断安定性,是指润滑脂在使用中抵抗机械破坏的能力。触变安定性和机械安定性的原理是一致的,只是受剪切的程度不同。

1.3.5.2 航空润滑脂的用途和品种

航空润滑脂在飞机上的应用很广,在飞机操纵系统、起落架系统、电机、仪表、导航、通讯、军械等系统中设备活动摩擦部位的润滑,也包括密封、防护及绝缘用油膏。

润滑脂按其基本作用可分为抗磨润滑脂、保护润滑脂和密封润滑脂。抗磨润滑脂用于减少机械和机件的摩擦和磨损,防止零件卡住与擦伤,如7014润滑脂、7253号润滑脂、特7号精密仪表脂,都是起减磨作用。保护润滑脂用于保护零件表面免受腐蚀,如4号防锈脂专用于封存航空发动机,防止在长期保管中氧化腐蚀。密封润滑脂则用来密封燃料系统、液压系统等的各种导管的螺纹接头和其他连接部位,如7903耐油密封润滑脂不溶于汽油和煤油,可用来涂抹在飞机燃料系统的导管接头,起密封作用。

1.3.6 固体润滑剂

1.3.6.1 固体润滑剂的性能

① 与摩擦表面能牢固地附着,有保护表面功能;
② 剪切强度低;
③ 稳定性好,不产生腐蚀及其他有害作用;
④ 有较高的承载能力。

1.3.6.2 固体润滑剂的用途

固体润滑剂是飞机上除常规润滑油脂以外新兴的一类润滑材料。它是在解决宇航技术中高真空、高辐射、高载荷、低挥发、终生润滑等一系列润滑难题中发展起来的,随后也被用于飞机、发动机上用液体(半固体)润滑方式不满意的场合,如高温、高载荷、微动摩擦、无供油储油空间、裸露环境等各种特殊工况下工作的机件。在这些场合下固体润滑剂发挥了独特的、不可替代的作用。

1.4 常用油料

1.4.1 航空燃料

1.4.1.1 航空汽油

按辛烷值分为75号、95号、100号3个品种,其代号为RH-75、RH-95/130、RH-100/130,另外还有低铅100号汽油(ASTM D910)。

1.4.1.2 喷气燃料

① 1号喷气燃料：牌号 RP-1，结晶点不高于 $-60℃$。与俄罗斯 TC-1 相当，现已停产。

② 2号喷气燃料：牌号 RP-2，为煤油型喷气燃料。结晶点 $-50℃$，具有良好的抗磨-润滑性和材料相容性。由于组成的含烷烃量高，其燃烧性能较好。2号喷气燃料的闪点只有 $28℃$，不适应国际标准要求，现已被闪点不低于 $38℃$ 的 3 号喷气燃料替代。

③ 3号喷气燃料：牌号 RP-3，煤油型喷气燃料。闪点不低于 $38℃$，冰点不高于 $-47℃$，是目前我国军机、民机的通用燃料，产品标准为 GB6537。

④ 4号喷气燃料：牌号 RP-4，宽馏分型喷气燃料，冰点不高于 $-40℃$，密度不小于 $0.750g/ml$，闪点无指标要求。目前国内一般情况不使用 RP-4，在特殊情况用作应急备用燃料。

⑤ 5号喷气燃料：牌号 RP-5，高闪点型喷气燃料。与美国的 JP-5 类似，其闪点高，不低于 $60℃$，主要用于舰载飞机。

⑥ 6号喷气燃料：牌号 RP-6，重煤油型喷气燃料。密度不小于 $0.835kg/m^3$，RP-6 的产量较低，不能作为常规喷气燃料使用，只用于特殊用途。

1.4.2 航空润滑油

(1) 涡轮喷气发动机润滑油

① 8号航空润滑油：按不同的工艺分为 HP-8A 和 HP-8B。HP-8A 是以常压三线或减压一线润滑油馏分为原料，经深度脱蜡后精制，并加入复合添加剂调和而成。HP-8B 是以聚 α-烯烃合成油为基础，添加抗氧化剂调和而成。8号航空润滑油具有良好的抗高温氧化和低温流动性，产品标准为 GB439，与俄罗斯 MK-8、法国的 AIR-3516 性能相当。

② 8号航空防锈油：以 HP-8A 为基础油，添加防锈添加剂调和而成。对黑色金属具有良好的防锈性。性能与俄罗斯 MK-8A、加拿大 3-GB-901 相当，具有长期封存和短期润滑的功能。

③ 4109号合成航空润滑油：以酯类油为基础油，添加抗氧剂、防腐蚀添加剂、抗磨添加剂等。属Ⅰ型低黏度润滑油。具有良好的黏-温性能、高温抗氧化性能和贮存安定性。闪点高，蒸发损失小。与硅橡胶、氟橡胶和丁腈橡胶有较好的相容性，性能与美国 MIL-L-7808H、法国 AIR-3513 相当。使用温度 $-50℃$~$175℃$，短期 $200℃$。产品标准为 GJB135。

④ 4010号合成润滑油：以酯类油为基础油，添加各种添加剂而成。其低温性能和高温性能明显优于 4019 油，是 4109 油的改进型。符合 MIL-L-7808J 的规定。使用温度 $-54℃$~$200℃$。产品标准为 GJB135。

⑤ 4209号合成航空防锈油：以4109号合成航空润滑油为基础油，加入防锈添加剂而成。具有优良的防锈性能，性能与美国MIL-C-8188C相当。使用温度-50℃~175℃，短期可到200℃，适用于发动机长期封存或短期润滑。产品标准为GJB2377。

（2）涡轮螺旋桨发动机润滑油

① 混合润滑油：将HP-8和HH-20按体积比75∶25混兑而成。可在-30℃条件下使用。低于-30℃时，发动机需加温预热。

② 4104号合成航空润滑油：由两种酯类油为基础油，添加抗氧、抗腐蚀等添加剂。是一种高黏度航空润滑油。4014油具有良好的热氧化安定性、润滑性、较好的黏-温性和与橡胶等非金属材料的相容性。主要性能符合英国D、E、R、D-2487的规格。使用温度-40℃~140℃，短期175℃。

③ 4051号高温合成航空润滑油：由酯类油添加剂多种添加剂制成。具有较好的黏-温性、热氧化安定性和良好的极压性。适用于直升机涡轮轴发动机及主减速器，还可用于涡轮螺桨、涡轮喷气机涡轮风扇发动机。使用温度-40℃~175℃，短期200℃。

④ 926号合成航空润滑油：以酯类油添加多种添加剂调和制成。具有良好的低温稳定性、高温抗氧化安定性、与俄罗斯Б3-B润滑油相当的极压抗磨性。适用于直升机发动机、主减速器及辅助动力装置。使用温度-40℃~200℃。

（3）涡轮风扇发动机润滑油

① 4050号合成航空润滑油：采用三羟甲基丙烷酯和二元酸复酯为基础油，添加高温抗氧、抗腐蚀、抗磨损和抗泡沫等添加剂调和而成。具有优良的热氧化安定性、抗磨性、抗腐蚀性、贮存安定性等。主要性能符合MIL-L-23699B，与进口的埃索2380油的性能相当。属Ⅱ型中黏度航空润滑油。使用温度-40℃~200℃，短期220℃。

② 4106号合成航空润滑油：采用两种酯类油为基础油，添加抗氧、抗磨、抗腐蚀等添加剂。具有良好的黏-温性能和高温氧化安定性，闪点高，蒸发损失小，与MobilⅡ、ESSO2380的性能相当。使用温度-40℃~200℃，短期220℃。

③ 925号合成航空润滑油：以酯类油为基础油添加抗氧、防腐、抗磨等添加剂制成。为Ⅱ型中黏度合成航空润滑油。适用丁燃气涡轮发动机和直升机减速器。使用温度-40℃~200℃，短期220℃。性能与Mobil Jet OilⅡ润滑油基本相当。

④ 4250号合成航空润滑防锈油：在4050合成航空润滑油的基础上添加防锈剂制成。是4050的配套材料，适用于以4050号润滑油为主润滑油的涡轮喷气、涡轮风扇及涡轮轴发动机部件生产工序间的防锈和检验试车用油，也可用于长期

封存防锈。使用温度－40℃～200℃，短期220℃。

（4）航空活塞式发动机润滑油

20号航空润滑油：按基础油的类型分为20号航空润滑油和20号合成烃航空润滑油。由精制矿物油或加氢精制的合成烃油调和制成。具有良好的黏-温性、氧化安定性和低温流动性。主要用于活塞式发动机的气缸、活塞、曲轴连杆机构、螺旋桨减速器及附件传动机构等的摩擦表面的润滑和冷却。与8号航空润滑油按规定比例混合后还可用于涡轮螺旋桨发动机。20号合成烃航空润滑油比20号航空润滑油具有更好的低温性能和氧化安定性，可在南方、北方四季使用。性能与俄罗斯МС-20相当，与符合MIL-L-6082D规范的产品相近。

（5）航空齿轮油

4450号航空齿轮油：由合成烃油添加剂多种添加剂制成。具有良好的极压、抗磨性能和抗氧、抗腐蚀性能。适用于大型直升机主、中、尾减速器润滑，和气垫船风扇减速器的润滑。使用温度－40℃～120℃。性能符合法国AIR3525/A标准要求。

1.4.3 航空液压油

① 10号航空液压油：以环烷基低凝点原油经常减压得润滑油馏分，或以中间基原油经常压蒸馏得柴油馏分，经过分子筛脱蜡、酸碱精制、白土精制，添加增黏剂、抗氧剂和染色剂等添加剂。不允许添加降凝剂。具有凝点低、低温黏度小的特性，同时具有良好的热安定性和氧化安定性。主要用于飞机主液压系统和助力液压系统，也可作其他液压系统的工作液。性能与俄罗斯АМГ-10相当。

② 12号航空液压：以环烷基低凝点原油经常减压得润滑油馏分，或以中间基原油经常压蒸馏得柴油馏分，经过分子筛脱蜡、酸碱精制、白土精制，添加增黏剂、抗氧剂和染色剂等添加剂。不允许添加降凝剂。具有凝点低、低温黏度小的特性，同时具有良好的热安定性和氧化安定性。用作液压机构的工作液，长期工作温度125℃，短期150℃。性能与MIL-H-5606C规范和法国AIR3520标准要求相当。

③ 15号航空液压油：由精制低凝点石油馏分添加增黏剂及其他添加剂调和制成。具有良好的黏-温性、抗氧化安定性和液压传递性能，适用于飞机主、付液压系统。使用温度－54℃～135℃。性能与MIL-H-5606E规范要求相当。

④ HFS N15合成烃航空耐燃液压油：以合成烃及一定量的双酯为基础油，添加抗氧、抗磨等添加剂制成。具有耐燃、相容性、低温性能好及热安定性良好的特点。适用于飞机、导弹液压系统，如自动驾驶仪、减震器、制动器、襟翼控制装置、导弹控制系统以及其他使用合成材料的液压系统。使用温度－40℃～135℃。性能与MIL-H-83282C规范相当。

⑤ 4601号合成液压油：是高温用液压油，由硅酸酯制成。具有良好的黏-温性能及氧化安定性。可与丁腈橡胶配合使用。易水解，使用中须避免与水或潮气接触。适用于舵机等液压系统。使用温度为-54℃~150℃，短期可到180℃。其性能与国外 OS-45 Ⅳ型产品相当。

1.4.4 航空润滑脂

(1) 低温润滑脂

① 多用途低温润滑脂：包括2号低温润滑脂（A型）和7023号润滑脂（B型）两个牌号。

2号低温脂由精制矿物油、脂肪酸锂皂及抗氧剂等组成。曾广泛用于飞机操纵系统、小功率航空电机、仪表及各种轻负荷滚动和滑动摩擦处。由于以低黏度矿物油作基础油，高温性能差，挥发性大，使用中容易干涸，在新机种上应用范围在逐渐缩小。实际使用温度-60℃~90℃。

7023号润滑脂是根据2号低温润滑脂的用途，针对其缺点，改变了组成，采用半合成油、复合酰胺盐及复合添加剂制成润滑脂，使其高低温等综合性能明显优于2号低温脂，适用于飞机操纵系统一般润滑和军械的滑动部件润滑。使用温度-60℃~100℃（120℃）。

② 932号低温航空润滑脂：由聚脲稠化低黏度合成烃润滑油，添加剂适量的抗磨极压、防锈等添加剂制成。具有良好的低温性能、抗磨和防护性能。适用于低温条件下的发动机附件、轴承及其他低温部位润滑，使用温度-54℃~100℃。

③ 特7号精密仪表脂：由优质矿物油-硅油、锂皂和地蜡组成。适用于各种航空电机、陀螺电机、电动机构的滚动轴承及附件机构传动齿轮等摩擦部件。较低温矿物油基润滑脂的耐热性、蒸发性、胶体安定性好。由于添加有地蜡，防护性能也相应提高。

与特7号精密仪表脂性能相近的还有特8、特12和特75，它们的基础油基本相同，稠化剂有区别，故性能上存在差异。使用温度范围随润滑脂的组成而变化：特7号的名义使用温度-70℃~120℃，实际上在-50℃时的低温黏度已偏大，最高使用温度则不超过100℃；特8号的名义使用温度-60℃~80℃，一般情况下可用特7号代替；特12号的名义使用温度-70℃~120℃，现已不再使用。特75号的名义使用温度-70℃~-80℃，除对低温有特殊要求外，一般也用特7号代替。这类润滑脂均可由7007号和7008号通用航空润滑脂替代。

特7、特8、特12和特75的性能分别与俄罗斯ОКБ-122-7、ОКБ-122-8、ОКБ-122-12、ОКБ-122-75相当。材料标准SH0456"特7号精密仪表脂"。

④ 7007、7008通用航空润滑脂：由脂肪酸锂皂稠化双酯油制成，具有良好的氧化安定性、胶体安定性、抗水性及中等载荷能力。由于7008号润滑脂中加

入了防锈添加剂，具有良好的防锈性能。适用于各种中小功率航空电机的滚动轴承，电动机构的齿轮，一般及其他附件中的摩擦结点，以及附件上类似各种条件的各种高速和低速的远动部件。用于与橡胶零件接触的场合时应经试验考核。使用温度−60℃～120℃。7007号和7008号润滑脂的性能符合MIL-G-3278A规范和英国DTD825B的标准要求。

⑤ 7012号极低温润滑脂：由锂皂稠化双酯-硅油，添加抗氧剂、结构改善剂制成。在−70℃的低温条件下，其相似黏度与2号低温脂在−50℃的相当，而较其他航空润滑脂要小很多。适用于低温启动性能要求严格的电机、电动机构及仪表轴承。使用温度−70℃～120℃。性能符合MIL-G-7421规范和英国DTD866标准要求。

⑥ HR-4301航空低温润滑脂：由聚脲化合物稠化合成烃基础油，并加有抗磨极压剂、抗氧剂、防锈添加剂和结构稳定剂组成。具有良好的低温性能、抗磨和防护性能。适用于锁扣等滑动摩擦零件及滚动轴承摩擦部位的润滑，使用温度范围为−60℃～120℃。

（2）通用合成润滑脂

① 7253号润滑脂（飞机、仪表、齿轮和传动螺杆润滑脂）：由脂肪酸锂皂稠化合成酯油制成。具有良好的氧化安定性、抗水性、胶体安定性和较好的润滑性。适用于航空电机轴承、齿轮、仪表及其他附件中组合件的摩擦结点，以及飞机上类似工作条件的各种高速和低速运动件。若用于和橡胶零件接触的地方，应事先经过试验方可选用。使用温度为−60℃～120℃。性能符合MIL-G-23827的规范。

② 7008-1号通用航空润滑脂：由锂皂稠化酯类油制成。系在7007、7008号润滑脂的基础上进一步提高了抗磨极压性能，同时具有良好的防锈性。适用于航空电机轴承、齿轮、摩擦组合件的支点，螺纹连接等。不宜用于陀螺电机轴承。使用温度为−60℃～120℃，短期可到150℃。7008-1号脂的性能符合美国MIL-G-23827标准规定的要求。

③ 934号航空润滑脂：由12-羟基硬脂酸复合锂预制皂稠化合成油并加有适量性能添加剂制成。具有良好的高低温性、抗氧和极压抗磨性。适用于飞机齿轮、仪表及传动机构的润滑。使用温度范围为−73℃～121℃。性能与符合美国MIL-G-23827B规范的产品性能相当。

④ 7257航空通用润滑脂：由复合锂皂稠化合成油，并加有极压、抗氧、防锈、橡胶膨胀剂等制成。适用于球、圆柱滚子和滚针轴承，齿轮以及仪表、电子设备和飞机控制系统等设备的滚动和滑动表面；亦适用于低启动功率设备的滚动和滑动表面，也适用于工作环境类似的民用设备。产品的使用温度范围为−60℃～120℃。

(3) 二硫化钼极压润滑脂

① 7011号低温极压润滑脂：是在7007号通用航空润滑脂的基础上添加高纯细粒度二硫化钼制成。具有很高承载能力。适用于齿轮及各种重载滑动润滑，如电动机构的齿轮、螺杆，襟翼操纵机构，起落架支点轴承，螺纹，链条等。使用温度为-60℃～120℃。性能与美国MIL-G-21164类型相当。

② 7254号润滑脂（高低温二硫化钼润滑脂）：在7253号润滑脂的基础上制成。含细分散度的二硫化钼，具有很高承载能力。适用于重负荷滑动表面，如齿轮、齿条、花键、螺纹、起落架活动关节、转向机构摩擦结点，以及高负荷抗摩轴承等。使用温度为-60℃～120℃。性能符合美国MIL-G-21164C规范要求。

③ 7455螺旋丝扣润滑脂：由复合锂、二硫化钼稠化高黏度合成油，并加有多种添加剂制成。该产品用于在300℃以下操作的花键结合和活动螺纹，以及在400℃以下机组运行中操作的固定螺纹，同时允许用于低速高负荷的滚动和滑动摩擦部件以及摩擦部件零件的磨合运转。

(4) 高温润滑脂

① 特221号润滑脂：由复合钙皂稠化硅油制成。可耐高温，稠度小，低温性能好，但吸湿后稠度增大，润滑脂变硬。适用于工作温度较高的起动发电机、变流机等航空电机滚动轴承、操纵系统关节轴承以及金属-橡胶接触面。使用温度为-60℃～150℃。在许多用途上，特别是电机轴承，正在被性能更好的7014号润滑脂代替。性能和俄罗斯ЦИАТИМ-221润滑脂相当。

② 7014号润滑脂：由烷基芳酰胺钠盐稠化合成油制成。比特221号润滑脂的耐热性高，又比一般纯硅油基脂的润滑性好，兼顾了航空产品对这两种性能的综合要求，与橡胶零件接触时，相容性能满足使用要求。适用于飞机摆动轴承、大功率及中等功率航空电机滚动轴承、操纵系统、起落架、发射架等高温高速工作的各种摩擦结点，以及原先使用特221号润滑脂和7001号润滑脂的航空产品。使用温度为-60℃～180℃，短时到200℃。

③ 933号航空仪表润滑脂：由混合脲有机化合物和硅油加适量的抗摩及防腐蚀添加剂组成。具有良好的高低温、抗摩及防腐蚀性能。适用于航空精密仪器、仪表的高速、低负荷滚珠滚柱轴承，也可用于"金属与金属"，"金属与橡胶"的密封组件，起润滑防护和密封作用。使用温度范围为-60℃～180℃。

④ 7256号润滑脂：由有机膨润土稠化精制合成烃润滑油并加有多种添加剂制成。具有良好的高低温性、氧化安定性、抗水性、防腐蚀性、极压抗磨性与橡胶件相容性。适用于直升机尾传动轴轴承、飞机机轮轴承及其他附件的润滑。使用温度为-54℃～177℃。符合美国MIL-G-81322C标准规定的要求，并和符合法国AIR 4222标准的进口样品性能相当。

⑤ HR-5701高温脂：由特种硅油和石墨等制成。具有优良的热稳定性和胶

体安定性，高温下不产生腐蚀性物质，可以在 300℃ 的温度下较长时间工作，短期工作温度可达 400℃。适用于飞机机体和发动机中高温环境下的慢速滚动轴承、传动杆花键、滚珠-螺纹摩擦副和螺纹连接件等部位的润滑。

⑥ 7030 号航空高温润滑脂：是由有机氟化合物稠化硅油制成。与其他高温润滑脂相比，耐热性好，并具有更优良的极压性能。适用于高温下工作的滚珠轴承和滚柱轴承。使用温度为 $-60℃\sim250℃$。

(5) 中负荷航空润滑脂

① KK-3 润滑脂：由锂皂稠化硅油制成。使用温度宽广，在 $-60℃$ 下有较好的启动性能，在高温下能保持良好的胶体结构，氧化安定性、热安定性和胶体安定性良好，经长期贮存，性能稳定。适用于中、轻负荷工作的航空电机、电器、仪表、电动机构等的滚动轴承，特别是对低温启动性能有严格要求的产品，如陀螺电机、小功率电机、环境温度较高的微电机等。使用温度为 $-60℃\sim180℃$，短期到 200℃。

② 7112 号润滑脂：由酰胺复合皂稠化硅油制成，是一种宽温度润滑脂，在 $-60℃$ 下有较好的启动性能，并具有高温下长期工作的能力，氧化安定性、热安定性及胶体安定性均良好。特别适用于对启动性能有苛刻要求并在高温条件下工作的小型电机。使用温度为 $-70℃\sim180℃$，短期到 200℃。与 KK-3 润滑脂的性能相似，原使用 KK-3 脂的小功率电机、陀螺电机、仪表的滚动轴承及其他摩擦部件均可换用 7112 号润滑脂。

(6) 高低温润滑脂

① 7015 号润滑脂：由烷基芳酰胺钠盐稠化硅油制成。除高滴点及耐高温等特性外，还具有较宽的使用温度范围。适用于各种伺服电机、自动同步陀螺仪、精密仪表和控制机构，以及宽温度范围内辐射剂量为 10^7 R 以下工作的各种滚动轴承。不适用于重负荷滑动轴承和齿轮的润滑。使用温度为 $-70℃\sim180℃$，短期可到 220℃。

② 7016 和 7016-1 号润滑脂：由烷基芳酰胺盐稠化硅油制成。具有耐高低温、耐水和蒸发小的特性。适用于航空电机及高温工作的滚动轴承的润滑。由于 7016-1 脂选用了复合稠化剂，并更严格地控制机械杂质的含量，适用于长寿命陀螺电机轴承及其他类型的陀螺轴承。两种润滑脂的使用温度为 $-60℃\sim200℃$。7016 号润滑脂短期可到 250℃；7016-1 号润滑脂短期可到 230℃。

③ 7017-1 号润滑脂：由脲类化合物稠化硅油制成。与其他高温润滑脂相比，耐热性更好，而 $-50℃$ 的相似黏度略大。适用于高温下工作的滚珠轴承和滚柱轴承。使用温度为 $-60℃\sim250℃$。性能符合美国 MIL-G-25013C 标准的要求，并与国外 AeroShell 15A 润滑脂的性能相当。

④ 7031A 航空重负荷高低温润滑脂：由混锂皂稠化合成油，并加有多种添

加剂和固体填料精制而成。7031A 号润滑脂为某型飞机配套润滑脂体系中重要产品，其符合现代航空技术对热氧化安定性、抗擦伤能力、耐久性和其他性能的要求，用于特大负荷的滑动部件，具体可以用于飞机起落架的铰链-螺栓接头，螺栓传动装置和齿轮传动装置。7031A 号润滑脂可以保证这些部件在高负荷和冲击负荷下的正常工作。使用温度 $-60{℃}\sim150{℃}$。

（7）航空机轮润滑脂

① 7450 号润滑脂：由膨润土稠化合成油制成，是机轮轴承用合成润滑脂。与国内常用的 4 号高温脂相比，高低温更好。低温下不变硬，高温下不流失，抗水性和轴承防护性均良好。可用于大型喷气客机及战斗机机轮轴承的润滑，也可用于其他高温高负荷轴承、齿轮等部件。若用于和橡胶零件接触的地方，需经过试验方可选用。使用温度为 $-45{℃}\sim150{℃}$。性能除橡胶相容性外符合美国 MIL-G-3545C 规范要求。

② 7028 号高温航空机轮润滑脂：由烷基芳酰胺钠盐稠化酯类油制成。主要用于直升机机轮及密封系统的润滑，对某些橡胶有一定适应性，亦可推荐用于其他飞机机轮轴承、发动机高温附件、高温轴承的润滑。若用于和橡胶接触的地方，需经过试验方可选用。使用温度为 $-40{℃}\sim150{℃}$，短时可到 $200{℃}$。除橡胶相容性外符合美国军用标准 MIL-G-3545C 及法国 AIR 4205/B 规范的要求。

③ 931 号高温航空润滑脂：由聚脲稠化高黏度合成烃润滑油，并加有适量的抗氧、抗磨、防锈添加剂及结构改进剂组成。具有良好的高低温性能、抗磨和防腐蚀性能。适用于高温条件下的发动机附件、机轮轴承及其他高温部位的润滑与密封，使用温度范围为 $-40{℃}\sim150{℃}$，与符合 AIR 4205/B 标准的产品性能相当。

④ 4 号高温润滑脂：原名 50 号高温润滑脂，由钠皂稠化矿油制成，并添加有胶体石墨。具有良好的抗磨、抗极压性能。适用于飞机机轮轴承、发动机高温附件及其他高温重负荷工作机件的润滑，不能用于与水接触的地方。最高使用温度为 $150{℃}$。由于在负温下黏度很大，在北方严寒地区的使用受限。性能与俄罗斯的早期产品 HK-50 润滑脂相当。

⑤ 7456 飞机机轮轴承润滑脂：由复合锂、钙皂稠化合成油，并加有多种添加剂和固体填料制备而成。该产品主要用于飞机机轮轴承的润滑，具有良好的高低温性、胶体安定性、机械安定性、极压抗磨性和防腐防锈性，使用温度范围：$-55{℃}\sim150{℃}$。

（8）7950 号润滑脂

由脂肪酸钙皂稠化低温润滑油制成。滴点比普通钙脂高，具有良好的低温性、防锈性和机械安定性。适用于直升机的小振幅摆动轴承、主旋翼和尾桨控制系统关节轴承及尾桨毂轴套螺母等处。也可用于大型客机的燃料阀、安定面铰接部位等。使用温度为－54℃～71℃，短时可到100℃。性能符合美国 MIL-G-25537Bb 标准的要求。

(9) 陀螺马达润滑脂

① 7123 号陀螺马达润滑脂：由锂皂稠化合成油制成。机械杂质含量较低，具有防锈能力。适用于各种精密仪器、仪表的中、小型电机轴承、齿轮及各种支点的润滑。使用温度为－60℃～120℃。性能符合美国军用标准 MIL-G-81937 规定的要求。

② 航空陀螺马达润滑脂：由羟基脂肪酸锂皂稠化合成润滑油添加多种添加剂制成，具有良好的抗磨性和高低温性能。适用于高转速、高精度、长寿命陀螺仪表轴承润滑。

(10) 8 号舵机润滑脂

由有机膨润土/复合皂混合稠化剂稠化合成润滑油，并添加多种添加剂及二硫化钼制成，具有良好的氧化安定性、极压抗磨性及低的蒸发量，适用于舵机摇臂叉形平面与活塞杆间及其他机件的润滑。产品质量优于国外同类产品 G-n 润滑脂。

(11) 936 号航空润滑脂

由 12-羟基硬脂酸复合锂预制皂稠化合成油并加有适量性能添加剂制成。具有良好的高低温性、抗氧化安定性和极压性。适用于新型战斗机机械及起落架各活动接点的润滑，使用温度范围为－60℃～150℃。

(12) 7903 系列耐油密封润滑脂

由无机稠化剂稠化合成油制成，是非干性密封材料，兼有润滑性。难溶于汽油，与水、乙醇-水混合物等介质接触不溶解，对金属有较好的黏附性。该系列脂比 5 号密封脂的耐温性好。适用于飞机燃油系统、滑油系统及与水、乙醇相接触的静、动密封面，如旋塞闸阀等低速滑动的部件。使用温度为－20℃～150℃。性能符合美国军用标准 MIL-G-6032D 规定的要求。

(13) 7811 号氧气系统润滑脂：由含氟润滑油、氟塑料粉、特种白炭黑组成。具有优异的化学稳定性、高低温性能，具有生理惰性，对人体无毒害作用。适用于高压氧气系统及氧气呼吸装置的润滑、密封、防护。使用温度－45℃～150℃。

(14) 防护油脂及其他

① 3 号舰（船）用润滑脂：由铝皂稠化高黏度矿油并加有添加剂组成。对金属表面有良好的黏附性，耐水性能优良。高温下使用受限，在 100℃左右时，脂成弹性胶状膜，失去黏附性和防护性能。适用于水上飞机可能接触海水的各种活动部件，防护金属不受盐雾及海水腐蚀。当用于操纵系统轴承等摩擦部件时，需要低黏度矿油调稀，以降低黏度。由于耐水性优良，亦可用于其他飞机某些静止零件的表面防护。使用温度为－10℃～65℃。3 号舰用脂与船用脂的主要区别是

含有沥青增黏剂，黏附性提高而低温性下降。3号船用润滑脂的耐低温性优于3号舰用润滑脂。

② 烃基导电脂：以烃基脂为基础组分，由经特殊处理的导电物质和复合防锈剂调配而成。为银灰色无块软膏，具有良好的导电性和防锈性能。适用于飞机上要求搭铁部位及其他无相对运动的部件上，起导电及防止电化学腐蚀的作用。

③ 230号导热硅脂：又名230好热沉硅脂，由有机硅化合物、无机填料等成分组成。具有优良的导热性、电性能、耐热性及胶体安定性。适用于电子装置中各种半导体器件、大功率二极管、三极管、功率模块等作导热介质。使用温度为-54℃～200℃。性能符合 MIL-C-47113 规范要求。与美国 Dow Coring 公司 DC340 导热硅脂相当，胶体安定性优于国外同类产品 Z9 导热硅脂。

④ 2号、3号防护渗透润滑油：属溶剂稀释型软膜防护油，为含有防腐蚀剂的多组分复合液体，具有防锈、防腐、渗透、润滑、置换水等功能。适用于多种飞机、直升机、导弹、火箭、枪炮等军用装备及电器和其他机械设备的防护、保养与维修。

2号：水置换，软膜，一般条件下使用。

3号：水置换，软膜，较苛刻条件下使用。

1.4.5 固体润滑剂

(1) 二硫化钼型固体膜润滑剂

① GM-2 干膜润滑剂：由二硫化钼及树脂黏结剂组成。具有较高承载能力和较长耐磨寿命，良好耐液体介质能力及对金属的附着能力，用以防止金属表面擦伤或咬粘，减少摩擦和磨损。适用于各种滑动摩擦部件，如球面轴承、轴颈轴承、活门、活塞、凸轮、滑轨、螺栓、止推垫圈等。该材料一般不和油脂并用，但在负荷不高及摩擦不苛刻时，亦可在油介质中使用。使用温度为-55℃～220℃。

② SF-28 干膜润滑剂：由二硫化钼及高温树脂黏结剂组成。涂层组织细致光滑，具有优良摩擦特性及较长耐磨寿命，冲击韧性和耐油性良好。适用于工作温度较高并要求摩擦磨损性能较好的各种滑动零件，如发动机叶片、高温气动作动筒等。使用温度为-60℃～300℃。

③ HM-101 干膜润滑剂：为黏结型热固化干膜润滑剂。由环氧树脂、二硫化钼、金属氧化物、分散剂、增韧剂和溶剂组成。对金属底材的黏结力强，摩擦磨损性能好，并具有一定的耐盐雾腐蚀性，能耐油类介质，贮存6个月性能稳定。可应用于直升机尾减速器锥齿轮花键、主旋翼轴推力环及桨叶销等零件的表面涂敷，也可用于重载低速下运行的机械零件。

④ HM-102 干膜润滑剂：由二硫化钼及特种树脂黏结剂等组成。与金属底材附着力强，综合理化性能及摩擦磨损性能良好，耐油类介质，适用于一般工况

条件下的金属零件表面，起抗磨减摩，防止金属表面擦伤、粘连等作用。

⑤ HM-200 干膜润滑剂：由二硫化钼及特种有机树脂黏结剂等组成。与金属底材附着力强，综合理化性能及摩擦磨损性能良好，耐油类介质，高温性能较好。适用于一般工况条件和中高温（230℃，短期 300℃ 左右）条件下的滑动、滚动和静态接触的金属零部件表面和界面，起抗磨、减摩，防止金属表面擦伤、粘连等作用。

⑥ FM-510 二硫化钼干膜润滑剂：是单组分加热固化型润滑剂。可在高负荷下长期使用。具有降低摩擦系数、抗微动磨损、防腐蚀、耐多种油介质等特性，适用于各种滑动摩擦部件，如球面轴承、轴颈轴承、活门、活塞、凸轮、滑轨、螺栓、铰链等等。使用温度为 $-55℃\sim200℃$，短时 $300℃$。

⑦ HH-1 高比压耐磨干膜润滑剂：由二硫化钼、稀土化合物及特种有机树脂黏结剂等组成，具有与金属底材附着力强、高承载、耐腐蚀、摩擦磨损性能好等特点，适用于高载荷条件下的滑动、滚动和滚滑运动的机械零部件的润滑，亦可作为高压静载接触的金属部件的防冷焊润滑剂。

⑧ HR-7201 固体膜润滑剂：单组分润滑剂，由环氧树脂、二硫化钼润滑剂和溶剂等配制，经研磨后罐装而成。该润滑剂形成的膜层具有较低的摩擦系数，较长的耐磨寿命，良好的力学性能、耐介质性能及优良的高低温性能，使用温度为 $-60℃\sim300℃$。可应用于铝合金、钛合金、铜合金及钢等活动零部件表面起防卡咬及润滑作用。

⑨ D-230 润滑剂：由环氧树脂、固化剂、二硫化钼微粉等组成。使用温度为 $-60℃\sim200℃$，短期可到 $250℃$，在零部件表面起防卡咬及润滑作用。D-230 润滑剂具有摩擦系数低，耐高低温及耐介质的优性能良。

(2) 石墨型固体膜润滑剂

① GM-71 干膜润滑剂：由石墨及树脂黏结剂组成。耐热性优良。适用于摩擦条件不恶劣、负荷不太高而工作温度很高的滑动摩擦部位，用以防止表面擦伤或咬粘，减轻零件磨损，如发动机压气机叶片、球面轴承、螺栓及调节器活塞等。一般情况下不和油脂并用，在摩擦不苛刻时，亦可在油介质中使用。长期使用温度为 $300℃$，短时到 $400℃$。

GM-71 干膜润滑剂和符合英国 MSRR 9052 标准的产品 PL-94 的性能相当。

② HR-7801 高温固体膜润滑剂：由耐温聚酯改性的有机硅树脂、耐温的树脂固化剂、石墨及耐高温填料组成。使用温度为室温 $\sim500℃$，在零部件表面起防卡咬和润滑作用。HR-7801 高温固体膜润滑剂性能特点：摩擦系数低在常温时小于 0.2，耐磨寿命较长。在 $500℃$ 的瞬间其摩擦系数也可保持在 0.3 左右。HR-7801 高温固体膜润滑剂除具有好的润滑性能，还具有良好的涂层力学性能、耐低温性能及一定的耐介质能力。

③ HM-300耐高温石墨基干膜润滑剂和HM-303触变型干膜润滑剂：由石墨、改性填料及特种有机树脂黏结剂等组成，耐热性优良。与金属底材附着力良好，能耐多种油类介质。HM-300耐高温石墨基干膜润滑剂可用于中高温（≤400℃）机械。HM-303触变型干膜润滑剂系在HM-300基础上添加触变剂调制而成，适合于大曲率形状复杂表面的涂敷，并可用于防止紧固件在高温（约600℃）条件下的烧蚀咬死。HM-300和HM-303干膜润滑剂的性能分别与英国的PL-94和PL-198干膜润滑剂相当。

(3) 聚四氟乙烯型固体膜润滑剂

① GM-45干膜润滑剂：由氟碳聚合物及树脂黏结剂组成。可在室温干燥，润滑性优良，在盐雾中对钢、铝不腐蚀，极低温下不龟裂。用于过盈配合的轴-孔界面上，压合力远比二硫化钼干膜润滑剂为小。适用于单面铆接工艺中铝、钢及不锈钢轴钉等紧固件的润滑，性能优于十六醇和二硫化钼干膜润滑剂。亦可用于有较大变形量的金属成形工艺及需要低摩擦的部件上。

② FM-100干膜润滑剂和FM-100A干膜润滑剂：均由聚四氟乙烯细粉及高温树脂黏结剂组成。具有一定的减摩、耐磨和防腐蚀、耐油等性能，其承载能力和耐磨寿命均低于二硫化钼干膜润滑剂，摩擦系数也偏高，适用于摩擦条件不苛刻、载荷不高的场合。如直升机传动系统中挠性膜片联轴节挠性片、垫圈、间隔套等表面防粘和减少摩擦、磨损。使用温度短期可到250℃。FM-100和FM-100A干膜润滑剂的性能和法国9999/1041干膜润滑剂相当。

FM-200干膜润滑剂由聚四氟乙烯细粉及树脂黏结剂组成。具有改进摩擦系数、耐磨、防腐蚀等特性，主要用于直升机自动倾斜仪转动盘、桨壳组件表面，起防粘、减少摩擦、磨损作用。亦可用在工况条件与上述部件相似或中等摩擦条件下的金属部件表面，作为润滑耐磨或防护涂层使用。使用温度短期到180℃。FM-200的性能和法国D-148干膜润滑剂相当。

(4) PHP-1无机高温防粘干膜润滑剂 由石墨等固体润滑剂和无机磷酸盐复合黏结剂等组成，与金属底材附着力强、耐高温、防黏性能好。用于防止紧固件等对偶件在高温下粘连。

(5) HZCM47球铰耐磨涂料 由热固性树脂，耐磨颜填料等组成。该涂料对铝底材的附着力良好，且涂膜能耐各种液体介质，并在湿热、盐雾环境中有一定防护性能。涂料主要用于直升机自动倾斜仪球铰表面防护，以隔离球铰与对磨的铜基保持架，使之相对运动时，涂膜起到抗磨与减摩作用。也可应用于其他需要耐磨保护的零部件或器件表面上。

(6) FC-5和FC-14填充聚四氟乙烯材料 以聚四氟乙烯为主要成分，以青铜粉、玻璃纤维、碳纤维、聚酰亚胺、二硫化钼、石墨等为添加剂，经混合、压制、烧结及后处理等工艺制备而成。无毒无味，化学惰性、耐高低温、耐候性和耐蠕变性好，并具有良好的摩擦磨损性能。可在干摩擦或油脂润滑条件下长期使用，适用于制作在间歇、旋转、往复或摆动条件下工作的密封圈、活塞环、轴承保持架、止推垫片、滑动轴承等部件。使用温度为 $-55℃ \sim 125℃$，瞬时到 $200℃$。

(7) PISL-35 填充聚酰亚胺材料 以聚酰亚胺为主要成分，以二硫化钼和石墨等为添加剂，经预处理、均匀混合、再置于金属模具中热压而制成。外观为黑色，无毒无味，具有耐高低温性能好、机械强度高、尺寸稳定性好、耐辐照性能优异、摩擦系数稳定及耐磨性能好等特点。可在干摩擦或油介质条件下长期工作，适于用作各种要求有较高机械强度并有良好摩擦学性能的滑动零部件，如滑动轴承、轴套、垫片、支承板等。

(8) JS-1 三层复合自润滑材料 由氟塑料-青铜-钢背构成。与早先的 JS-A 是同类材料，性能有所改进。具有金属的高强度、导热性及聚四氟乙烯塑料的低摩擦等特性，可在干摩擦下或油中长期工作，也能在低速高载、高温、低温、真空、水等特殊工况中使用，特别适用于滑动及摆动运动机械。使用温度范围为 $-60℃ \sim 280℃$。

JS-1 材料可制成各种规格的轻质、薄壁的滑动轴承卷制轴套，止推垫圈，导轨，滑板，球面座等自润滑零件，适用用于飞机、直升机、发动机及其各种附件机构。

JS-1 材料的性能达到了国外同类 DU 材料的水平，可以替代进口。

物理性能的测定

2.1 密度的测定

2.1.1 定义及原理

（1）**密度**　在规定温度下，单位体积内含物质的质量数，用 ρ_t 表示。其单位为千克/立方米（kg/m³）。常用的倍数单位为克/立方厘米（g/cm³），千克/升（kg/L）。

（2）**标准密度**　石油及石油产品在标准温度下（我国规定 20℃）的密度，用 ρ_{20} 表示。其单位为千克/立方米（kg/m³）。常用的倍数单位为克/立方厘米（g/cm³），千克/升（kg/L）。

（3）**视密度**　用石油密度计测定密度时，在某一温度下所观察到的石油密度计读数，用 ρ_t 表示。单位为千克/每立方米（kg/m³）。常用的倍数单位为克/立方厘米（g/cm³），千克/升（kg/L）。

方法一：采用密度计测定所测油品在某一恒定温度下的视密度，其标准密度（ρ_{20}）值须按 GB/T1885 换算到 20℃下的密度。

方法二：采用比重瓶法测定所测油品在某一恒定温度下的密度，即用同一比重瓶分别称出 20℃时试油的质量和纯水的质量，然后相比得到试油 20℃的密度。

2.1.2 仪器、设备

（1）**石油密度计**　试验方法：GB/T 1884—2000

采用符合 SH 0316《石油密度计技术条件》规定和表 2-1 规定的密度计。

表 2-1 密度计技术要求

型号	单位	密度范围	每支单位	刻度间隔	最大刻度误差	弯月面修正
SY-02	kg/m³	600～1100	20	0.2	±0.2	+0.3
SY-05	kg/m³	600～1100	50	0.5	±0.3	+0.7
SY-10	kg/m³	600～1100	50	1.0	±0.6	+1.4

玻璃量筒：量筒内径至少比所用石油密度计的外径大 25mm，量筒高度应能使密度计漂浮在试样中，且密度计底部距离量筒底部至少 25mm。

温度计：经检定合格的、分度值为 0.1℃ 或 0.2℃ 的全浸水银温度计。

恒温浴：可恒温到 ±0.25℃。

(2) 比重瓶法

试验方法：GB/T 2540—1981(1988)

比重瓶：型式如图 2-1 所示。

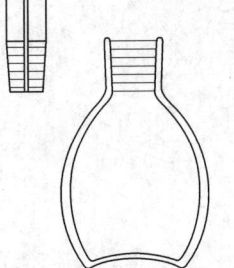

图 2-1 毛细管塞型

温度计：分度值为 0.1℃。

恒温浴；铬酸洗液；洗涤汽油或溶剂。

2.1.3 操作要点

(1) 石油密度计 将所测油品装入清洁的量筒，放入规定温度的恒温浴内，小心地将密度计沿量筒壁插入量筒中（注意不要溅泼和生成气泡），保持一定的时间。

用温度计小心搅拌油品，当密度计平稳后，连续两次读取密度计的读数，其数值视眼睛与弯月面的上缘成同一水平的刻度值，记录其视密度值，进行连续两次测定，结果取平均值。

(2) 比重瓶法 将用于测定的比重瓶经彻底清洗后，测定 20℃ 或 t℃ 下密度的比重瓶水值。其水值按式（2-1）计算。

$$m = m_2 - m_1 \tag{2-1}$$

式中　m——比重瓶20℃或需测 t℃的水值，g；

m_1——空比重瓶的质量，g；

m_2——比重瓶和水的质量总和，g。

在已确定水值的清洁、干燥的比重瓶中，用注射器装入所测油品，加上塞子，放在 20℃ 的水浴中恒温。当试油的液面停止变动时，将高出标线或溢出毛细管的试油用滤纸吸去，取出比重瓶，称重。

2.1.4 结果评定

(1) 密度计法 根据所测油品在某一温度值的视密度,由 GB/T 1884 中表 1 查得标准密度 ρ_{20} 值。取重复测定两个结果的算术平均值作为测定结果。

石油产品重复两次测定值不应超过下列数值:

透明,低黏度:温度范围 $-2℃\sim24.5℃$;重复性 $0.0005\text{g/cm}^3(0.5\text{kg/m}^3)$。

不透明:温度范围 $-2℃\sim24.5℃$;重复性 $0.0006\text{g/cm}^3(0.5\text{kg/m}^3)$。

(2) 比重瓶法 油品 20℃的密度 ρ_{20} 按式 (2-2a) 计算

$$\rho_{20}=\frac{(m_3-m_1)(0.99820-0.0012)}{m_{20}}+0.0012 \tag{2-2a}$$

式中 m_3——在 20℃时装有试样的比重瓶的质量,g;

m_1——空比重瓶的质量,g;

m_{20}——在 20℃时比重瓶的水值,g;

0.99820——水的 20℃密度,g/cm^3;

0.0012——在 20℃,大气压 760mmHg(101325Pa) 时的空气密度,g/cm^3。

油品在 t℃的密度按式 (2-2b) 计算

$$\rho_t=\frac{(m_3-m_1)(\delta-0.0012)}{m_t}+0.0012 \tag{2-2b}$$

式中 m_3——在 20℃时装有试样的比重瓶的质量,g;

m_1——空比重瓶的质量,g;

m_t——在 t℃时比重瓶的水值,g;

δ——水的 t℃密度,g/cm^3;

0.0012——在 20℃、大气压 760mmHg(101325Pa) 时的空气密度,g/cm^3。

2.1.5 讨论

① 测定密度时一定要保证试样的温度,因此为保证试样达到所需温度,控制恒温浴的温度必须在±0.5℃的精确度,否则重复结果达不到算术平均值。

② 测定密度进行读数时,操作者的眼睛必须与密度计在液体中弯月面的上缘成同一水平。该数值为应得的密度,弯月面的下凹面不是应得的密度,否则影响不同操作者的测定值。

③ 密度计只能握拿最高分度线以上的干管部分。

④ 密度计应轻轻放入所测样品中,到达所测样品附近再松开,保证试样浸湿液面以上刻度不超过两个。

⑤ 采用密度计法的优点:操作简便,在较短的时间内可以测得试样的结果。测定密度的最小分度值为 0.0005g/cm^3。

⑥ 每次测定时必须测定比重瓶的水值。

⑦ 试验时比重瓶内不准有气泡,毛细管中不准有断线现象,否则结果不正确。

⑧ 试样中有水和机械杂质时必须进行脱水或过滤。

⑨ 比重瓶在恒温水浴中,不能浸没比重瓶或毛细管上端。

2.2 黏度及锥入度的测定

2.2.1 石油产品黏度的测定

黏度的一般表示方法有运动黏度和条件黏度,它们都是表示在规定的温度条件下油品的稀稠(厚薄)程度。它是润滑油的主要指标,大多数润滑油是根据黏度分牌号,润滑油的黏度对保证机械正常运转也是一个重要因素。

试验方法:GB/T 265—1988(2004)。

(1) 定义及原理

黏度:液体受外力作用移动时液体分子间产生内摩擦力的性质,称为黏度。

动力黏度:面积各为 1cm 并相距 1cm 的两层液体,当其中一层液体以 1cm/s 的速度与另一层液体做相对运动时,所产生的内摩擦力称为动力黏度,用符号 η 表示,国际单位为 Pa·s。

运动黏度:是液体的动力黏度与同温度下的液体密度之比。在温度 t℃时,运动黏度以 γ 表示,运动黏度的常用单位为泡或斯,符号为 St,1 泡为 $1cm^2/s$,泡的百分之一为厘泡,用 cSt 表示。即 1St=100cSt。

条件黏度:采用不同的特定黏度计,所测得的以条件单位表示的黏度。

在某一恒定的温度下,测定一定体积的液体在重力作用下流过一个标定好的玻璃毛细管黏度计的时间,黏度计毛细管常数与流动时间的乘积,可得该温度下测定液体的运动黏度。在温度 t 时运动黏度用符号 R_t 表示。动力黏度可由测得的运动黏度乘以液体的密度求得。

(2) 仪器及材料

① 毛细管黏度计:符合 SY3607《玻璃毛细管黏度计技术条件》,毛细管内径分别为 0.4、0.6、0.8、1.0、1.2、1.5、2.0、2.5、3.0、3.5、4.0、5.0 和 6.0mm(见图 2-2)。

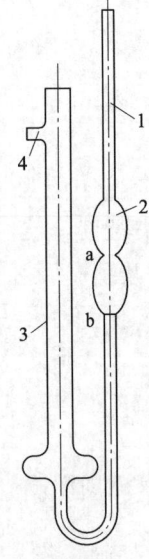

图 2-2 黏度管示意图

测定试样的运动黏度时,应根据试样的黏度选用适当的黏度计,务必使试样的流动时间不少于 200s,内径 0.4mm 的黏度计流动时间不少于 350s。

② 恒温浴。采用硬质玻璃缸或外层恒温玻璃套筒，高度不小于 18mm，容积不小于 2L。

③ 温度计：分度值为 0.1℃。

④ 秒表：分格为 0.1s。

⑤ 溶剂汽油或石油醚。

(3) 操作要点

① 将毛细管用手指堵住管身 3 的管口倒置，并将橡皮管套在支管 4 上，将另一管身插入试样中，利用橡皮球将试样吸至毛细管 b 线处。取出毛细管，恢复其正常状态，并从支管 7 取下橡皮管套在管身 1 上，将装有试样的黏度计放入恒温浴中，并用夹子固定垂直，使毛细管上部扩张部分 2 有一半以上进入恒温液体中。

② 测定：调节恒温浴温度到规定值，在试验过程中，保持温度恒定到 ±0.1℃。

当恒温到规定的时间后，用橡皮球将黏度计中的试样液面吸到毛细管扩张部分 a 线以上，使试样自动下流，当液面到达 a 线位置时，立即开动秒表计时，当液面正好达到 b 线时，立即停止秒表，记录试样流出时间（s）。

重复测定流出时间，至少 4 次。

取不少于三次的流出时间的算术平均值，作为试样的平均流出时间。

(4) 结果评定 试样在温度 t 时运动黏度 γ_t (mm^2/s) 按式 (2-3) 计算：

$$\gamma_t = C \cdot R_t \qquad (2-3)$$

式中 C——黏度计的常数，mm^2/s；

R_t——试样的平均流动时间，s。

黏度测定结果数值取四位有效数字，取重复两次测定结果的算术平均值，作为试样的运动黏度。

(5) 讨论

① 黏度是润滑油和燃料油的重要质量指标，正确选用润滑油，可以保证发动机稳定可靠的工作。

大部分润滑油的牌号都是以它的黏度来命名的。在选用润滑油时，黏度是需要考虑的重要因素。对发动机来讲，若黏度过大，启动困难，将会降低发动机的功率，增加燃料的消耗量；若黏度过小，润滑部位的油膜厚度减小，油膜强度降低，将起不到很好的润滑作用，增加磨损；在不同的润滑部位，要求润滑油的黏度也不相同，所以通常是在保证润滑的情况下，选用尽可能小的黏度。

而对于轻质燃料油来说，黏度大小对于其雾化程度的影响最大，为了保证喷气发动机在不同温度下所必需的雾化程度，在燃料标准中规定了不同温度下的黏度。

② 试样中的水分及杂质，将会影响测定结果。

有水分时，在较高测定温度下它不会汽化，低温时则会凝结，影响液体石油产品在黏度计中的正常流动，结果不是偏高，就是偏低。杂质可能堵塞毛细管，会使流动时间增长，测定结果偏高。

试样流出时间应控制在不少于 200s，内径 0.4mm 的黏度计流动时间不少于 350s。

试样中不能存在有气泡。因为空气泡会影响装油体积，而且进入毛细管后可能形成气塞，增大液体流动的阻力，使流动时间拖长，测定结果偏高。

黏度计必须垂直放置。因为试样的流动是依靠自身的质量所产生的压力差，黏度计倾斜会使结果失去真实性。

测定黏度时，要严格按规定恒温。这是测定黏度的重要条件之一。因为液体的黏度随温度的升高而减小，随温度的下降而增大，故一定要按规定恒温。否则哪怕是极微小的波动（超过 ± 0.1℃），也会使黏度测定结果产生较大的误差。

该方法只适用于牛顿液体黏度的测定，而不适用于非牛顿液体。

2.2.2 润滑脂锥入度的测定

试验方法：GB/T 269—1991(2004)

稠度是指可塑性的液体和固体在压力（外力）作用下流动的特性。润滑脂是可塑性的固体，在质量方面需要测定它的稠度。

测定润滑脂稠度的方法有许多种，但最广泛使用的是测定润滑脂锥入度的大小来表示润滑脂的稠度，这也是表示润滑脂软硬的一项指标。锥入度值越小，表示润滑脂越硬，稠度越大；反之，锥入度值越大，表示润滑脂越软，稠度越小。

润滑脂的锥入度表示在规定质量、时间和温度下，标准锥垂直穿入物体的深度。

润滑脂的锥入度的测定方法有标准方法、（常温法）1/2 法和 1/4 法等。

(1) 原理

润滑脂的锥入度是按规定的负荷，在 25℃时，将锥体组合件从锥入度计上释放，使锥体下落 5s，并测定其刺入试样的深度。以 1/10mm 表示。

① 工作锥入度：使润滑脂受到剪切作用，试样在润滑脂工作器中 60 次往复工作后测定的锥入度。

② 不工作锥入度：试样在尽可能少搅动的情况下，从样品容器转移到润滑脂工作器脂杯中测定的锥入度。

③ 延长工作锥入度：试样在润滑脂工作器中多于 60 次往复工作后测定的锥入度。

(2) 仪器

锥入度计：如图 2-3 所示。

标准锥体：全尺寸锥体和锥杆，锥体总质量 150g ±0.05g；

1/2 比例锥体和锥杆，锥体总质量 37.5g ±0.05g；

1/4 比例锥体和锥杆，锥体总质量 9.38g ±0.025g。

润滑脂工作器：全尺寸润滑脂工作器；

1/2 比例润滑脂工作器；

1/4 比例润滑脂工作器。

水浴：能够维持在 25℃±0.5℃，应带有盖子，使试样上部的空气温度维持在 25℃。

秒表：分度为 0.1s。

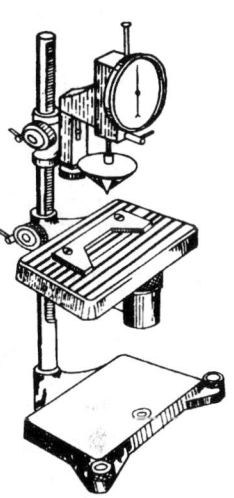

图 2-3 锥入度仪图

(3) 试验操作要点

下面以工作锥入度的操作过程来进行说明。

① 试验准备工作：取足够量的试样填满润滑脂工作器脂杯，工作器放在保持在 25℃±0.5℃的水浴中，直到温度计指示出润滑脂工作器及试样的温度达到 25℃±0.5℃后，使试样在 1min 内经受板孔往复 60 次的全程工作，提起板孔至脂杯顶部位置。

将脂杯口盖拧下，强烈振动脂杯，除去脂中的空穴后，再用刮刀保持倾斜 45°沿着脂杯边移动，刮去并保留高出杯口多余试样，使表面平整光滑无空穴。

② 测定：将准备好脂杯的试样放在锥入度计的平台上，使之呈水平状态，使锥尖刚好与试样表面接触，可通过观察锥尖影子来进行调节。

迅速释放锥杆，使其落下 5.0s±0.1s，慢慢按下指示器杆，使之与锥杆上端刚好接触，由刻度表上读出锥入度数值。

用刮刀将上次测定多余试样放入脂杯中，表面刮平整后再进行测定。

同一试样重复测定 3 次，并记录测定数值。

如果试样锥入度超过 200 单位，则应小心地将锥体对准容器中心，此试样只能做一次试验。

如果试样锥入度为 200 或小于 200 单位，则可在同一容器中进行 3 次试验。

(4) 结果评定 以连续测定 3 次数值的算术平均值作为被测试样的锥入度。1/2 和 1/4 锥入度换算成全尺寸锥入度。

① 1/2 比例锥体：

$$P = 2r + 5 \tag{2-4}$$

式中　P——近似的全尺寸锥入度；
　　　r——1/2 锥入度。

② 1/4 比例锥体

$$P = 3.75p + 24 \tag{2-5}$$

式中　P——近似的全尺寸锥入度；
　　　p——1/4 锥入度。

(5) 讨论

① 润滑脂锥入度的大小与润滑脂的组成有关。对同一种脂来讲，稠化剂含量高，锥入度小；基础油黏度小，脂的锥入度就大。所以，它是脂的生产过程的重要控制指标。

② 根据润滑脂锥入度的大小也可以大致确定它的应用范围。一般锥入度小的脂多用于重负荷运转的机械部件的润滑，而锥入度大的脂则用于轻负荷的润滑部位。

③ 测定不同温度下润滑脂的锥入度，可大致判断其热安定性；用测定工作前和工作后锥入度的变化，可以看出润滑脂的分散均匀性和触变安定性。

④ 影响因素分析

a. 试样温度要严格控制，因锥入度随试样温度升高而增加。

b. 操作机构应无阻力，以保证锥体自由下落。测定时间必须准确（5.0s±0.1s）。

c. 锥体的尺寸、锥杆和锥体的质量应符合规定要求，否则将影响结果的可靠性。

d. 试样中不能有空穴，空穴的存在将使结果偏大。

2.3　馏程的测定

2.3.1　概述

液体燃料的蒸发性对于发动机的工作效率影响很大。馏程是评定液体燃料蒸发性的重要指标，它可以说明液体燃料的沸点范围，又能判断石油产品组成中轻重组分的大体含量。为了保证发动机工作效率的最大限度发挥，要求燃料具有适当的蒸发性。即燃料中应有足够的轻质馏分，以保证发动机在各使用温度下能顺利启动，加速性能良好，燃烧完全，同时馏分不能过轻，以防止在高温低压条件下产生气阻，影响供油。

测定燃料的馏程，可判断其蒸发性并初步鉴定燃料的种类及质量变化。在运输及储存过程中，如轻馏分蒸发损失，或混入重馏分，蒸馏温度会偏高；混入轻馏分，则蒸馏温度偏低。

2.3.2 馏程测定法

试验方法：GB/T 255—1977(2004)

(1) 定义及原理 100ml试样在规定的仪器及试验条件下，按产品标准的要求进行蒸馏。系统地观察温度读数和收集液体积，然后从这些数据计算出收集液百分数。

初馏点：从冷凝管较低一端滴下第一滴冷凝液的瞬间观察到的温度计读数。

终点或终馏点：在试验过程中，全部液体从蒸馏烧瓶底部蒸发后所观察到的温度及最高读数。

干点：蒸馏烧瓶内最低点的最后一滴液体气化时的瞬间，观察到的温度计读数，而不考虑烧瓶壁或温度计上的任何液滴或液膜。

(2) 仪器

① 石油产品馏程测定仪（见图2-4）：符合SH/T 0121《石油产品馏程测定装置技术条件》的各项规定。

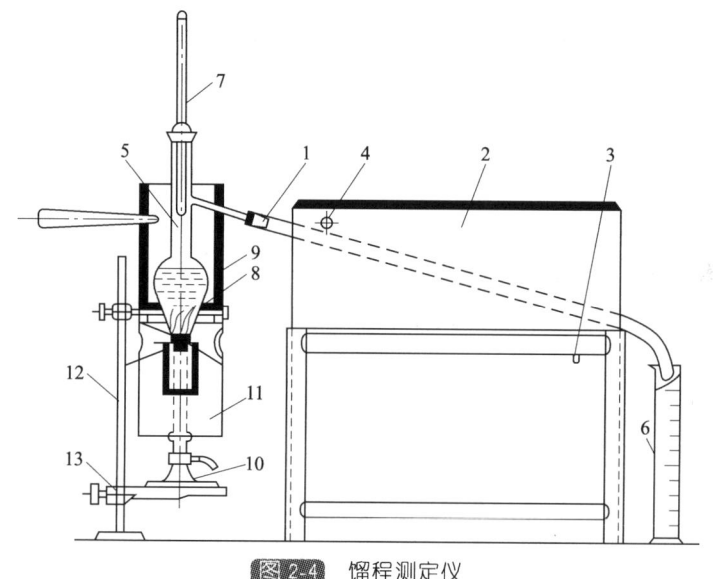

图2-4 馏程测定仪
1,2—冷凝管 3—进水支管 4—出水支管 5—蒸馏烧瓶 6—量筒 7—温度计
8—石棉垫 9—上罩 10—喷灯 11—下罩 12—支架 13—托架

② 秒表。

③ 喷灯或用带有调压变压器的电炉。

④ 温度计：0℃~360℃，分度值1℃，符合GB/T514《石油产器试验用液体温度计技术条件》。

⑤ 石棉垫。

(3) 操作要点

① 清洗并干燥测定器的冷凝管内壁,把装有脱水后试样的蒸馏烧瓶安放在电炉上,并连接在冷凝器上,冷凝器出口处接有量筒。

② 蒸馏烧瓶的温度计插口以及支管与冷凝管连接处一定要密封,且温度计的轴心线与蒸馏烧瓶轴线应重合,温度计水银球上边缘与蒸馏烧瓶支管焊接处的下边缘在同一平面,将蒸馏烧瓶放在直径 30mm 的石棉垫上。

③ 检查后准备升温试验,升温时要保持均匀,严格按照方法中规定的要求,控制加热开始到冷凝管下端滴入第一滴馏出液的时间。当第一滴流出液滴入量筒时,记录此时温度作为初馏点。对于航空汽油,从开始加热到冷凝管流下第一滴液体的时间,应控制在 7min~8min;汽油与溶剂油应在 5min~10min;喷气燃料、煤油、轻柴油,应控制在 10min~15min;重柴油或其他重质油应控制在 10min~20min。

④ 初馏点测得后,移动量筒使其内壁与冷凝管末端接触,此时升温速度仍按方法规定要求控制,可通过观察流出液的速度控制加热速度,同时根据技术标准规定的不同要求,测定 10%、50%、90%等的温度,并作记录。

⑤ 当蒸馏达到试样技术标准要求的终点(如馏出 95%、96%、97.5%、98%)时,记录流出温度,同时停止加热,让馏出液流出 5min,并记录量筒中的液体体积即为回收量。

⑥ 试验结束后,让蒸馏烧瓶冷却 5min,趁热将蒸馏烧瓶中的残留物倒入 5ml 的筒内,待量筒冷却到 20℃±3℃时,记录残留物体积,精确至 0.1ml。

⑦ 根据测定时的大气压力,按方法中的公式和修正系数进行修正,作为试验结果。

大气压高于 102.7kPa(770mmHg) 或低于 100.0kPa(750mmHg) 时,馏出温度受大气压力的影响应按下式进行修正。

$$C = 0.0009(101.3 - p)(273 + t) \tag{2-6}$$

式中 p——试验时大气压力;

T——温度计度数;

$t_\circ$——在 101.3kPa 时的馏出温度;

$$t = t_\circ - C$$

⑧ 蒸馏时,所有读数都要精确至 0.5ml 和 1℃。

(4) 结果评定

① 试样的馏程用各馏程规定的重复测定结果的算术平均值表示。

② 重复测定两个结果允许有如下的差数:初馏点是 4℃;干点和中间馏分是 2℃和 1ml;残留量(物)是 0.2ml。

(5) 讨论

① 取样时尽量使油样和量筒的温度与室温一致。此确保量准 100ml 的试样。

② 所测的试样必须事先经脱水处理方可进行试验，如试样中有水，加热后会产生爆震，使试验报废和产生意外。

③ 根据所测石油产品的不同来选择石棉垫直径，是为了控制加热速度。

④ 测定不同石油产品的蒸气在冷凝管冷凝为液体，并使其在管内能正常流动，以冷凝液流入量筒的速度来检查及控制加热速度，达到试验方法所规定的要求，因为加热速度对结果的影响非常大。

⑤ 插温度计的软木塞与蒸馏烧瓶的接口，蒸馏烧瓶支管的软木塞与冷凝管的接口，必须保持密封，一般可用火棉胶涂封。如在不密封的情况下进行试验，实际上是与大气连通情况下测定的馏程，不能表示其真实的馏程温度。

⑥ 量筒口部要用棉花盖好，以防冷凝管上凝结的水分落入量筒和减少馏出物的挥发。

2.4 冰点与凝点的测定

2.4.1 概述

石油产品的低温性能是指其在低温下能否维持正常流动和顺利输送的能力。石油产品是由多种烃类及其衍生物组成的复杂混合物，每一种烃类都有它自己的凝点，因此不像均匀的单体物质具有一定的凝点。当温度降低时，油品并不立即凝固，而要经过一个稠化阶段，在相当宽的温度范围内逐渐凝固。

冰点和结晶点为航空燃料的重要指标，即燃料在规定条件下冷却时，能够用肉眼观察到燃料中有结晶出现时的最高温度称为结晶点。当试验出现结晶后，使其升温，原来的结晶消失时的最低温度称为冰点。对高空使用的航空汽油和喷气燃料，要求具有较低的结晶点和冰点，因其在使用时若出现结晶，将堵塞燃料系统的油路和过滤器，影响发动机正常供油，进而引发发动机空中停车。现在喷气燃料标准中已经用冰点代替结晶点，通常情况下，冰点比结晶点高1℃～3℃。

油品凝点是油品丧失流动性时近似的最高温度，在不同的测试条件下可以得到不同的凝固点数据。所以产品标准中的凝固点有其严格的定义，即润滑油深色石油产品在试验条件下冷却到液面不移动时的最高温度称为凝点。

油品倾点是指被冷却了的油品能流动时的最低温度。倾点比凝点更能反映油品在低温下的流动性。

测定凝点和倾点对石油产品的输送、储存和使用都有着重要意义：凝点对于含蜡石油产品来说，可作为含蜡量的指标；某些石油产品的牌号用凝点来表示，如柴油、变压器油，在选用时一般凝点应低于环境温度5℃～7℃；还可作为低温时选用润滑油的依据，在低温环境工作的润滑油要有足够低的凝点，否则不能保证机械的正常启动和运转。

2.4.2 冰点测定法

试验方法：GB/T 2430—2008

(1) 定义及原理 冰点是指在测定条件下，试样出现结晶后，再使其升温，原来形成的烃类结晶消失的最低温度。

本方法采用取 25ml 试样倒入洁净干燥的双壁试管中，装好搅拌器及温度计。将双壁试管放入有冷却介质的保温瓶中，不断搅拌试样使其温度下降，直至试样中开始呈现为肉眼能看见的晶体，然后从冷却剂中取出双壁试管，使试样慢慢地升温，并连续不断的搅拌试样，直至烃类结晶完全消失时的最低温度即为冰点。

(2) 仪器

双壁玻璃试管；搅拌器；广口保温瓶胆。

温度计：全浸式 $-80℃\sim+20℃$（分度为 0.5℃）。

(3) 操作要点

① 量取 25ml 试样倒入清洁、干燥的双壁试管中。在试管口固定有温度计和搅拌器的软木塞，注意使温度计水银球位于试样中心。

② 夹紧双壁试管，安放在盛有冷却介质的保温瓶中，不断加干冰使介质温度下降。冷却剂液面要高于试样液面。

③ 试验过程中必须不断搅拌，当试样中开始呈现为肉眼所能看见的晶体时，记录烃类结晶出现的温度作为结晶点。从冷却剂中取出双壁试管，使试样慢慢的升温，同时连续不断地搅拌试样，记录烃类结晶完全消失的最低温度作为冰点。将结晶出现温度和结晶消失温度相比较，结晶出现的温度应低于结晶消失的温度，否则说明结晶没有被正确观察到，这两个温度之差一般不大于 6℃。

(4) 试样结果评定 取重复测定两次结果的算术平均值，作为试样的测定结果。重复测定两次结果的差不应超过 1.5℃

(5) 讨论

① 冷却介质可根据具体情况采用不同的介质或机械制冷装置。如干冰乙醇，液氮，干冰-丙酮；半导体致冷仪等。

② 试验到 $-10℃$ 左右如出现云状物，则可认为有水存在，应该用无水硫酸钠干燥试样。

2.4.3 凝点的测定

试验方法：GB/T 510—1983(2004)

(1) 测定原理 按此方法测定凝点时:将试样装入规定的试管中,并冷却到一定温度,将试管倾斜45℃,经过1min观察液面是否流动,试管内液面不流动时的最高温度定为凝点。

(2) 仪器与材料

① 石油产品凝点测定器:a.圆底试管,高度160mm±10mm,内径20mm±1mm,在距离管底30mm的外壁处有一环形标线。b.圆底的玻璃套管,高度130mm±10mm,内径40mm±2mm。

凝点温度计符合GB514《石油产品试验用液体温度计技术条件》的规定。

② 材料:冷却剂,试验温度在0℃以上用水和冰,在0℃~-20℃用盐和碎冰或雪,在-20℃以下用工业乙醇和干冰。

(3) 试验操作要点

① 准备工作:在干燥、清洁的试管中注入试样,使液面满到环形标线处。用软木塞将温度计固定在试管中央,使水银球的底部距管底8mm~10mm。

装有试样和温度计的试管,垂直地浸在50℃±1℃的水浴中,直至试样的温度达到50℃±1℃时停止。

② 试验操作要点:从水浴中取出装有试样的试管,并牢固地装入套管中,放在室温中静止,直至试管中的试样冷却到35℃±5℃时,将试管浸入冷却浴,冷却温度达到比预计凝点低7℃~8℃时,将试管在冷却浴中倾斜45°,并保持1min后,从冷却浴中取出试管,观察试样液面有无移动的迹象。

当液面位置有移动(或没有移动)时,从套管中取出试管,并将试管重新预热至试样达50℃±1℃,然后用比上次试验温度低(高)4℃的温度重新进行测定,直至试样温度能使液段位置停止移动(有了移动)为止。

找出凝点的温度范围(试样液面位置从移动到不移动或从不移动到移动的温度范围)之后,就采用比移动的温度低2℃或采用比不移动的温度高2℃,重新进行试验。如此反复试验,直至确定某试验温度能使试样的液面停留不动而提高2℃又能使液面移动时,就取使液面不动的温度作为试样的凝点。

试样的凝点必须进行重复测定,第二次测定时的开始试验温度要比第一次所测出的凝点高2℃。

(4) 结果评定 取重复测定两个结果的算术平均值,作为试样的凝点。同一操作者重复测定两个结果的差数不应超过2℃。

(5) 讨论

① 凝点对于含蜡油品来说,可在某种程度上作为估计石蜡含量的指标。油中的石蜡含量越高,越易凝固。如果从油中除去部分石蜡,测油的凝点可降低。凝点还关系到柴油在发动机燃料系统中能顺利流动的最低温度,低温时析出的固体石蜡颗粒,会堵塞燃料过滤器,终止燃料供应,同时可作为衡量油品在低温下

的工作效能的参数指标。

② 影响的因素：由于油品的凝点与冷却速度有关，在试验中应控制冷却速度，以保证试验结果的一致性。因为冷却速度过快时，石蜡将形成数量极多的初小晶体，均匀地分布在油中，使凝点降低。

油品在试验前必须按规定加热，使油品中的石蜡能完全溶解，充分混合均匀，否则凝点将偏高。

试油必须脱水，否则水在0℃时结冰，阻止油样移动，使油品的凝点偏高。

2.4.4 倾点的测定

试验方法：GB/T3535—2006。

(1) 测定原理 试样经预热后，在规定的速度下冷却，每隔3℃检查一次试样的流动性，记录观察到试样能够流动的最低温度作为试样的倾点。

(2) 仪器与材料

试管：由平底、圆筒状的透明玻璃制成，内径30.0mm～32.4mm，外径33.2mm～34.8mm，高115mm～125mm，壁厚不大于1.6mm。距试管内底部54mm±3mm处标有一条长刻线，表示内容物液面的高度。

温度计：局浸式。

软木塞：与试管配套，中心打有插温度计的孔。

套管：由平底、圆筒状金属制成，不漏水，能清洗，内径44.2mm～45.8mm，壁厚约1mm，高115mm±3mm。

圆盘：软木或毛毡制成，厚约6mm，内径44.2mm～45.8mm。

垫圈：有橡胶、皮革或其他适用的材料制成，环形，厚约5mm。

冷浴：适用于试验规定的温度。温度可控制在试验温度的±1.5℃。

计数器：30s±0.3s。

(3) 试验操作

① 试验准备：将清洁试样倒入试管中至刻线处，用插有温度计的软木塞塞住试管，调整软木塞和温度计的位置，使软木塞紧紧塞住试管，试样浸没温度计水银球，使温度计的毛细管起点浸在试样液面下3mm的位置；并按要求进行试样的预处理。

② 保证圆盘、垫圈好套管的内壁清洁、干燥，将圆盘放入套管的底部。在出入试管前，圆盘和套管应在冷却介质中冷却不少于10min。将垫圈套在试管的外壁，离底部约25mm，并将试管插入套管中。

③ 观察试样的流动性：从第一次观察试样的流动性开始，温度每降3℃，都应将试管从浴火套管中取出，将试管充分倾斜以确定试样是否流动。取出试管、观察试样流动性和试管返回到浴中的操作不超过3s。

④ 当试管倾斜而试样不流动时，应立即将试验放置于水平位置 5s，并仔细观察试样表面。试样显示出任何移动，应立刻将试管返回浴或套管中，待再降 3℃时，重新观察试样的流动性。按此方式继续操作至试管置于水平位置 5s，试管中的试样不移动，记录此时的温度计读数。

(4) 结果评定

① 将记录到的结果加 3℃，作为试样的倾点，取重复测定的两个结果才平均值作为试验结果。

② 同一操作者，使用同一仪器，用相同的方法对同一试样测得的两个连续试验结果之差不大于 3℃。

(5) 讨论

① 已知在试验前 24h 内曾被加热超过 45℃的试样，或不知其受热经历的试样，均应在室温下放置 24h 后，方可试验。

② 装配试管与温度计是，应使温度计与试管在同一轴线上。

③ 在低温时，冷凝的水雾会妨碍观察，可用清洁的布蘸与冷浴温度接近的擦拭液擦拭试管，除去外表面的水雾。

④ 在进行流动性观察时，不能搅动试样中的块状物，也不能在试样冷却至足以形成石蜡结晶后移动温度计，否则会造成试验结果偏低或结果错误。

2.5 杂质分析

2.5.1 润滑脂的检验

2.5.1.1 润滑脂水分定量测定法

试验方法：GB/T 512—1965(2004)

水分的测定对了解润滑脂质量和控制润滑脂生产工艺具有重要的意义。水分的存在对大多数润滑脂是有害的，因为它一方面可以破坏脂的胶体安定性使油皂分离，从而使润滑脂的质量显著变化；另一方面，水分的存在会增加润滑脂的消耗并使其润滑的零件腐蚀。但对于个别润滑脂来说（如钙基润滑脂），水分存在可改善它的结构稳定性，在一定含水量范围内水的存在是有益的，当超过一定限度时水分则是有害的。所以大部分润滑脂规格中对水含量作了具体规定，应严格控制水分的含量。

(1) 原理 将一定量的试样与无水溶剂混合，进行蒸馏测试其水分的含量，并以质量百分数来表示。

(2) 仪器与材料

① 水分测定器：即 GB/T 260《石油产品水分测定法》的仪器。

② 溶剂：初馏点不低于 90℃，干点不高于 150℃ 的直馏汽油，须用无水氯化钙干燥，并在使用前过滤。

(3) 试验步骤

① 试验准备，按照规定的取样方法，在工业天平上称取 20g～25g 试样（称准至 0.1g）。放入干燥洁净的圆底烧瓶中，然后注入 150ml 溶剂及几块浮石或几根毛细管。

② 将圆底烧瓶与洁净和干燥的接受器支管、冷凝管紧密安装在一起。试验时，冷凝管上端应用棉花塞上，以免大气中水分在冷凝管内部凝结。

③ 开启电炉，徐徐加热，当回流开始时，应控制滴入接受器中的冷凝液保持为每秒钟 2～4 滴。

④ 当接受器中水的容积不再增大及上层溶剂完全变成透明时，即停止蒸馏。蒸馏时间不能超过 1h。待接受器中的水及溶剂已达到室温时，记录接受器中水的容积。

(4) 结果评定 试样中水分的质量 X 按式（2-7）计算

$$X = \frac{V}{G} \times 100\% \tag{2-7}$$

式中 V——接受器中水的体积，mm；

G——试样的质量，g。

取重复测定两个结果的算术平均值，作为试样的水分。

若接受器中水的数量少于 0.03ml 时，则认为痕迹。

2.5.1.2 润滑脂机械杂质的测定

润滑脂内存在了机械杂质，如灰尘、砂砾、金属屑等就会带入机械磨损部位，这是极为有害的。这不但会降低润滑脂减摩作用，而且加剧了被润滑摩擦交点和工作面的磨损，并能造成精密机械、高速运转的润滑部位迅速地丧失其精密度，从而缩短使用的寿命。因此，润滑脂的机械杂质是一种重要质量指标，在规格标准中一般都严格控制其在产品内的含量。

目前测定润滑脂机械杂质含量的测定方法有 GB/T 513 酸分解法，SH/T 0330 抽出法。SH/T 0322 有害粒子鉴定法等。

(1) 酸分解法

试验方法：GB/T 513—77（2004）

1) 原理 向润滑脂试样中加入 10% 的盐酸，加热使其溶解。将溶解物慢慢倒入已知质量的微孔玻璃坩埚过滤。再用乙醇-苯混合液、蒸馏水洗涤为中性。烘干至恒重。

2) 仪器与试剂

微孔玻璃坩埚，孔径 4.5μm～15μm；吸滤瓶；水流泵或真空泵。

10%盐酸溶液；乙醇-苯混合液，用95%乙醇与苯按体积比1∶4配成；石油醚60℃～90℃或溶剂汽油80℃～120℃。

3）试验步骤

① 准备工作：将微孔玻璃坩埚，在105℃～110℃恒温箱内干燥至少1.5h，然后移入干燥器内冷却30min进行恒重，称准至0.0002g。直至两次连续称量间差数不超过0.0004g为止。

② 试样的分解（可选一种）：

a. 将称取试样20g～25g（称准至0.1g）放于烧杯中，加入10%盐酸，将烧杯慢慢加热，但不要加热沸腾。待它快全部消失至上层澄清为止。冷却到35℃～45℃后，加入石油醚再调和之。

b. 用10%盐酸溶液和石油醚溶解试样，在水浴式电炉上加热至试样完全溶解为止。

③ 过滤及清洗：将分解好的试样慢慢倒入微孔玻璃坩埚中进行过滤；再用热乙醇-苯溶液洗涤玻璃坩埚中的沉淀物至不再留有矿物油的痕迹为止；用少量乙醇溶液清洗，然后用蒸馏水洗至中性；最后再用乙醇溶液洗涤1～2次。

④ 干燥与恒重：将装有沉淀物的微孔玻璃坩埚在105℃～110℃下烘干至恒质量。

4）结果评定

试样的机械杂质含量X按式（2-8）计算

$$X = \frac{G_2 - G_1}{G} \times 100\% \tag{2-8}$$

式中　G_2——带有沉淀物的微孔玻璃坩埚的质量，g；

G_1——无沉淀物的微孔玻璃坩埚的质量，g；

G——试样质量，g。

当杂质含量小于0.025%时，则认为无机械杂质。取两个结果的算术平均值，作为测定结果。重复测定两个结果间的差值不应超过0.025%。

5）讨论

① 润滑脂中的机械杂质主要是在生产包装、运输过程中混入的杂质（如尘土、沙子、金属微粒），另一方面来自金属碱中之无机盐类（无机物）。这些物质的存在对润滑脂是十分有害的。

② 用此种方法测得的杂质为不溶于盐酸、有机溶剂及水的机械杂质，不包括金属微粒及氧化物。

③ 影响的因素：

a. 用酸分解法测定机械杂质时要注意彻底分解，使全部皂块完全消失及上层液中完全透明澄清为止。否则结果偏大。

b. 沉淀物应用溶剂将矿物油完全冲洗掉，否则导致结果偏大。

c. 在进行分解时，盐酸量要加足，否则沉淀中将含有皂类及金属微粒，导致试验结果偏高。

（2）抽出法

试验方法：SH/T 0330—1992(2004)

1) 原理　将润滑脂用乙醇-苯溶液溶解，使润滑脂中的机械杂质沉淀出来，再用蒸馏水洗涤沉淀物，以测定润滑脂中不溶于乙醇-苯及水中的有机杂质。

2) 仪器与试剂

a. 索氏抽取器：带有500ml的烧瓶。

b. 玻璃微孔坩埚：孔径 $4.5\mu m \sim 9\mu m$。

c. 乙醇-苯混合溶液：95％乙醇与苯按体积比 1∶4 配成。

3) 操作要点

① 准备工作：将玻璃微孔坩埚用铬酸洗液浸泡后，用水及蒸馏水洗涤干净。放在 105℃～110℃ 的恒温箱中干燥恒重。

② 润滑脂的抽取按规定称取一定量的润滑脂试样放入已恒重的玻璃微孔坩埚中，再将坩埚放在支架上一并装入抽取器中，用苯抽取，抽取时间至少 1.5h，使抽取器中的溶液由淡黄色变为无色为止。

抽取完毕，停止加热，取出坩埚，待坩埚中的溶剂过滤完后，再用热的95％乙醇和蒸馏水依次洗涤坩埚。

③ 干燥恒重：将洗涤后的玻璃微孔坩埚放入 105℃～110℃ 恒温箱中干燥至恒重。

4) 结果评定　试样中机械杂质含量 X 按式（2-9）计算

$$X = \frac{G_2 - G_1}{G} \times 100\% \qquad (2-9)$$

式中　G_1——玻璃微孔坩埚及残留物的质量，g

G_2——空玻璃微孔坩埚的质量，g

G——试样的质量，g

取平行测定两次结果的算术平均值作为试样中机械杂质的含量。

平行测定两结果与算术平均值的差数不应超过 0.1％。

5) 讨论

① 用此法测定的机械杂质，除包含用酸分解法测得的杂质外，还包括混入润滑脂中的金属及其氧化物等杂质。

② 影响因素

a. 试验前，微孔坩埚一定要洗涤干净；

b. 用电炉加热时，一定注意不要出现暴沸现象，否则将引起火灾；

c. 用热乙醇洗涤时，一定要达到滤液无油污为止。

(3) 显微镜法

试验方法：SH/T 0336—1994(2004)

1) 原理　将一定量润滑脂涂于计数版上，用显微镜进行观察，按照规定记录润滑脂中不同尺寸大小的机械杂质的颗粒数，作为润滑脂的质量指标。

2) 仪器与试剂

显微镜：放大倍数至少为60倍，带有目镜测微标尺，分度不应大于0.025mm。

计数板。

3) 试验操作

① 准备工作：通过显微镜观察计数板中间平面的网纹，以确定目镜测微标尺的分度值。

② 测量以计数：从准备好的一个平均试样中取出一点试样，涂在计数板中间的平面上，用盖片压紧，使试样完全充满盖片和计数板平面之间的间隙。

将涂有试样的计数板在显微镜下，在面积为5mm×5mm范围内按照产品规定的尺寸类别，测量并记下试样中机械杂质的个数。平行测定10个试样。

4) 结果处理

每1cm³试样内每一尺寸的机械杂质含量 X（个数/cm³）按式（2-10）计算：

$$X = \frac{A}{10 \times 0.01 \times S} = \frac{A}{10 \times 0.01 \times 0.5 \times 0.5} = \frac{A}{0.025} \quad (2-10)$$

式中　A——10个试样的杂质总数；

S——被测量的试样面积，cm^2；

10——测量的试样次数；

0.01——试样薄层的厚度，cm。

以10次测定的算术平均值，作为试验的结果。

如果在一个试样中发现有直径大于0.1mm的颗粒杂质，则此试样为不合格。

5) 讨论

① 取样必须按要求进行，否则测量的准确性将会受到影响。

② 洗涤计数板盖片的溶剂必须经过滤纸过滤，不然计数板残留溶剂中的杂质可同时测出使结果偏高。

2.5.1.3　润滑脂灰分的测定

试验方法：SH/T 0327—1992(2004)

灰分是指润滑脂试样经燃烧和煅烧所剩余的氧化物和以盐类形式存在的不燃烧组分，以质量百分数表示。这些灰分主要来源于有润滑脂的稠化剂，如各种脂肪酸皂类经分解燃烧后即生成金属氧化物，润滑脂的游离碱，碱类里存在的各种碱性物质及杂质，经煅烧后即生成相应的金属氧化物，杂质中的泥沙、盐类及其他不燃烧性物质。

(1) 原理 采用定量滤纸作为火芯来燃烧试样，炭化后的残渣经煅烧至恒重，以质量百分数表示。

(2) 仪器与试剂

坩埚 50ml；干燥器；电炉及高温电炉；定量滤纸。

稀盐酸溶液（1∶4）；10%硝酸铵水溶液。

(3) 试验操作要点 将瓷坩埚用稀盐酸（1∶4）进行加热煮沸处进后，再用蒸馏水清洗干净。放入 800℃±10℃ 的高温电炉中煅烧半小时，取出冷却称量。反复进行煅烧直至恒重为止（两次称量的差数不大于 0.0004g）。

称取试样 2g～5g 于已恒重的坩埚内，放在电炉或电热板上加热并点火燃烧。待试样燃烧终了时，将盛有炭化残渣的坩埚移入 600℃±10℃ 的高温电炉中燃烧 1.5h，至残渣完全成灰后自高温电炉中取出，放入干燥器中冷却并称量至恒重为止。

(4) 结果评定 试样的灰分按式（2-11）计算

$$X = \frac{G_2 - G_1}{G} \times 100\% \tag{2-11}$$

式中　G_1——试样灰分与坩埚的总质量，g；

　　　G_2——空坩埚的质量，g；

　　　G——试样的质量，g。

取重复测定两个结果的算术平均值作为测定的结果。

(5) 讨论

① 润滑脂的灰分与皂分、原料碱类的纯度、游离碱和机械杂质等指标有关。灰分的指标值也是根据这几项指标的相应关系制定的，灰分过大，即表明上述 4 个指标中有些指标过大。

对于大多数润滑脂标准，规定有皂分指标的产品一般就不测定灰分。因为直接测定皂分更可靠些。

另外，依据烃基润滑脂灰分大小，可以将烃基脂和皂基脂区别开来。

② 注意事项：

a. 在燃烧试样时，火焰高度不应超过坩埚边缘 10mm，否则残渣将溢出坩埚，使分析结果偏小。

b. 残渣煅烧不完全时，可向坩埚滴入几滴硝酸铵溶液，在电炉上蒸干后继续煅烧。再冷却到恒重为止。

当测定钠基脂灰分时，由于硫酸钠的存在会和无机不溶物相互作用，甚至与瓷坩埚黏结，还能把少部分残炭包裹起来，不易灰烬及恒重。在测定钙基脂灰分时，也因碳酸钙在一定温度下不易完全转化成氧化钙，而不易测准。如存在这些情况应向这些灰中加入稍过量的浓度为25%的硫酸，经加热蒸发后再煅烧恒重。

2.5.2 油中杂质的检验

石油产品中存在的水分、机械杂质、灰分等都属于有害物质，直接影响石油产品的质量，所以它们的含量多少在油品规格中都作了严格的规定。

2.5.2.1 水分测定法

润滑油中含有的水分和高于100℃的金属零件接触时会形成蒸汽，破坏润滑油膜，使润滑效果变差；加速油中的有机酸对金属有腐蚀作用；润滑油中的水分还会加速有机酸对金属的腐蚀从而造成机械设备的锈蚀，也会使润滑油中低温流动性变差甚至结冰，堵塞油路，妨碍润滑油的循环及供油；轻质油品中的水分会使燃烧过程恶化，并将溶解的盐带入气缸内，生成积炭，增加气缸的磨损。因此，润滑油不应含有水分在使用之前必须检查有无水分，必要时要进行脱水处理。

(1) 方法一 试验方法：GB/T 260—1977(2004)

1) 原理 一定量的试样与无水溶剂混合，进行蒸馏测定其水分含量并以百分数表示。

2) 仪器、材料

水分测定器：包括500ml圆底玻璃烧瓶、接受器和直管式冷凝管。

溶剂：工业溶剂油或直馏汽油在80℃以上的馏分，溶剂在使用前必须进行脱水。

无釉瓷片、浮石或一端封闭的玻璃毛细管，在使用前必须经过烘干。

3) 试验步骤 将装入量不超过瓶内容积3/4的试样摇动5min，要混合均匀。黏稠的或含石蜡的石油产品应预先加热至40℃～50℃，才进行摇匀。向预先洗净并烘干的圆底烧瓶称入摇匀的试样100g，称准至0.1g。

将洗净烘干的接受器紧密地安装在圆底烧瓶上，使支管的斜口进入圆底烧瓶15mm～20mm，然后在接受器上安装直管冷凝管。冷凝管下端的斜口切面要与接受器的支管管口相对。为了避免蒸气逸出，应在塞子缝隙上涂抹火棉胶。进入冷凝管的水温与室温相差较大时，应在冷凝管的上端塞上棉花。以免空气中的水蒸气进入冷凝管凝结。

用电炉、酒精灯或调成小火焰的煤气灯加热圆底烧瓶，并控制回流速度，使冷凝管的斜口每秒滴下2～4滴液体。接受器中收集的水体积不再增加，而且溶剂的上层完全透明，应停止加热，回流的时间不应超过1h。在停止加热后，如果冷凝管内壁仍沾有水滴，应从冷凝管上端倒入冷溶剂，把水冲进接受器。

待圆底烧瓶冷却后,将仪器拆卸,读出接受器中收集水的体积。

当接受器的溶剂呈现浑浊时,而且管底收集的水不超过 0.3ml 时,将接受器放入热水中 20min~30min,使溶剂澄清,再将接受器冷却至室温,才读出管底收集水的体积。

4) 结果评定 试样的水分质量百分含量 X 按式(2-12)计算:

$$X = \frac{V}{G} \times 100\% \qquad (2-12)$$

式中 V——在接收受器中收集水的体积,ml;
$\quad\quad G$——试样的质量,g。

试样的水分体积含量 Y 按式(2-13)计算

$$Y = \frac{V \cdot P}{G} \times 100\% \qquad (2-13)$$

式中 V——接受器中收集水的体积,ml;
$\quad\quad P$——试样的密度,g/ml;
$\quad\quad G$——试样的质量,g。

取两次测定的两个结果的算术平均值,作为试样的水分。

试样的水分少于 0.03%,认为是痕迹。

在仪器拆卸后,接受器中没有水存在,认为试样无水。

5) 讨论

① 石油产品中水分的来源主要在运输和储存过程中,进入油品中的水。油品有一定程度的吸水性,能从大气中或与水接触时,吸收和溶解一部分水。

② 水在油品中存在的状态主要有以下几种。

悬浮状:水分以水滴形态悬浮于油品中。

乳化状:水分以极细小的水滴状均匀分散于油中。

溶解状:水分以溶解于油中之状态存在。其能溶解在油中的量,决定于油品中化学成分的温度。

③ 水分测定应注意事项

试样必须有代表性,测定前要混合均匀,溶剂必须脱水。否则,结果不能真实地反映出油品中的含水量。

为了防止暴沸,使液体均匀沸腾,蒸馏前应往烧瓶中投入几粒无釉瓷片。

蒸馏速度不能太快,应严格按标准规定控制,否则会使水分来不及沉淀到接受器中,而被溶剂带回烧瓶内,使测试结果偏低。

(2) 方法二 卡尔费休微量水分测定法。

1) 原理 液体石油产品中的水分会加速油品对金属材料的腐蚀,还会影响其低温性能,所以需对其水分含量进行控制。

卡尔费休法是一种微量水分测定方法。其原理是：在存在乙醇和碱的情况下，水会按照化学反应式（2-14）与碘和二氧化硫进行化学反应。

$$H_2O + I_2 + SO_2 + CH_3OH + 3RN = [RHN]SO_4CH_3 + 2[RHN]I \quad (2-14)$$

在进行库仑法滴定时，碘是通过电化学方法氧化电解槽而产生的。

$$2I = I_2 + 2e \quad (2-15)$$

而所产生的碘数量是与电荷量成正比的，因此可把电流消耗量作为测量水分的基础，这就是卡尔费休微量水分测定原理（库仑法）。

2）仪器设备及试剂　卡尔费休微量水分测定仪（库仑法）；卡氏试剂（库仑法）。

3）操作步骤　下面以梅特勒-托利多 DL32 型微量水分测定仪为例进行说明。

准备工作：

a. 保持库仑仪清洁，当废液瓶中的聚四氟乙烯密封圈不能再有效密封时，更换抽吸管。

b. 如果测定的漂移值始终偏离，就应该给干燥管装填新分子筛。

c. 先进行预滴定，数秒后进入待机状态，然后加入已精确称重的试样，待滴定完成后，自动出现结果。

4）讨论　石油产品标准中，要求燃料油和润滑油不含水分，通常指不含游离水和悬浮水，溶解水很难去除，水分能够引起机械部件的腐蚀，水分凝结成冰粒会堵塞油路、油滤，影响供油，造成停机或增加磨损，燃料油中的水分会促使胶质的形成；润滑油中的水分会破坏添加剂和润滑油膜，使润滑油的性能变差。

在进行此方法的测定时，应控制预滴定的时间；卡氏试剂应严格避光密封保存，禁止与空气接触，并在有效期内。

2.5.2.2 机械杂质

试验方法：GB/T 511-2010

润滑油中不溶于汽油或苯的沉淀物，经过滤分出的杂质称为机械杂质。润滑油中的机械杂质是润滑油在使用、储存和运输中混入的灰尘、泥沙、金属碎屑、金属氧化物和锈末等外来物造成的。机械杂质在润滑油使用过程会加速机械部件的磨损，也会堵塞油路造成润滑失效。因此要尽量减低润滑油中的机械杂质的含量。

(1) 原理　称取一定量的样品，溶于所用的溶剂中，用已知恒重的滤器进行过滤、洗涤、被留在滤器上的杂质即为机械杂质。

(2) 仪器与材料

烧杯或宽颈的锥形烧瓶；称量瓶；玻璃漏斗；吸滤瓶；水流泵或真空泵；干

燥器；水浴或电热板。

微孔玻璃滤器：坩埚或滤板孔径 $4.5\mu m \sim 9\mu m$。

定量滤纸：中速、直径 11cm。

溶剂油：符合 SH0004 规格的溶剂油或，符合 GB1787 规格的航空汽油。

(3) 操作要点

① 准备工作：定量滤纸放在 105℃～110℃烘箱中干燥到恒重备用。称准至 0.0002g。两次称量间的差数不能超过 0.0004g。

② 试验步骤：从混合好的油品中称取试样（不同的黏度称取的试样不同）放入烧杯中，烧杯加入温热的溶剂油，加入溶剂油量为试样的 2～4 倍。趁热将试样的溶液用恒重好的滤纸过滤，用热的溶剂油将残留在烧杯中的沉淀物洗到滤纸上，直至过滤器中无残留的痕迹为止。

将带有沉淀的滤纸和过滤器冲洗完毕后，放入已恒重的称量瓶中于 105℃～110℃烘箱中干燥至恒重。称准至 0.0002g。两次连续称量间的差数不超过 0.0004g 为止。

使用滤纸时，必须进行溶剂的空白试验补正。

(4) 结果评定

试样的机械杂质含量 X 按式（2-16）计算

$$X = \frac{G_2 - G_1}{G} \times 100\% \tag{2-16}$$

式中　G_2——带有机械杂质的滤纸和称量瓶的总质量，g；

　　　G_1——滤纸和称量瓶的总质量，g；

　　　G——试样的质量，g。

取重复测定两个结果的算术平均值作为试验结果。同一操作者重复测定两个结果之差，不应大于下列数值：

机械杂质含量/%	重复性/%
<0.01	0.005
0.01～<0.1	0.01
0.1～<1.0	0.02
≥1.0	0.20

机械杂质的含量在 0.005% 以下时，认为无。

(5) 讨论

① 称取试样前必须先摇匀，所有溶剂在使用前必须过滤。

② 所用的溶剂应根据试样的具体情况及技术要求标准有关规定去选用，不得乱用。否则，所测得的结果无法比较。

③ 在几次称量时，冷却时间应一致，称量速度要快，避免称量时间长，滤

纸吸潮，影响恒重和测定结果。

④ 使用中的油品，除含有尘埃、沙土等杂质外，还含有金属屑等。这些杂质在油品中集聚的多少随发动机使用的情况而不同，对发动机的磨损程度也不同。因此，机械杂质不能单独作为油品报废或换油的指标。

2.5.2.3 灰分的测定

试验方法：GB/T 508—1985(2004)

将润滑油在规定条件下完全燃烧后，剩下的不燃残留物叫做润滑油的灰分。灰分主要由燃烧后生成的金属盐和金属氧化物组成。灰分的存在会使润滑油在使用过程中积炭增加，灰分过高也会造成机械零件的磨损，因此要减少或控制润滑油中灰分的含量。

(1) 原理 用无灰滤纸作引火芯，点燃放在一个适当容器中的试样，使其燃烧到只剩下灰分和残留的碳。碳质残留物再在775℃高温炉中加热转化成灰分，然后冷却并称重。

(2) 仪器与材料

瓷坩埚或蒸发皿：50ml 和 90ml～120ml；

电热板或电炉；高温炉，能加热到恒定于 775℃±25℃。

干燥器：不装干燥剂。

定量滤纸：直径 9cm。

(3) 准备工作 经稀盐酸（1∶4）处理过的瓷坩埚、用蒸馏水洗涤，烘干后放在高温炉中于 775℃±25℃温度下煅烧至恒重。称准至 0.0001g。

取样前将瓶中试样剧烈摇动均匀，要确保所取样有真正的代表性。对黏稠的或含蜡的试样需预先加热至 50℃～60℃，再摇动均匀后进行取样。

(4) 试验步骤 向已恒重的坩埚中称取 25g 试样，把滤纸剪成圆锥柱体（用作点火芯）放入坩埚中，盖住试样的表面。引火芯浸透试样后，点火燃烧。燃烧时，火焰高度维持在 10cm 左右。

试样燃烧之后，将盛有残渣的坩埚移入到 775℃±25℃ 的高温炉中煅烧直至恒重。直至连续两次称量间的差数不大于 0.0005g 为止。

(5) 结果评定 试样的灰分 X 按式（2-17）计算：

$$X = \frac{G_1}{G} \times 100\% \tag{2-17}$$

式中 G_1——灰分的质量，g；

G——试样的质量，g。

取重复测定两个结果的算术平均值，作为试样的灰分。

(6) 讨论

① 必须掌握住燃烧速度，维持火焰高度在 10cm 左右，以防止试样油飞溅以

及过高的火焰带走灰分微粒。使结果偏低。

② 煅烧、冷却、称量应严格按规定的温度和时间进行。

③ 润滑油的灰分,在一定程度上可评定润滑油在发动机零件上形成积炭的情况。灰分少的润滑油产生的积炭是松软的,容易从零件上脱落;灰分多的润滑油,其积炭的紧密程度较大,较坚硬。但是这种结论只对不含添加剂的润滑油才是可靠。若是润滑油灰分是由于某些添加剂所造成,则难以从灰分的多少判断其形成积炭的情况。

2.5.2.4 固体颗粒的测定

试验方法 GJB 380.4A—2004

(1) 原理 飞机液压系统的管路非常细,甚至达到几毫米,所以为保证飞行安全,液压油作为飞机液压系统的工作液,其污染度等级有严格的要求。目前通常使用的污染度测试采用自动颗粒计数器法,是采用遮光、电阻、电子成像原理,对不同粒径范围的颗粒进行自动计数。

(2) 操作步骤

用不脱落纤维的清洁抹布擦净盛有被测液样的采样瓶外部,对黏度过大的液样进行稀释。

将被测液样置于超声波清洗槽内,沐振至少 1min,然后用力摇动 5min,然后进行消泡处理。

将上述液样置于取样腔中,同时打开超净工作台。

进入操作系统,设定试验次数和每次试验的试样数量为 10ml,开启操作按钮进行测量,测量完成后选择分级标准。目前,普遍采用 GJB 420A—2006 的分级制。

该分级制是按照 100ml 工作液中尺寸范围为 $>5\mu m$、$>15\mu m$、$>25\mu m$、$>50\mu m$ 的颗粒数的最高等级确定污染度等级。如应测试单位要求,也可按 100ml 工作液中大于任意指定尺寸的颗粒数确定污染度等级。

(3) 注意事项 ①在进行测试前,应将装有试样的试样瓶进行沐振,并用超声波消泡;②对于黏度较大的试样应进行稀释;③试验完成后应用石油醚冲洗测试系统,并用干净干燥的空气清洁系统。

2.5.2.5 润滑油的元素分析

通过润滑油的元素分析可以判定润滑油液中金属、杂质和添加剂的种类和浓度。金属磨损的浓度可以说明机构装置是处于正常的磨损状态还是存在磨损隐患;杂质元素的浓度过高,表明润滑油液已被污染,应及时更换,或空气或油滤出现故障;添加剂的浓度过低表面添加了错误的润滑剂。通过及时准确的分析,采取更换油品和必要的维护保养,以保证装备的正常工作,降低事故的发生。

常用的测试方法有:SH/T 0472—92《合成航空润滑油中微量金属含量测定

法》；GJB 135A—1998，附录 B "合成航空润滑油中硅、铝、钛、锡含量的测定方法"

试验方法：SH/T 0472-92

(1) 原理 原子吸收光谱法，又称原子吸收分光光度法，简称原子吸收法。是基于从光源辐射出具有待测元素特征谱线的光，通过试样蒸汽时，被蒸汽中待测元素基态原子所吸收，由辐射特征谱线光被减弱的程度来确定试样中待测元素的含量。

SH/T0472 是用乙酸丁酯-冰乙酸混合溶剂作稀释剂，稀释样品，直接喷入空气-乙炔火焰中进行原子吸收光谱测定。用工作曲线法定量。

(2) 仪器 原子吸收分光光度计：带有耐腐蚀可调式喷雾器，有标尺扩展（或浓度直读）和延长积分时间功能，备有铜、铁、镁、镍、铬及银空心阴极灯；采用空气-乙炔焰。

(3) 准备工作

① 配制 1000μg/ml 的 Cu、Fe、Mg、Ni、Cr、Ag 标准溶液。

② 配制 50μg/ml 混合标准溶液：分别取 1000μg/ml 的 Cu、Fe、Mg、Ni、Cr 标准溶液 2.5ml，加入 50ml 的容量瓶中，用去离子水稀释至刻度，摇匀，现用现配。

③ 配制 50μg/ml Ag 标准溶液：取 1000μg/ml 的 Ag 标准溶液 2.5ml，加入 50ml 的容量瓶中，用去离子水稀释至刻度，摇匀。

④ 混合溶剂配制：将 300ml 乙酸丁酯和 200ml 冰乙酸混合。

⑤ 仪器条件：将含有欲测金属的用混合溶剂配制的溶液喷入空气-乙炔火焰中，根据表 2-2 火焰类型对各金属元素确立最佳燃助比，并选择测定各种金属元素的仪器参数，如灯电流、放大增益、狭缝宽度、灯高位置及样品提升量等，使仪器的记录系统在表 2-2 所列的测定波长下给出最大吸光度 A，并根据测定的含量范围，选择适当的标尺扩展和积分时间。

表 2-2 使用的火焰类型及选定波长

元　素	波长/nm	火　焰　类　型
Cu	324.7	贫燃
Fe	248.2	贫燃
Mg	285.2	贫燃
Ni	232.0	贫燃
Cr	357.9	贫燃
Ag	328.1	贫燃

(4) 操作步骤

① 移取 50μg/ml 的混合标准溶液 0.05ml、0.15ml、0.25ml、0.35ml、0.50ml 分别于 5 个 25ml 容量瓶中,用混合溶剂稀释至刻度,摇匀,水含量不应大于 2%。

② 移取 50μg/ml Ag 标准溶液 0.05ml、0.15ml、0.25ml、0.35ml、0.50ml 分别于 5 个 25ml 容量瓶中,用混合溶剂稀释至刻度,摇匀,水含量不应大于 2%。

③ 绘制工作曲线:按选定的条件,以混合溶剂做空白调零,测定上述各金属元素标准系列的吸光度 A。分别以各金属元素的吸光度 A 为纵坐标,所对应的浓度 c 为横坐标绘制各元素的各种曲线。镁的浓度大于 0.5μg/ml 时,工作曲线发生弯曲。

④ 仪器操作条件见表 2-2。

⑤ 试样分析:吸取 2.5ml 欲分析的试样,置入 25ml 的容量瓶中,用混合溶液稀释至刻度,摇匀。按选定的条件在测定每个金属元素的标准系列后立刻测定试样溶液的吸光度 A,根据吸光度 A,从各金属元素各种曲线上查得试样中欲测金属元素的浓度 c。

(5) 结果计算 按式 (2-18) 分别求出每克样品中金属含量 $x(μg/g)$:

$$x = \frac{cV}{m} \tag{2-18}$$

式中 c——处理后试样中含金属的浓度,μg/ml;

　　　V——处理后试样的体积,ml;

　　　m——试样质量,g。

(6) 讨论

① 仪器使用前应进行校正;

② 校正液应在有效期内;

③ 原子吸收分光光度计类设备,在分析工作较少时,应进行维护性使用,保证设备的电子元器件的灵敏度。

2.6　安定性的测定

2.6.1　润滑脂滴点的测定

润滑脂的滴点是用滴点测定器测定的。在规定的加热条件下,当从仪器的脂杯中滴出第一滴液体或流出油柱 25mm 时的温度,叫做润滑脂的滴点。它是评价润滑脂耐热性能的重要指标之一。

滴点在不同情况下分别表示润滑脂的以下几种性质。

① 表示熔点：滴落温度能近似地表示润滑脂的熔点，但不能作为准确的熔点。

② 表示分油：在测定的热安定性不好的润滑脂时，往往皂分离而滴油。

③ 表示软化：某些润滑脂没有完全熔化，而是变软到一定程度成油柱而自然垂下，拉长条而不成滴。

润滑脂的滴点可以大致区别润滑脂的类型，润滑脂的滴点与其稠化剂的性质及含量密切相关，故可根据滴点粗略地鉴别润滑脂的种类。同种稠化剂的润滑脂，稠化剂含量越多，滴点越高。根据滴点可以大致确定润滑脂的最高使用温度，在选用润滑脂时，滴点应比润滑部位的最高温度至少高20℃～30℃。

2.6.1.1 润滑脂和固体烃滴点测定法

试验方法：SH/T0115—92

(1) 原理 把润滑脂装在脂杯中，再将脂杯插入滴点计的金属套管，按规定条件加热升温，直至从脂杯流出第一滴流体为止。测定滴点的最高值不能超过250℃。

(2) 仪器与材料

润滑脂滴点测定仪。

脂杯：镀铬黄铜制成，尺寸大小及公差应符合标准。

(3) 操作要点

① 将试样用刮刀填入脂杯中，再将脂杯插进滴点温度计的套管内，用刮刀刮去多余的润滑脂。

② 在玻璃试管底部放一张圆形白纸，然后将装有试样的温度计套上软木塞插入试管中，脂杯下端与试管白纸相距25mm。

③ 试样装好后打开加热电源进行加热使浴温匀速上升，当润滑脂从脂杯中流下第一滴流体或脂杯流出的油柱与底部的白纸相接触时，立即读出温度计上的数值，作为试样的滴点。

(4) 结果评定 取重复测定两个结果的算术平均值，作为试样的滴点。

(5) 讨论

① 滴点可以大致说明润滑脂的最高使用温度。由于润滑脂的组成、结构不同，力学性能各异，使用条件差别极大，所以滴点并不代表它的最高使用温度。在选用润滑脂时，一般最高使用温度要低于滴点20℃～30℃。

② 滴点和加热速度有关。GB/T270规定：当试管中的滴点仪达到预期滴点前20℃时，控制升温速度为1℃/min。当升温速度比这要快时，滴点偏低，比规定升温慢时，滴点偏高。

③ 脂杯装试样时不能留有空气泡。因为气泡的膨胀使滴点偏低。低熔点润滑脂存有气泡时，因脂杯内试样相对减少，反而使滴点偏高。

2.6.1.2 宽温度范围滴点的测定

试验方法：GB/3498—2008

(1) 原理 GB/T270 能测定滴点低于 330℃ 的润滑脂的滴点。对于某些高滴点润滑脂，采用宽温度范围的滴点测定。此法是用铝块作加热介质，并采用金属脂杯，脂杯内的装脂量不是一满杯，而是杯壁一薄层。宽温度滴点测定法可测到最高温度达 350℃ 以上。

(2) 仪器 滴点装置由以下部分组成。

铝块加热炉：铝块炉应装备一支 700W 管式加热器，控制加热器电流，得到并维持要求的温度。

脂杯：镀铬黄铜杯，其尺寸应符合方法的规定。

脂杯支架；温度计；金属棒。

(3) 试验操作要点

① 准备工作：

a. 在炉子的每个试管孔内插一支空试管，在温度计孔中插一支 5℃～400℃ 温度计。

b. 控制加热电流，将炉温调节到润滑脂滴点高限温度所要求的水平。

c. 装配好温度计组合件。将试样装满脂杯，用金属棒旋转，使脂杯内留下一平滑脂膜。

② 测定：

a. 将盛有试样的脂杯装入试管中，再把温度计组合件装入试管中。

b. 将试管组合件插入预先调温的炉子的试管中，使杯中的脂逐渐升温，观察并记录从脂杯滴落第一滴试样时的温度，准确到 1℃。

(4) 结果评定 按式（2-19）计算滴点。

$$T = T_0 + \frac{T_1 - T_0}{3} \tag{2-19}$$

式中 T_0——从脂杯滴落第 1 滴试样时温度计读数，℃；

T_1——炉温，℃；

T——试样的滴点，℃。

结果应以最接近的整数表示。

重复测定两个结果的算术平均值，作为被测定试样的滴点。

(5) 讨论 影响因素分析如下。

① 装填脂杯时，不应混有气泡，因气泡受热后会剧烈膨胀，加速液滴的滴出，同时也能使油柱在流出时突然中断，造成滴点偏低。

② 在整个试验过程中，加热速度必须严格控制。

③ 温度计组合件必须组装正确，以保证温度计在脂杯中的正确位置。

④ 脂杯尺寸符合要求。
⑤ 脂杯中的脂膜应无气泡，否则会使测定结果不准确。

2.6.2 润滑脂胶体安定性的测定

润滑脂是一个皂油胶体分散体，皂油分散体的安定性决定于基础油吸附在皂纤维间骨架中的稳定程度。胶体安定性是指润滑脂在一定温度和压力下保持胶体结构稳定、防止润滑油由润滑脂中析出即皂油不易分离的能力。通常用分油量表示其胶体安定性，即润滑脂析出油的数量换算为质量百分数。

润滑脂的分油量对其储存和使用有一定的影响。润滑脂若出现微分油量，对其质量影响不大，如果滴点、针入度等指标合格，可以使用但不宜继续储存；当润滑脂出现大量分油时，说明稠化剂和基础油之间的比例变化会引起稠度、强度极限等相应改变，这种润滑脂不能在高温和负荷较重的摩擦部位使用，以免引起润滑脂流失而失去润滑和保护作用。

目前，测定润滑脂胶体安定性的方法有润滑脂压力分油法、润滑脂漏斗分油法和钢网分油测定法三种。对于不同的润滑脂可用不同的方法进行评价。

2.6.2.1 润滑脂压力分油法

试验方法：GB/T 392—72(2004)

(1) 原理 利用加压分油器，在一定的压力、温度、时间下，加速润滑脂的油皂分离，用滤纸将析出油吸收，以析出油质量百分数表示。

(2) 仪器与材料

加压分油器；秒表。

温度计：0℃～100℃，分度为1℃。

定量滤纸：快速，直径55mm。

(3) 操作要点 剪取与脂皿外径相等的滤纸一张，用润滑油浸湿，然后夹在两张洁净的滤纸中间，吸取多余油。将准备好脂皿和滤纸一起称量，称准至0.0002g。将试样涂满称量过的脂皿中，不得形成气泡和空隙。将浸油滤纸紧贴在试样的表面上，再称量，称准至0.0002g。

当室温为15℃～25℃时，把10张洁净滤纸叠放在加压分油器的玻璃板上，再将准备有试样的脂皿放在滤纸上，通过活塞钢球用连杆和重锤加压。同时开始计时。

经30min后，把装有试样的脂皿和原贴在试样表面的一张浸油滤纸一起称量，称准至0.0002g。

(4) 结果评定 经挤压而从试样分离出来的油质量 X 按式（2-20）计算

$$X = \frac{G_2 - G_3}{G_2 - G_1} \times 100\% \tag{2-20}$$

式中　G_1——未装试样的脂皿和一张浸油滤纸的总质量，g；
　　　G_2——装有试样的脂皿和一张浸油滤纸在试验前的总质量，g；
　　　G_3——装有试样的脂皿和一张浸油滤纸在试验后的总质量，g。

取重复测定两个结果的算术平均值，作为试验结果。重复测定的两个结果与算术平均值的差数不应超过算术平均值的±5%。

(5) 讨论

① 脂皿中的试样不能有气泡，样品必须完全装满盛脂部位的每一个边角端面，不能出现间隙，否则测得分油量偏大。

② 脂皿的尺寸要十分精确，贴在脂皿器上的第一张滤纸的渗油情况要掌握适度。滤纸的质量和尺寸要控制，这些因素直接影响测量结果的重复性。

2.6.2.2　润滑脂漏斗分油法

试验方法：SH/T 0321—92

(1) 原理　将约20g样品润滑脂装入贴有滤纸的三角漏斗内，置规定温度下24h，通过试验前后样品的变化算出其析出油的量，以质量百分数表示。此法主要是通过加温的方式和无外加压力之下，测定润滑脂的胶体安定性。

(2) 仪器与材料

玻璃漏斗：直径50ml～70ml。

锥形试管：10ml，分度为0.05ml或0.1ml。

恒温箱：控温精度±1℃。

定量滤纸：快速，直径90mm。

(3) 操作要点

① 试样经上下10次搅拌后备用。

② 将洁净的玻璃漏斗用矿物油湿润后，把一张滤纸紧紧贴与漏斗壁上，称取约20g试样放入漏斗中，使试样紧贴在滤纸上，再用塞子将漏斗与锥形试管相连接，放在架子上。

③ 将试验漏斗放入预先恒温到规定温度的恒温箱中（保持±1℃），放置24h。试验结束，读出试管中析出润滑油的体积。

(4) 结果评定　取重复测定两个结果的算术平均值，作为试验结果。

(5) 讨论　试样中不能留有空穴，试样要紧贴滤纸，滤纸要紧贴漏斗，否则将使结果偏低。分油量与试样原始结构状态有关。所以试验前试样必须按要求进行搅拌。试验的温度和时间要严格控制，否则将影响结果的准确性。

2.6.2.3　钢网分油测定法（静态法）

试验方法：SH/T 0324—1992（2004）

(1) 原理　用60目钢网制成的锥角为60℃的锥网内装入约10g的试验润滑脂，接着将装有试样的钢网搁置在三角漏斗中，放入恒温至100℃±1℃的烘箱中，经过 30h 后，通过试验前后的质量变化来算出所析出的油量，以质量百分数表示。

(2) 仪器　钢网分油器。

(3) 操作要点

① 在不搅拌的条件下，将 10g 试样装入锥形钢网中，使顶部呈凸圆形，防止分出的油积聚。

② 按方法要求装配好分油器并放入恒箱中，在 100℃±1℃下保持 3h。从恒箱中取出分油器，使冷至室温，称量滴入烧杯中的油量。

(4) 结果评定　试样的分油量 X 按式（2-21）计算。

$$X = \frac{G_1}{G} \times 100\% \tag{2-21}$$

式中　G_1——烧杯中油的质量，g；
　　　G——试样的质量，g。

以重复测定两个结果的算术平均值作为试验结果。

(5) 讨论　因任何搅动将会改变润滑脂的胶体结构状态，称取试样时尽量不要搅动。锥形钢网应按要求制作，丝径与网孔大小，都对试验结果有大的影响。

3

化学性能试验

3.1 水溶性酸或碱及酸值的测定

3.1.1 水溶性酸或碱

试验方法：GB/T259—1988（2004）

油品中的水溶性酸或碱是指加工及储存过程中，落入油品内的可溶于水的矿物酸碱。矿物酸主要为硫酸及其衍生物包括磺酸和酸性硫酸酯。水溶性碱主要为苛性钠和碳酸钠。它们多是由于用酸碱精制时清除不净，由其残余物形成。

石油产品中存在水溶性酸碱，表明在加工精制过程中没有完全被中和，或碱洗后用水冲洗的不完全。水溶性酸几乎对所有金属都有强烈的腐蚀作用，而水溶性碱会对铝腐蚀。汽油中若含水溶性碱，铝制零件会生成氢氧化铝的胶体物质，堵塞油路、过滤器和油嘴；油品中的水溶性酸碱在大气中水分、氧气的相互作用下，会引起油品氧化、胶化及分解。

(1) 原理 用蒸馏水或乙醇水溶液抽取试样中的水溶性酸或碱，然后分别用甲基橙或酚酞指示剂检查抽出液颜色的变化情况，或用酸度计测定抽出物的pH值，以判断有无水溶性酸或碱的存在。

(2) 仪器、试剂与材料

分液漏斗：250ml 或 500ml；

试管。

酸度计：具有玻璃-氯化银电极（或玻璃-甘汞电极），精度为 pH≤0.01pH。

甲基橙：配成 0.02％甲基橙水溶液。

酚酞：配成1%酚酞乙醇溶液。

95%乙醇：分析纯。

滤纸：工业滤纸。

蒸馏水：符合GB/T6682中三级水规定。

(3) 操作要点

① 在分液漏斗中，分别加入加热至50℃～60℃的试样和蒸馏水各50ml，然后摇动5min。测定汽油和溶剂油等均不加热。

② 向两个试管中分别放1ml～2ml抽提物，在第一支试管中，加入两滴甲基橙溶液，并将它与装有相同体积蒸馏水和甲基橙溶液的第三支试管相比较。如果抽提物呈玫瑰色，则表示所试油品里有水溶性酸存在。

在第一支盛有抽提物的试管中加入三滴酚酞溶液，如果溶液呈玫瑰色或红色时，则表示有水溶性碱存在。

③ 碱性润滑油，含添加剂的润滑油作为试样，如果遇到水抽出物对酚酞呈碱性反应或形成乳浊液，须用加热到50℃～60℃的1∶1的95%乙醇水溶液代替蒸馏水处理，其方法是在分液漏斗中加入50℃～60℃中性乙醇水溶液和未加热的试样各50ml。检查水溶性酸及碱。

(4) 结果评定 当抽提物用甲基橙或酚酞为指示剂，没有呈现玫瑰色或红色时，则认为没有水溶性酸或碱存在。

(5) 讨论

① 试样必须充分摇匀。所用的试剂、蒸馏水、乙醇等必须呈中性反应。

② 允许用锥形烧瓶代替分液漏斗进行试验，但须加入试样和中性蒸馏水后，将锥形烧瓶浸在70℃～80℃的水浴中摇荡5min，取出水层进行判断检查。

3.1.2 润滑油酸值的测定

油品中的酸值都是表明油品中含有酸性物质的指标。中和1g油品中的酸性物质所需的氢氧化钾质量数（单位：mg），称为酸值。

所测得的酸值为有机酸和无机酸的总值。但在大多数的情况下，油品中没有无机酸存在，因此，所测定的酸值几乎都是有机环烷酸（$C_2H_{2n-1}COOH$或RCOOH）。对于重油来讲还含有高分子有机酸及酚类、脂肪酸类、硫化物、沥青脂等酸性物质。同时，油品在长期储存和使用中，由于受氧和热的作用氧化变质生成部分有机酸性物质。酸值就是这些酸性物质的总和。

3.1.2.1 指示剂法

试验方法：GB/T264—1983（2004）

(1) 原理 用沸腾乙醇抽出试样中酸性成分，然后用氢氧化钾乙醇溶液进行滴定。

根据所需氢氧化钾乙醇溶液的数量计算。

(2) 仪器与试剂

锥形烧瓶：250ml 或 300ml。

球形回流冷凝管：长约 300mm。

微量滴定管：2ml 或 5ml，分度值为 0.02ml。

电热板或水浴；0.05mol/L 氢氧化钾乙醇溶液；碱性蓝 6B 或甲酚红。

(3) 操作要点

① 用清洁干燥的锥形烧瓶中称取试样 10g，称准至 0.2g。

在另一只清洁干燥的烧瓶中，加入 95% 的乙醇 50ml，装上回流冷凝管，在水浴中回流 5min，除去溶解于 95% 乙醇内的二氧化碳，以碱性蓝 6B（甲酚红）作指示剂，趁热用 0.05mol/L 氢氧化钾乙醇溶液滴定至溶液由蓝色变为浅红色（或由黄色变成紫红色）为止。

② 将中和过的 95% 乙醇注入装有已称好试样的锥形烧瓶中，回流煮沸 5min，加入 0.5ml 的碱性蓝 6B（甲酚红）溶液，趁热用 0.05mol/L 氢氧化钾乙醇溶液滴定至溶液由蓝色变为浅红色（或由黄色变成紫红色）为止。记录所用氢氧化钾乙醇溶液的 ml 数。

(4) 结果评定 试样的酸值 X（以 KOH 计），用单位为 mg/g 的数值表示，按式（3-1）计算

$$X = \frac{V \cdot T}{G} \tag{3-1}$$

$$T = 56.1N$$

式中 　V——滴定时所消耗氢氧化钾乙醇溶液的体积，ml；

　　　G——试样的质量，g；

　　　T——氢氧化钾乙醇溶液的滴定度（以 KOH 计），mg/ml；

　　56.1——氢氧化钾的摩尔质量；

　　　N——氢氧化钾乙醇溶液的物质的量浓度。

取重复测定两个结果的算术平均值，作为试样的酸值。

(5) 讨论

① 根据酸值的大小，可判断油品中含酸性物质的量。酸值越高，在油品中含酸性物质就越多。油品中酸性物质的数量随原料与油品精制程度而变化。

② 酸值大小可用于判断使用中润滑油的变质程度。润滑油在使用一段时间后，由于油品受到氧化逐渐变质，表现为酸值增大。当酸值超过一定程度时就应更换新油。

3.1.2.2 电位滴定法

试验方法：GB/T 7304—2000（2004）

新的或使用后的油品，由于氧化生成的加成和分解产物含有酸性或碱性组分，本方法可以测定其相对变化。由于氧化会引起酸值的增长，同时又引起酸的腐蚀性变化，但酸值与金属腐蚀两者之间无一定关系。

对深色石油产品，由于指示剂颜色变化不明显，滴定终点较难判断，所以分析误差较大，此种情况下可用电位滴定法进行测定。

(1) 原理 试样溶解在含有少量水的甲苯-异丙醇混合物中，在用玻璃电极和甘汞电极的电位滴定仪器上，用氢氧化钾或盐酸的异丙醇溶液滴定，以电位计读数对滴定剂体积作图。取曲线的突跃点为滴定终点。当无明显的突跃点时，终点为非水碱性或酸性缓冲溶液在电位计上相应的电位值读数。

(2) 仪器、材料与试剂

电位滴定仪：ZD-1 型或 ZD-2 型；

玻璃电极：231 型；

甘汞电极：232 型；

微量滴定管：2ml 或 5ml；

烧杯：50ml、100ml；

盐酸：密度 1.19g/ml；

氢氧化钾；

异丙醇：分析纯；

甲苯：分析纯；

邻苯二甲酸氢钾：基准试剂，碳酸钠基准试剂。

1) 溶液的配制

① 滴定溶剂：500ml 甲苯和 5ml 水加到 495ml 的异丙醇中，混合均匀。

② 氢氧化钾异丙醇标准溶液（0.1mol/dm^3）：称取 6g 氢氧化钾加入 1L 异丙醇中，微沸 10min，将溶液静置两天，然后标定。

③ 盐酸异丙醇标准溶液（0.1mol/dm^3）：取 9ml 盐酸与 1L 异丙醇混合。用碳酸钠基准物质标定。

④ 氢氧化钾饱和水溶液。

⑤ 缓冲溶液母液：准确称取 24.2g±0.1g 的 2，4，6-三甲基吡啶，溶解在 100ml 异丙醇的 1L 容量瓶中，加入（150/m_1±5）ml 的 0.2mol/dm^3 盐酸异丙醇标准溶液（M_1 是已标定的准确物质的量浓度），用异丙醇稀释到容量瓶的刻线，混合均匀。

2) 电极维护及电极电位的测定

① 玻璃电极：新的玻璃电极应在蒸馏水中浸泡 24h 方可使用，用毕冲洗干净，浸泡在蒸馏水中备用。若电极的球表面被污染，可将电极浸泡在铬酸洗液中，取出用水洗净，再浸泡在蒸馏水中备用。

② 甘汞电极：甘汞电极内的氯化钾饱和溶液，溶液面要保持一定高度。连续试验一周后，用新的氯化钾饱和溶液更换。

③ 电极电位的测定：新电极和久用的电极在使用前都需要按下述方法测定电位。将清洁的电极插入 pH4.00 缓冲溶液中，按仪器说明书测定电极电位（电动势）。然后将电极用蒸馏水洗净擦干，再将电极插入 100ml 的滴定溶液和 1.0ml～1.5ml 0.1mol/dm³ 氢氧化钾异丙醇标准溶液的烧杯中，测其电动势。以上两种溶液测得电动势之差，要大于 480mV。

④ 仪器的标准：将仪器电源接通，稳定半小时后，用 pH4.00 和 pH9.18 缓冲溶液，按仪器说明书进行校准。

(3) 操作要点

① 在 100ml 的烧杯中，按规定称取试样。

② 向称有试样的烧杯中加入 50ml 滴定溶剂，并放在仪器滴定台上，插入电极对，在搅拌下用 0.1mol/dm³ 氢氧化钾异丙醇标准溶液滴定，滴定至电位突跃或非水碱性缓冲溶液电位值。

③ 空白试验：做 100ml 滴定溶液的空白值。方法同前。

(4) 结果评定

试样酸值 X（以 KOH 计，单位 mg/g）按式（3-2）计算

$$X = \frac{(V_1 - V_0)N \times 56.1}{G} \tag{3-2}$$

式中　V_1——滴定试样时氢氧化钾异丙醇溶液的用量，ml；

　　　V_0——滴定空白时氢氧化钾异丙醇溶液的用量，ml；

　　　N——氢氧化钾异丙醇溶液的物质的量浓度；

　　　G——试样的质量；

　　　56.1——氢氧化钾的摩尔质量。

取重复测定结果的算术平均值，作为测定结果。

(5) 注意事项

① 新玻璃电极使用须在蒸馏水中浸泡 24h 方能使用，久用电极必须进行清洗处理。

② 两电极间的电位差必须符合要求。

③ 每次使用前，电位计必须用标准 pH 缓冲液校正。

④ 非水碱性缓冲溶液应现配现用。

3.1.2.3　酸度测定法

试验方法：GB/T 258-1977（2004）

(1) 原理　油品的酸度测定是用沸腾的乙醇抽出试样中的有机酸，然后用氢氧化钾异丙醇溶液进行滴定。中和 100ml 油品所需氢氧化钾的质量数（单位：

mg）称为酸度。

(2) 仪器与试剂

锥形烧瓶：250ml。

球形回流冷凝管：长约300mm。

量筒：20ml、50ml和100ml。

微量滴定管：2ml，分度为0.02ml；或5ml，分度为0.05ml。

水浴；95％乙醇；0.05mol/L氢氧化钾乙醇溶液；碱性蓝6B指示剂（乙醇溶液）；1％酚酞乙醇溶液；甲酚红指示剂（乙醇溶剂）。

(3) 操作要点

① 用清洁、干燥的锥形烧瓶量取规定的试样（汽油、煤油为50ml，柴油为20ml）。

② 在清洁、干燥的锥形烧瓶中装入95％乙醇50ml，装上球形回流冷凝管，在水浴中煮沸5min，除去二氧化碳。趁热在煮沸的乙醇中加入0.5ml碱性蓝6B（或甲酚酞）指示剂，立即用0.05mol/L氢氧化钾乙醇溶液中和。

③ 用中和的乙醇50ml装入量有试样的锥形烧瓶中，装上球形回流冷凝管，在水浴中煮沸5min。趁热加入0.5ml碱性蓝6B（或甲酚红）指示剂，立即用0.05mol/L氢氧化钾乙醇溶液滴定，滴定至乙醇由蓝色变成浅红色（甲酚红从黄色变为紫色）为止。每次滴定过程所用时间不应超过3min。

(4) 试验结果评定

油品的酸度 X（以 KOH 计，单位 mg/100ml）按式（3-3）计算：

$$X = \frac{100V \cdot T}{V_1} \quad (T = 56.1 \times N) \tag{3-3}$$

式中　V——滴定时所消耗氢氧化钾乙醇溶液的体积，ml；

V_1——试样的体积，ml；

T——氢氧化钾乙醇溶液的滴定度（以 KOH 计），mg/ml；

56.1——氢氧化钾的摩尔质量；

N——氢氧化钾乙醇溶液的物质的量浓度，mol/L。

取重复测定的两个结果的算术平均值，作为油品的酸度。

(5) 讨论

① 测定酸度所用的标准溶液必须是新标定过的，否则所测结果不真实。

② 测定所用的乙醇必须保持在热的情况下速度中和，加入试样后迅速滴定。一般在3min内完成。

③ 重复测定时的终点判断时所视颜色变化必须保持一致的标准，否则影响结果的重复性。

3.2 闪点及燃点的测定

3.2.1 开口闪点及燃点

试验方法：GB/T 267—1988（2004）

闪点是反映油品安全性的指标。测定闪点有开口杯法和闭口杯法两种方法，同一产品用不同方法测出的闪点不同，开口杯闪点一般较闭口杯闪点高。闪点是表示石油产品蒸发倾向和安定性的指标。

(1) 原理　在规定条件下，加热润滑油，当油温达到某一温度时，润滑油的蒸气和周围空气的混合气，一旦与火焰接触，即发生闪火现象，最低发生闪火的温度称为润滑油的闪点。

(2) 仪器与材料

开口闪点测定器：符合 SH/T0318 要求，见图 3-1。

温度计：符合 GB/T514 要求。

溶剂油：符合 SH0004 要求（洗涤内坩埚用）。

(3) 操作要点

① 将清洁、干燥的内坩埚放入装有细沙的外坩埚中，内外坩埚底部之间沙层保持厚度为 5mm～8mm。上部边缘为 12mm。

② 试样注入内坩埚时，对于闪点在 210℃ 以下的试样，液面距离内坩埚内的上刻线处（12mm）；对于闪点在 210℃ 以上的试样，液面距离内坩埚内的下刻线处（18mm）。

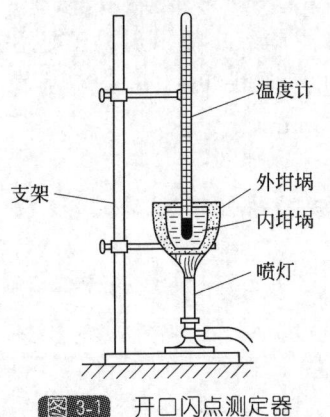

图 3-1　开口闪点测定器

③ 将装好试油的坩埚平稳的放在电炉中，温度计垂直地固定在温度计夹上，并使温度计的水银球位于内坩埚中央。

(4) 闪点的测定　加热坩埚，逐渐升温。当试样温度达到预计闪点前 60℃ 时，调整加热速度。试样温度达到闪点前 40℃ 控制升温速度为 4℃/min±1℃/min。当温度达到闪点前 10℃ 时，开始在距离试样表面 10mm～14mm 处用点火器沿坩埚边缘移动点火，火焰长度 3mm～4mm，点火时间 2s～3s。

(5) 燃点的测定

① 测定试样的闪点之后，继续对外坩埚进行加热，使试样的升温速度为 4℃/min±1℃/min，继续进行点火试验。

② 试样接触火焰后立即着火并能继续燃烧不少于 5s，立即记录下温度，即

为试样的燃点。

(6) 大气压力对闪点和燃点影响的修正

① 大气压力低于 99.3kPa（745mmHg）时，试验所得的闪点或燃点 $t_。$（℃）按式（3-4）进行修正（精确到 1℃）：

$$t_。= t + \Delta t \tag{3-4}$$

式中 $t_。$——相当于 101.3kPa（760mmHg）大气压力时的闪点或燃点，℃；

t——在试验条件下测得的闪点或燃点，℃；

Δt——修正数，℃。

② 修正数可按式（3-5）进行计算

$$\Delta t = 7.5(0.00015t + 0.028)(101.3 - p) \tag{3-5}$$

式中 p——试验条件下的大气压力，kPa；

t——在试验条件下测得的闪点或燃点，℃；

0.00015，0.028——试验常数；

7.5——大气压力单位换算系数。

(7) 结果评定

① 取重复测定两个闪点结果的算术平均值，作为试样的闪点。

② 取重复测定两个燃点结果的算术平均值，作为试样的燃点。

(8) 讨论

① 润滑油闪点的高低，取决于润滑油中轻质组分的含量。轻质润滑油或含轻质组分多的润滑油易挥，其闪点较低，而重质润滑油的闪点较高。

② 闪点低的润滑油挥发性高，容易着火，安全性差，也会造成工作中的蒸发损失，严重时会引起润滑油黏度增大影响油品的使用。

3.2.2 闭口闪点的测定

试验方法：GB/T261—2008

(1) 原理 油品用闭口杯在规定条件下加热到它的蒸气与空气的混合气接触火焰发生闪火时的最低温度称为闭口杯法闪点。

试样在连续搅拌下用很慢的恒定的速度加热。在规定的温度间隔，同时中断搅拌的情况下，将一个小火焰引入杯内。试样火焰引起试样上的蒸气闪火时的最低温度作为闪点。

(2) 仪器 宾斯基-马丁闭口闪点试验仪；温度计符合 GB/T261—2008 附录 C 要求。

(3) 试验准备工作

① 仪器的放置：仪器应放置在无空气流的房间。

② 试样杯清洗：用清洗溶剂冲洗试样杯、试样杯盖及附件，除气上一次试

验留下的污渍，用清洁的空气吹干，并确保除去所有清洗溶剂。

③ 将待测样品装入合适的密封容器中，样品只能充满容器容积的85%～95%。

④ 样品储存条件：样品储存温度小于30℃。

(4) 闪点的测定

① 将样品加入试样杯至环形加样线，盖上试样杯盖，放入加热室，使试样杯就位，插入温度计；点燃试验火源，调整火源直径3mm～4mm；调整升温速度5℃/min～6℃/min；开启搅拌器，保持90r/min～120r/min。

② 试样温度达到预期闪点前23℃±5℃时，对于闪点低于110℃的试样每经1℃进行点火试验，对于闪点高于110℃的试样每经2℃进行点火试验。点火时，火焰应在0.5s内降到杯中含试样蒸气的中间部位，点火1s后立即迅速回到原位。继续搅拌升温，重复点火。

③ 当试样液面上最初出现蓝色火焰时立即记录温度，作为试样的闪点。

(5) 结果评定

取重复测定两个结果的算术平均值，作为试样的闪点。

(6) 讨论

从闪点可以鉴定油品产生火灾的危险性，因闪点为火灾危险出现的最低温度，闪点越低越易燃。闪点在45℃以下的产品为易燃品，闪点在45℃以上的产品为可燃品。选用润滑油时应根据使用温度考虑润滑油的闪点高低，一般要求润滑油的闪点比使用温度高20℃～30℃，以保证使用安全和减少挥发损失。

试验前必须除去油品的水分，以免试油的飞溅影响测定结果的准确性。

3.3 化学安定性的测定

3.3.1 实际胶质测定法

试验方法：GB/T 509—88（2004）

实际胶质作为发动机燃料在使用时生成胶质倾向的指标。实际胶质越大，在发动机中使用时形成的沉积物的数量也越多。特别是当实际胶质超过一定数量时，会引起供油系统不畅，活塞及燃烧室炭沉积增加。

(1) 原理 油品的实际胶质是指油中的烃类经氧化、聚合/缩合所生成的复杂的物质。本方法是在一定的温度及空气流速的条件下，加速油品的氧化，用以评定燃料油及汽油生成胶质的倾向。

(2) 仪器与材料 实际胶质测定仪（见图3-2）应符合GB/T 509《发动机燃料实际胶质测定法》。

油浴：椭圆形的钢制容器6，高度约200mm，长轴长约250mm，短轴长约

150mm。可拆卸的钢制浴盖 5，盖下设置安装烧杯用的两个凹槽 8 和 10 及铜制或黄铜制的旋管 7，全长约 4.5m，内径 6mm～8mm。旋管一端 4，需从盖面的旁边通出，用来倒入空气，另一端 2 由盖的中心点通出，并连接可拆卸的磨口三通管 3，利用空气导管给试样杯中提供空气。空气导管的内径约 6mm，每端要对着凹槽的中心点，且与槽底相距 50mm±5mm。浴盖上还有两个孔 9 和 1，用于插温度计和接触温度计。

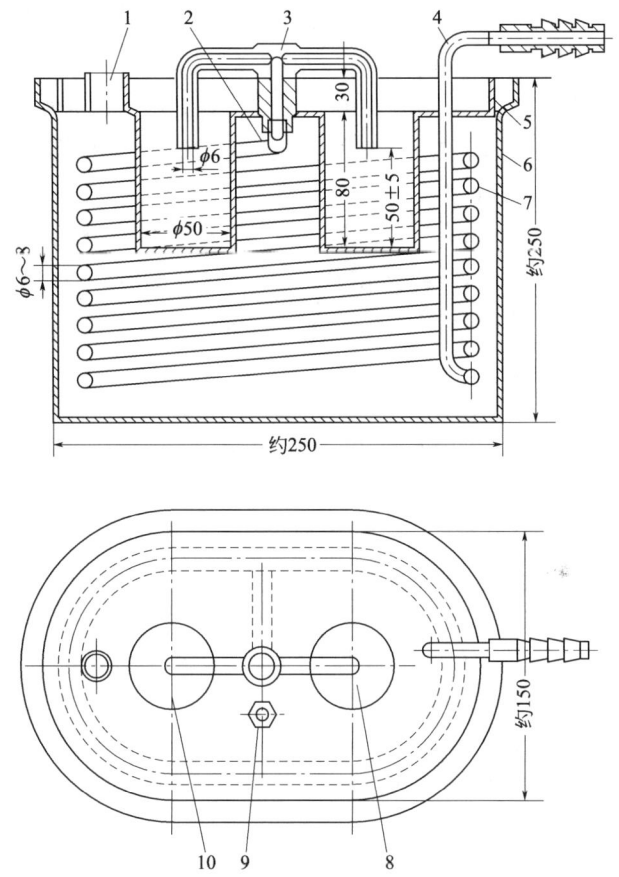

图 3-2　实际胶质测定仪（油浴）（尺寸单位：mm）
1,9—浴盖上孔；2,4,7—旋管；3—磨口三通管；5—浴盖；
6—椭圆形钢制容器；8,10—凹槽

无嘴高型玻璃烧杯：容量 100ml，外径 47mm～48mm，高 85mm±2mm。
流速计：流速 60L/min。
空气压缩机或空气气源：要求能够供给试验时所需要的空气流速。
矿物油：开口杯法闪点不低于 310℃。
1∶4 乙醇-苯：化学纯配制。

(3) 操作要点

① 将测定仪油浴升至试样规定的温度（汽油 150℃±3℃，煤油 180℃±3℃，柴油 250℃±5℃），量取 25ml 试样两份，分别注入经干燥恒重的试验烧杯中，然后将烧杯放在已加热到规定温度的油浴凹槽内，在浴盖中央安装三通管，使导管下端距离试样液面 30mm±5mm。

② 向两个烧杯内通入空气，最初速度应为 20L/min±2L/min，逐渐增加到每 55L/min±5L/min，注意勿使试样溅出。

③ 在保持空气最大流速 55L/min±5L/min，使试样蒸发完毕，再继续通入空气 15min～20min（汽油及煤油）或 30min（柴油）然后取出烧杯，放入干燥器中冷却 30min～40min 后进行称量（称准至 0.0002g）。称量后将烧杯重新放在油浴凹槽内，在与上述相同的空气速度和规定温度，再通气 15min～20min 放在干燥器中冷却 30min～40min，再称量。重复蒸发，冷却，称重直至恒重。

试验结束后，应立即用乙醇-苯洗涤烧杯，以清除杯内的残留物。

(4) 结果评定 100ml 试样所含的实际胶质量（mg）按式（3-6）计算

$$X = \frac{(m_2 - m_1)}{25} \times 100 = 4(m_2 - m_1) \qquad (3-6)$$

式中 m_2——胶质和烧杯的质量，mg；

         m_1——烧杯的质量，mg；

         25——试样的体积，ml。

取质量测定两个结果的计算平均值，作为试样的实际胶质含量。测定结果应取整数。

实际胶质含量小于 2mg/100ml 时，认为无。

(5) 讨论

① 与油浴控制的温度有关，在人工氧化的试验条件下胶质生成速度随温度升高而增大。故所控制的油浴温度超过规定时，结果偏高。温度过低，试油无法蒸干，结果也偏大。

② 与通入的空气流的速度有关。空气流速大小，直接影响胶质的生成，所以空气流速应符合试验方法的规定。

③ 与恒重的操作有关，测定时应严格遵守试验方法有关恒重的条件、步骤。前后冷却和称量时间应力求一致，以免产生偏差。

3.3.2 氧化腐蚀测定

腐蚀与氧化的性能测定在一定温度及金属的催化作用，并有空气存在的条件下，经规定的时间后，通过观察金属外观、重量变化，判定润滑剂对金属的腐蚀性，通过润滑剂试验前后的黏度、酸值的变化，考察润滑剂在规定试验条件下的抗氧化能力。

试验方法为：GJB 499—1988、GJB 563—1988。

3.3.2.1 航空涡轮发动机润滑剂腐蚀性和氧化安定性测定法

试验方法：GJB499—1988

(1) 概要 试样在一定温度计金属试片的催化作用下，同时通入一定量的空气，在规定时间内进行试验。试验温度和试验时间按试验规定要求（标准试验时间96h，试验温度120℃～360℃），在试验期间每隔一定时间和试验的最后均抽取10ml试样测定其黏度和酸值，检查试样的物理和化学变化。根据金属试片的外观和重量变化判定试样对金属的腐蚀情况。

(2) 仪器与材料

试管：硼硅玻璃，外径51mm，总长450mm±10mm。

试验管头：硼硅玻璃，呈球顶状，带外磨口，71/60。

冷凝管：直型，硼硅玻璃，夹套长300mm，底端24/40外磨口。

加热设备：能保持规定试验温度的波动±1℃。加热介质保证试验管浸入深度250mm±20mm。试验温度高于220℃时，应使用铝块浴或非油介质恒温浴。

流量计：10L/h±1L/h。

天平：感量0.1mg，量程0～2500g，感量0.1g。

离心机：转速可调，使离心管底端产生840±40的相对离心力。

备注：离心机转数的计算公式：

$$离心力 (r/min) = 265\sqrt{ref/d}$$

式中　ref——相对离心力；

　　　d——旋转时相对着离心管底端方向测得的旋开直径，mm。

离心管：锥形，100ml，玻璃制。

金属试片：内径6.3mm±0.1mm，外径19mm～20mm，厚度2mm～3mm。材质为Tc-4或Tc-5钛；MB_2镁；M-50钢；15号软钢；3-1硅青铜；1号银；2A12硬铝合金。

丙酮：分析纯。

石油醚：分析纯，60℃～90℃。

洗液：1000ml浓硫酸和50g重铬酸钾热饱和溶液配成。

(3) 操作要点

① 用240号砂纸磨光金属片各表面，在用400号砂纸细磨试片的全部表面。用脱脂棉在石油醚中擦洗试片，至棉球清洁。称量各种金属片，称准至0.1mg。将试片套在空气管上，第一片试片直接好空气管凸缘处接触，试片之间均套一个隔离短管，依次套上铝、银、硅青铜、15号软钢、M-15钢、镁和钛。在打磨、清洗剂组装过程中禁止用裸手接触金属试片。

② 将装有试片的空气管放入试验管中，套上试验管头，把带孔的橡皮塞套在空气管上，调整空气管，使管下端离试管底部 10mm，称量试验管组件，至 0.1g。试管中加入 200ml±2ml 试样。

③ 将组装好的试验管组件插入预先控制在试验温度的恒温浴中，深度 250mm±20mm。安装冷凝管，通冷却水。试验温度达到规定温度±1℃时，接通气源，调整流量 150ml/min～183ml/min，开始记录试验时间。

④ 试验期间分别在 16h、24h、40h、28h、64h、72h、88h、96h 从试管中取出 10ml 试样，并称准至 0.1g。取样时不需断开气源。

⑤ 即时测定取样的酸值和 40℃黏度，并测定 96h 试验后的 100℃运动黏度。

⑥ 试验结束切断气源和冷凝水，并关掉电源。取出试验管组件，冷却后称重，至 0.1g。计算试样重（质）量损失百分率。

⑦ 将试管内的试样倒入锥形瓶摇均匀，取 25ml 移入离心管，在相对离心力为 840±40 下离心 1h，记录沉淀体积。计算沉淀的体积百分率。

⑧ 清洗试片，检查试片外观，并逐一称重，准确至 0.1mg。

(4) 结果评定　取重复测定两个结果的算术平均值，作为金属片重量变化，试样酸值变化，试样黏度变化的结果。

3.3.2.2　轻质航空润滑油的腐蚀和氧化安定性测定法

试验方法：GJB 563—1988

(1) 原理　将试验用的金属片拴在一起，放入装有试样的试管中，在规定的试验温度下，通过一定量的空气，经过规定的试验时间后，测定试样的酸值、黏度，称量各种金属片的质量、记录金属片的颜色和腐蚀情况。

(2) 仪器与材料

试管：管的外径 50mm±3mm，长度 500mm±10mm，开口端带有内磨口。

冷凝管：直型，夹套外径 40mm，长度 300mm±20mm，下端带有外磨口与试管配套。

恒温浴：控制精度，≤150℃时允许波动 1℃＞150℃时允许波动 2℃。

天平：感应 0.1mm。

金属片：尺寸为 25mm×25mm×(0.2～0.3)mm，两个小孔，材质为电解铜 T、15 号低碳钢、LY12 铝、MB_2 镁。

丙酮：分析纯。

石油醚：分析纯，60℃～90℃。

(3) 操作要点

① 用 400 号砂纸向一个方向磨光金属片各表面，分别用石油醚和丙酮擦洗。称量各种金属片，称准至 0.1mg。再用线连接试片，不允许镁片和铜片接触。

② 将连接好的金属片放入试管中，将 100ml±1ml 试样倒入试管，安装好冷

凝管和试管，放入规定温度的恒温浴中，使试管浸没 300mm±5mm。把冷却水通入冷凝管内，并调节好流量。

③ 提高冷凝管把空气管插入试样中，下口端距离管底 3mm～4mm，在规定的试验时间到达后，从恒温浴中取出试管。

④ 将试样倒入干净的烧杯中，取出金属片，放入培养皿中，依次用石油醚和丙酮清洗试片。称量金属片质量，称准至 0.1mg，计算金属片的质量变化 (mg/cm)。同时记录各金属片的颜色变化和腐蚀情况。

⑤ 按方法 GB/T 7304 测定酸值，计算试样氧化前后的酸值变化。

按方法 GB/T 265 测定 40℃ 的黏度，计算试样氧化前后黏度变化百分数（以氧化前黏度为基准）。

(4) 结果评定 取重复测定两个结果的算术平均值，作为金属片质量变化、试样酸值变化、试样黏度变化的结果。

(5) 讨论

① 试验一般用钢、镁、铝、铜为一金属片组，如规格标准中有特殊规定可变换有关金属片。

② 试验过程不准用手直接接触金属片，应用竹镊子或滤纸。

③ 试验的温度必须根据技术标准的要求进行。

3.3.3　润滑油氧化安定性的测定

3.3.3.1　润滑油热氧化安定性测定法

试验方法：SH/T 0259—1992（2004）

测定润滑油热氧化安定性可间接判定受热零件上润滑油薄层的热氧化倾向，可预测某温度下润滑油生成漆状物的速度，也可用于判定加入润滑油中抗氧化添加剂的效能。

(1) 原理　即在规定温度下使薄层润滑油在金属表面上进行氧化，测出生成 50% 工作馏分和 50% 漆状物组成的油性残留物所需的时间，用以表示试样的热氧化安定性。

用正庚烷抽取工作馏分的方法，将生成的漆状物与工作馏分分离。

(2) 仪器与材料

漆状物形成器：应符合试验方法的要求。

蒸发皿：钢制，外径 22mm～22.1mm，边缘高 1.0mm±0.1mm，边缘壁厚 0.3mm，皿底厚 1.0mm±0.1mm。

烘箱：可在 100℃～105℃ 恒温

钢饼：直径 70mm 或 100mm，厚 10mm～10.2mm。

温度调节器；金属支架；电热板；金刚砂。

氢氧化钠：化学纯。

正庚烷：馏程 96℃～102℃，不含芳香烃。

(3) 操作要点

① 用溶剂将蒸发皿洗涤干净，放入 100℃±1℃ 烘箱至称量恒重。

② 试样的老化：将已恒重的蒸发皿 4～6 个均匀地放在恒温器的钢饼上，打开电源加热，开温至规定温度，保持恒温 3min～5min 后，向蒸发皿中循回滴加 0.038g～0.040g 试样，当试样加至一半时，开动秒表，记录试验开始时间。

试样被氧化至油膜发生变化时（颜色变深，黏度变大），取出一个蒸发皿，记录下取出时间，放入干燥器中冷却，称量，以后每隔 3min～5min 冷却，称量。

③ 工作馏分与漆状物的分离：经氧化、称量的蒸发皿放在金属支架上，再将支架放在抽取器的抽取圆筒中，以正庚烷为溶剂抽取，抽取速度保持在冷凝管上每 min 滴下 3～5 滴正庚烷。

抽取完毕将蒸发皿放入 100℃ 的恒温箱中烘至恒重，根据称量结果，计算出试样的工作馏分和漆状物。

(4) 结果评定　在温度 T（℃）经 t 时（min）氧化后，每个蒸发皿中润滑油工作馏分的百分数（C_{LT}^t）按式（3-7）计算

$$C_{LT}^t \frac{G_1 - G_2}{G} \times 100\% \tag{3-7}$$

式中　G——在蒸发皿中加入润滑油试样，g；
　　G_1——蒸发皿与油性残留物的质量，g；
　　G_2——蒸发皿和漆状物残留物质量，g。

在温度 T（℃）经 t 时（min）氧化后，每个蒸发皿中润滑油漆状物的百分数（Q_T^t）按式（3-8）计算：

$$Q_T^t \frac{G_2 - G_3}{G} \times 100\% \tag{3-8}$$

式中　G_3——试验前洁净蒸发皿的质量，g。

按照以下方法计算热氧化安定性：在同一直角坐标纸上，分别绘出 C_{LT}^t 与试验时间 t(min)，Q_T^t 与试验时间（min）两条曲线。两条曲线的交点，即代表试样的热氧化安定性，以交点处的时间 t(min) 表示。

取平行测定两个结果的算术平均值作为试样测定结果。

(5) 讨论

① 氧化速度随温度的升高而增加。必须严格控制试验温度。薄层油氧化的程度与油膜厚度有关，油膜薄易被氧化（与氧直接接触面大）。

恒温器加热板一定放置水平，否则厚度不一致，影响试验结果的可靠性。工作馏分与漆状物一定要完全分离，包括试验中蒸发掉的那部分馏分。

② 润滑油的氧化过程：

碳氢化合物（润滑油）$\xrightarrow{[O]}$ 过氧化物 $\xrightarrow{[O]}$ 醇类 $\xrightarrow{[O]}$ 酮类 $\xrightarrow{[O]}$ 酸类 $\xrightarrow{[O]}$ 深度氧化产物（如胶质，沥青质等）

氧化的结果使润滑油的颜色变深、变黑，黏度和酸值增大，生成大量沉积物，从润滑油中析出。

3.3.3.2 润滑油抗氧化安定性的测定

试验方法：SH/T 0196—1992（2004）

润滑油在使用过程中，在温度升高，与氧气、金属等环境因素的影响下，会逐渐氧化变质。把润滑油在加热和在金属催化作用下抵抗氧化变质的能力称为润滑油的抗氧化安定性。润滑油的抗氧化安定性是反映润滑油在实际使用，储存和运输中氧化变质或老化倾向的重要特性。

(1) 原理　测定润滑油的抗氧化安定性通常是在一定量的试油中加入金属片作催化剂，在一定温度下通过一定量的空气（或氧气），经过规定的时间测定试油氧化的酸值、黏度、沉淀物和金属片的质量变化来进行评价。

(2) 仪器与材料

氧化管：应符合 SY2652《润滑油抗氧化安定性》的要求。

铜片：用厚度为 0.2mm～0.3mm 的 T1 号紫铜制成（T 形）。

油浴：能在 125℃±5℃ 保持恒温。

氧气钢瓶；氧气流速计。

量筒：具磨塞，100ml～250ml。

精制汽油：馏分为 60℃～90℃，不含芳香烃。

硝酸-磷酸混合液：体积比 3：7 配制。

乙醇-苯混合液：体积比 1：4 配制。

(3) 操作要点

① 氧化管用乙醇-苯混合液洗涤。用乙醇、水、铬酸洗液、浓硫酸、水依次洗涤干净，再用蒸馏水冲洗，烘干备用。

② 铜片擦净，用硝酸-磷酸混合液氧化处理，放入甲醇中备用。

③ 向氧化管中注入 30g 试样，将螺旋线和铜片放入氧化管中，安装在试验装置内加热至 125℃±5℃ 恒温，以 200ml/min 的流速，通过氧气，同时记录开始时间。氧化 8h 后，称取 20g～25g（称准至 0.01g）倒入 100ml 磨口量筒中，并用精制汽油稀释至 100ml，放在暗处静置 12h 后，测量沉淀物含量。

④ 沉淀物含量的测定：把经过 12h 静置后的氧化试样-汽油混合液用滤纸过滤到 250ml 量筒中，再用精制汽油洗涤滤纸上的沉淀物，洗涤汽油一并滤入同

一量筒中,将滤纸稀释至 250ml,备测酸值用。

用热乙醇-苯混合液溶解滤纸上的沉淀物,滤入已称量的 50ml 锥形烧瓶中,把锥形烧瓶放在水浴中,将乙醇-苯混合液蒸干后,放入 105℃±3℃ 的恒温箱中烘干至恒重。

⑤ 氧化试样酸值的测定:取 25ml 氧化试样-汽油的混合液,注入 250ml 锥形烧瓶中,用 20ml~25ml 乙醇-苯稀释,加入 2% 碱性蓝 6B 指示剂,用氢氧化钾乙醇溶液滴定至溶液由蓝变红,即为终点,记录消耗氢氧化钾乙醇溶液的体积。

(4) 结果处理与评定

氧化后沉淀物的含量 X 按式(3-9)计算:

$$X = \frac{G_1}{G} \times 100\% \tag{3-9}$$

式中 G_1——沉淀物的质量,g;
G——试样的质量,g。

氧化后酸值 K(以 KOH 计,单位 mg/g)按式(3-10)计算:

$$K = \frac{VT}{G} = \frac{V \cdot T}{G} \times 10 \tag{3-10}$$

式中 V——滴定时消耗氢氧化钾乙醇溶液的体积,ml;
T——氢氧化钾乙醇溶液的滴定度(以 KOH 计),mg/g;
10——全部氧化试样溶液与滴定用溶液的体积比,即 250/25=10;
G——试样的质量,g。

取重复测定两个结果的算术平均值,作为试样氧化后沉淀物和酸值的测定结果。

(5) 讨论

① 温度对油氧化过程的速度影响很大:试验温度规定在 125℃±0.5℃,如高于此温度油的氧化速度快;反之,油的氧化速度慢。所以温度要严格控制。

② 氧气浓度的大小对结果有影响:氧气浓度大(流速大)反应速度快,氧化速度深;反之,通入的氧气浓度低于所规定的量,则会减慢油的氧化反应速度。

3.3.4 润滑脂化学安定性试验

评价润滑脂化学安定性的方法,目前大多数国家都采用氧弹法进行测定,我国在石油部标准 SY2715 中作了明确的规定。

3.3.4.1 润滑脂氧化安定性测定法(氧弹法)

试验方法:SH/T 0335—92 (2004)

氧化安定性是指润滑脂在长期储存或长期高温情况下使用时抵抗热和氧的作用而发生变化的能力。

(1) 原理 利用提高润滑脂与氧气接触的浓度（氧气压力）和升高温度来达到加速润滑脂氧化的目的，经过规定时间的氧化作用后，测定润滑脂中游离有机酸或游离碱的变化，和氧化后氧气压力的变化（即氧化反应所消耗的量），来评定试样的化学安定性。

将一定量的试样按规定的方法装入氧弹试验器中，再充入一定量的氧气，在一定的温度、时间使润滑脂氧化，测定试样氧化前后酸值或游离碱的变化，以变化值及氧气压力下降来表示试样的化学安定性。

(2) 仪器与材料

氧弹仪：应符合SY2715《润滑脂化学安定性测定法》，见图3-3。

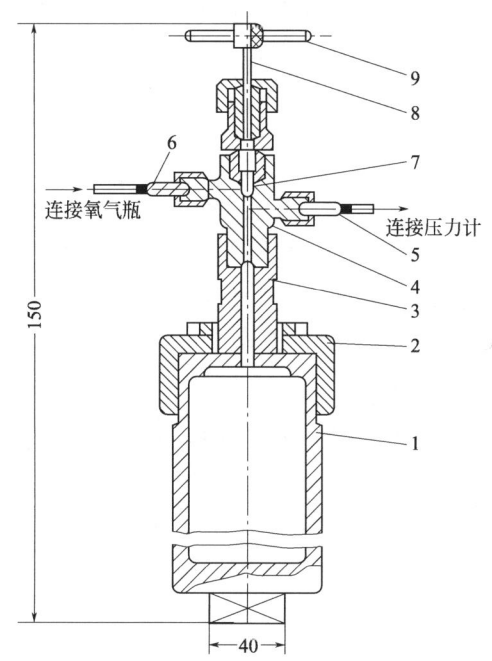

图3-3 氧弹仪（尺寸单位：mm）
1—弹体；2—弹盖；3—弹头和菌形物；4—三通管；5—下侧管；
6—上侧管；7—阀；8—带针阀；9—手轮

恒温浴：控制精度±1℃。

玻璃试样杯；平面圆玻璃；玻璃管；玻璃棒。

(3) 操作要点 将试验润滑脂20g分装于5个玻璃试样杯内，装在由玻璃棒、平面圆玻璃、玻璃管组成的试样架中。将试样架装入清洁的氧弹仪内，在$2kg/cm^2$的氧气作用下进行氧化。

弹内最初压力按式（3-11）计算：

$$P_t \frac{P_{t_3}}{1+\frac{1}{273}(t_0-t)} \quad (3-11)$$

式中　P_{t_3}——在规定的试验温度时弹内氧气的规定压力，kg/cm^2；
　　　　t_3——试验时规定的温度，℃；
　　　　t——室温（充氧时），℃。

弹内氧气最初压力在计算时应准确至 $0.1kg/cm^2$。

将充好的氧弹放入已经恒温到规定试验温度的恒温浴中，进行氧化，记录试验开始时间，并每隔 2h 观察并记录弹内氧气压力的变化。

测定试验前后试样酸值或游离碱。

(4) 结果评定　以试样氧化后酸值或游离碱的变化和氧气压力降低值，表示试样的氧化安定性。取重复两次测定结果的算术平均值作为试样结果。

(5) 讨论

① 试验前后各通气管路须清洗干净，不能有油污，避免氧气与残留润滑油相互作用发生爆炸。

② 氧化速度与氧气浓度有关，所以氧弹中氧气压力要严格控制，充氧前氧弹中的空气要排除。

③ 氧气压力表要进行定期检验。试验温度及时间要按规定进行。

3.3.4.2　润滑脂快速氧化试验方法

试验方法：SY 2728—80

(1) 原理　以金属铜为催化剂，采用提高温度加速氧化的方法，经规定时间氧化后，测定润滑脂经氧化后的酸值或游离碱。用试验前后试样酸值或游离碱的变化表示其氧化安定性。

(2) 仪器与材料

铜皿：由电解铜制成，内径为 50mm，深度为 1mm±0.05mm；

培养皿；支撑玻璃管；磷酸-硝酸混合液。

(3) 操作要点

① 用砂布打磨或用磷酸-硝酸混合液清洗铜皿后，再用水和 95% 乙醇洗涤干净，干燥后，将准备好的试样填满铜皿。

② 将装有试样的铜皿 3～4 个放入培养皿内，再用支撑玻璃管将皿盖支撑在培养皿上，使皿底与盖间有一定的距离，以保证培养皿上空气的流通。

③ 将准备好的培养皿放入 120℃±2℃ 的恒温箱内，连续保持 10h，进行氧化试验。然后按 SY 2707 测定法测定出氧化试验前后的游离酸碱，并用酸值（以 KOH 计，单位 mg/g）的差值表示。如果试验前后样品含有游离碱（以氢氧化

钠的质量百分数表示），则按每 1% 氢氧化钠等于 14mgKOH/g 的当量来计算酸值差值。

(4) 结果评定　试样的氧化安定性（X）酸值按式（3-12）计算

$$X = X_2 - X_1 \tag{3-12}$$

式中　X_1——润滑脂氧化前的酸值（以 KOH 计），mg/g；
　　　X_2——润滑脂氧化后的酸值（以 KOH 计），mg/g。

取重复测定两个结果的算术平均值作为测定结果。

(5) 讨论

① 铜皿中试样不应有空气泡，培养皿底与盖间应有一定距离保证空气流通，恒温箱保证有鼓风，保证箱内温度一致。

② 脂的氧化程度与催化剂（铜）接触的面积有关，接触面积越大越容易加速氧化。所以铜皿的形状和大小与氧化试验结果有关系。应按规定的条件执行。

③ 温度越高氧化程度越快，氧化时间越长氧化的程度越深，所以必须按标准规定的温度和时间条件下进行氧化试验。

注：此方法已废止，现润滑脂氧化安定性采用 SH/0335—92（2004）。

3.4　腐蚀性试验

铜片试验的实验方法是把一块一定规格的铜片磨光，用溶剂洗涤晾干后，浸入试油中，加热到一定温度并保持一定时间后，取出铜片，根据其颜色变化，来定性的检查试油中是否含有腐蚀金属的活性硫物或游离碱。

3.4.1　润滑油 232℃ 腐蚀测定法

试验方法：GJB 496—88

(1) 原理　将铜片和银片分别浸入试样中，置于 232℃ 下 50h 后，测定其重（质）量损失，以铜片、银片单位面积的质量变化来表示试样对金属的腐蚀程度。

(2) 仪器与材料

烘箱：防爆，232℃±2℃。

烧杯：硬质玻璃，矮型，300ml。

分析天平：感量 0.1mg。

试片：边长 40mm 的正方形，厚 2mm，有一个 3.5mm 的小孔；材质为 T2 铜片、1 号银片。

石油醚：60℃～90℃，90℃～120℃。

丙酮：分析纯。

(3) 操作要点　铜片用粒度为 380 号的砂纸打磨好，依次用 90℃～120℃ 石油醚，60℃～90℃石油醚、丙酮清洗，然后在空气中晾干放入干燥器。称量试片，准确至 0.1mg。在洁净的烧杯中放入一定量的试样，按要求用竹镊子将试片挂装在烧杯中，然后将烧杯移入防爆烘箱，升温至 232℃±2℃，保持 50h 后，停止加热，待烘箱冷却至 50℃ 以下，取出烧杯。将试片取出，依次用 90℃～120℃石油醚，60℃～90℃石油醚、丙酮清洗，在空气中晾干。称量试片准确至 0.1mg。

(4) 结果评定 取两块试片的算术平均值为试验结果。

(5) 讨论

① 操作时不能用手接触试片，以保证试验的可靠性。

② 金属试片应垂直、全浸在试样中。

③ 试片不应与烧杯接触，每个烧杯只放一片试片。

3.4.2 石油产品铜片腐蚀试验法

试验方法：GB/T 5096—1985

本方法适用于测定航空汽油、喷气燃料、车用汽油、天然汽油或具有雷德蒸汽压不大于 124kPa（930mmHg）的其他烃类、溶剂油、煤油、柴油、馏分燃料油、润滑油和其他石油产品对铜的腐蚀性程度。

(1) 原理 把一块已磨光的铜片浸泡在一定量的试样中，并按产品标准要求加热到指定的温度，保持一定的时间。待试验周期结束时，取出铜片，经洗涤后与腐蚀标准色板进行比较，确定腐蚀的级别。

本方法适用于测定喷气燃料中活性硫化物及元素硫对铜片腐蚀所生成的颜色变化。

(2) 仪器与试剂

试验弹：不锈钢制，并能承受 689kPa（5168mmHg）试验表压。

试管：直径 25mm±2mm，高 150mm±4mm。

恒温浴：能恒温 100℃±1℃，深度能使整个试验弹浸没在浴液中。

铜片：2 号铜（Cu），长 75mm，宽 12.5mm，厚 1.5mm～3.0mm。

腐蚀标准色板；无水乙醇苯（1∶1）混合液。

石油醚：90℃～120℃，分析纯。

(3) 操作要点

① 研磨试片，依次用无水乙醇及石油醚清洗，用滤纸吸干，不准用手接触试片表面。

② 取 30ml 试样到入洁净、干燥的试管中，在试管中放入铜片，再移入试验弹中。盖紧后浸没在试验温度的恒温浴中，保持规定的试验时间。

③ 试验结束后，将试验取出冷却后，取出试片，用定量滤纸吸干铜片上的洗涤溶剂。把铜片与腐蚀标准色板来检查变色或腐蚀迹象。比较时，把铜片和腐

蚀标准色板对光线成 45°角折射的方式拿持，进行观察。

(4) 结果评定

① 按腐蚀标准色板的分级中，某一个腐蚀级表示试样的腐蚀性。

② 当铜片是介于两种相邻的标准色板之间的腐蚀级时，则按其变色严重的腐蚀级判断试样。

(5) 讨论

① 进行铜片腐蚀试验所用的试样，为保证其真实性，不允许用滤纸进行过滤。

② 清洗试片时最好使用竹镊子。使用金属镊子容易擦伤试片的表面，清洗后不能用手直接接触试片。

3.4.3 润滑脂腐蚀试验法

试验方法：SH/T 0331—92（2004）

润滑脂的重要特点之一是具有防护金属部件产生锈蚀的功能，而腐蚀试验是考查润滑脂本身是否对金属有腐蚀作用的一种方法。因此，几乎所有的润滑脂的技术指标中都规定进行腐蚀试验，并成为润滑脂理化性质的主要指标之一。

(1) 原理　将规定的金属试样浸入润滑脂中，在一定的温度条件下，加速润滑脂试样的氧化腐蚀作用，经过一定的时间后，取出金属试片，观察金属表面的腐蚀程度来评定润滑脂试样的腐蚀。

(2) 仪器与材料

金属片：圆形直径 38mm～40mm，厚 31mm，或正方形边长 48mm～50mm，厚 31mm，其牌号按产品标准的规定。

恒温箱：控温精度±2℃。

放大镜：5～10 倍。

烧杯：400ml～500ml。

(3) 操作要点

① 将金属片用砂布或砂纸仔细磨光至表面无加工痕迹，再用苯及 95％乙醇洗涤干净后，用脱脂棉擦干。将大约 200g 准备好的试样装入烧杯中，再将金属片悬挂试样中，试样不得接触杯底部。

② 试验操作：将盛有试样及金属片的烧杯，放入已恒温到规定温度的恒温箱中箱中进行试验。试验完毕，从恒温箱中取出烧杯，从杯中取出金属片，擦去黏附在金属表面的试样。再用苯，汽油，95％乙醇依次洗涤试片。用脱脂棉或滤纸擦干，进行观察判断。

(4) 评定结果

① 用肉眼观察，金属片上没有斑点和明显不均匀的颜色变化，即为试样合

格。但在铜及铜合金片上允许有轻微、均匀的变色。

② 试验在两块金属片上同时进行,如仅有一块出现腐蚀痕迹,则应重新试验。若试验第二次时,即使仅在一块金属片上出现腐蚀痕迹,则为试样不合格。

(5) 讨论

① 手指不能直接接触金属试片。

② 两种不同牌号的金属片,不能同时放入一个烧杯内进行试验,否则,由于试片接触,可能引起电化学腐蚀现象。

③ 腐蚀程度与试验的温度和时间有关。所以必须严格控制。

④ 从试样中取出金属片后,用滤纸轻轻擦掉金属片上的润滑脂,再用洁净的溶剂(汽油,酒精,苯)洗涤,最后用脱脂棉或滤纸吸干。在这一操作过程中,金属片要洗涤干净,避免留下微量油层,否则会引起误判。

3.4.4 润滑脂防护性能测定

试验方法:SH/T 0333—92

备注:此方法未在"石油和石油产品试验方法行业标准汇编"的 2005 版和 2010 版收录,鉴于此方法在某些单位使用,此处仍收录在此。

润滑脂防护性能与其本身的腐蚀作用性质不同,防护性能是润滑脂防止金属机械零件受外部湿气、水、氧气、酸、碱盐雾气等的作用而产生锈蚀的能力。润滑脂的防护性能也正是保护金属不受腐蚀的性能,要求润滑脂对金属表面要有良好的黏附力,在使用条件下能够保护金属不受外界空气,水分以及其他腐蚀气体或液体的浸蚀。

(1) 原理 润滑脂在增高湿度时防止金属锈蚀的能力称为润滑脂的防护性。本方法是将润滑脂试样以一定厚度均匀地涂抹在金属片上。在 50℃~60℃ 的恒温箱内保持一定的时间(按产品规格要求而定),然后取出金属试片用汽油洗去脂层,检查金属表面的锈蚀程度,以评定润滑脂试样的防护性能。

(2) 仪器与材料

金属片:边长为 50mm 的正方形金属片。

恒温箱:可控制温度为 50℃±2℃ 或 60℃±2℃。

定性滤纸或脱脂棉。

汽油:沸点不高于 180℃ 直馏轻汽油。

苯:分析纯。

(3) 操作要点

① 将金属磨光,用洗涤汽油洗干净,用滤纸,乙醇湿润的脱脂棉,干棉球依次擦干净金属片表面,向干燥器中注入蒸馏水,水上放一带孔瓷板备用,将试样均匀地涂在金属片的各面上,同时涂两块试片分别放于瓷皿中。

② 将盛有试片的瓷皿放在干燥器中的瓷板上，盖好干燥器盖，再把干燥器放入以恒温到规定试验温度（50℃±2℃或60℃±2℃）的恒温箱内，记录试验开始时间。

③ 试验结束后，从恒温箱中取出干燥器，用汽油浸润的棉花擦去金属表面的试样，再用汽油、乙醇进行洗涤，擦干后观察金属表面的状态进行评定。

(4) 试验结果评定

① 如果两个金属片距孔和边沿 1mm 及标记区以外的表面上无肉眼可见的铜绿、斑点或小点，则报告为试样防护性能合格。

② 如果在一片金属或两个金属片上出现腐蚀现象，需要重新试验。若重复试验中只有一个试片有腐蚀时，则报告为试样防护性能不合格。

(5) 讨论

涂试样时脂层中不能有气泡，特别是金属表面与试样间不能有空穴，否则由于金属接触空气，会加速腐蚀，使试验作出错误的判断。

温度高易使金属腐蚀，所以要按方法规定，使试验温度波动范围控制在±2℃。

4 防锈油脂的防锈性试验方法

防锈性主要是指防锈油脂能防护金属使之暂时免于锈蚀的能力。金属制件在加工、运输与储存时，常常会发生锈蚀现象。机器因生锈造成运转失灵，精密机件（器械）、仪表与设备等因锈蚀而报废。普通润滑脂涂在机械部件上或覆盖在金属表面后，只能阻止外界的空气和水直接与金属接触，减缓空气和水渗透到金属表面的能力，保护了金属的表面，但是对于润滑防锈两用的润滑脂，特别是防护型油脂是否具有足够的防锈性能就成为重要的性能指标，并且都把这些性能列为控制指标。测定防锈油脂的防锈性有三种方法，下面分别介绍。

4.1 防锈油脂湿热试验方法

4.1.1 测定湿热试验用湿热箱设备

其主要试验过程是：将涂有油脂的金属片挂在湿热箱内的试片架上，试片架以每 3min 一圈的速度缓慢旋转。箱底储有水层，通入箱内的空气先经过箱底的水层，然后进入箱内。通入量为每小时三倍于箱的总容积。箱内温度保持在温度 49℃±1℃、相对湿度 95% 以上。试验过程是每连续运转 8h，然后停运行 16h，即将 24h 作为一个周期。试验所用的金属片材料按产品规格要求（或产品使用的特点）确定。如 45 号钢、黄铜、铸铁等。试片表面粗糙度按技术条件的要求执行。按规格要求的周期试验完毕后，取出试片仔细观察锈蚀和变色的情况，进行评级。

4.1.2 结果评级

试验同时用 3 块试片,最终评定级别按《防锈油脂防锈试验锈蚀评定方法》进行。

3 块试片若有两块锈蚀级超过 2 级,则不能定级。

锈蚀级相差在 2 级以内(包括 2 级),并有 2 块试片同级,按同级 2 块试片的级别定级。

3 块试片各不相同者,但 3 块试片分别为 0 级、1 级和 2 级时则定级为 1 级;若 3 块试片分别为 0 级、1 级和 3 级以上时也不能评级。

4.2 防锈油脂盐雾试验方法

在一定盐雾沉积量的条件下,用以评定防锈油脂对金属的保护性能。

4.2.1 测定盐雾试验用的标准盐雾箱

其主要过程是:将油脂预热到一定温度后,接着把磨光的试片浸入试样内,经过一定时间后取出试片。沥干冷却称量,并使其油层厚度达到规格要求。然后将试片置于盐雾箱试片架上,试片与垂直面的倾角应为 15°~30°。盐雾箱的温度控制在 35℃±2℃,相对湿度控制在 95% 以上。箱底盛有 pH 值为 6.5~7.2,氯化钠含量为 5%~6% 的盐水,并将空气吹入盐水层。在喷雾期内,使每 80cm 的涂片上喷雾沉降量控制在 0.5ml/h~1.5ml/h。试验过程以连续喷雾 24h,或喷雾 8h 而后停 16h。即 24h 作为一个周期。然后按产品规格要求的周期取出试片,观察防锈情况,进行评级。

4.2.2 结果评定

每块试片的锈蚀级别按技术标准进行评级。

3 块试片中若有 2 块的锈蚀级差超过 2 级,则不能定级。

级别相差在 2 级以内(包括 2 级)并有 2 块同级时,按同级 2 块试片的级别定级。

3 块试片锈蚀级别各不相同时,但 3 块试片的级别是 0 级、1 级和 2 级时评为 1 级;若 3 块试片分别是 0 级、1 级和 3 级以上时则不能定级。

4.3 防锈油脂的防护性能试验

此方法是温度和湿度都增高时,测定油脂防护金属产生锈蚀的能力。这个方法是静态法而不是动态法。

油脂的防护性能也是保护金属不受腐蚀的性能与防锈性能一样。防护性能良好的润滑脂对金属表面要有良好的黏附力，在使用条件下能够保护金属不受外界空气、水分以及其他腐蚀性气体或液体的浸蚀。

油脂的防护性能测定过程：将金属试片（边长为 50mm 的正方形或直径为 56mm 的圆金属片，厚 3mm～4mm）打磨洗净并擦干后涂上油脂试样，涂层厚 3mm～4mm，放在瓷皿中，瓷皿搁置在盛水 30mm～45mm 深的干燥器的上部，在 50℃～60℃的恒温箱内保持一定的时间（按产品规格要求而定），然后取出金属试片用汽油洗去油脂，观察金属试片有如铜绿或斑点则认为合格。

4.4　湿热试验和盐雾试验测定过程注意事项

① 试片的制备，如用钢片和铸铁片可先用磨床磨光，然后用 180 号砂布打磨。试片的棱角、四个边及两个孔要用 150 号砂布打磨；有色金属试片用 240 号砂布打磨。

② 磨片时不能纵横、绕圆、斜角打磨，应注意方向性，并应达到要求的粗糙度。试片打磨后，不得与手接触。

③ 磨好的金属试片要用滤纸包好，并存放在干燥器中备用。清洗试片按规定顺序用镊子夹取并用脱脂棉擦洗，然后用热风吹干，冷至室温后涂试样。

④ 注意试片表面不得有凹坑、划伤和锈点，以免误判。

5 航空油料及润滑脂国内外常用试验方法

目前国内外航空油料及润滑脂的常用试验方法见表 5-1 和表 5-2。

表 5-1 航空油料及润滑脂国家标准试验方法

分类	方法名称	国内方法号	对应国外方法号
国家标准	石油产品水溶性酸及碱测定法	GB/T 259—88	ГОСТ 6307—75
	石油产品水分测定法	GB/T 260—77	ГОСТ 2477—65
	闪点的测定 宾斯基-马丁闭口杯法	GB/T 261—2008	ISO 2719—2009
	石油产品酸值测定法	GB 264—83	ГОСТ 5985—79
	石油产品运动黏度测定法和动力黏度计算法	GB/T 265—88	ASTM D445
	石油产品闪点与燃点测定法（开口杯法）	GB/T 267—88	ГОСТ 4333—28
	润滑脂和石油脂锥入度测定法	GB/T269—91	ASTM D217FED-STD-791，313
	煤油烟点测定法	GB/T382—83	ISO 3014—1974
	润滑脂压力分油测定法	GB/T392—77	ГОСТ 7142—74
	石油和石油产品及添加剂机械杂质测定法	GB/T511—2011	ГОСТ 6370—1983
	润滑脂水分测定法	GB/T512—65	ГОСТ 2477—65
	航空燃料水反应试验法	GB/T1793—2008	ASTM D1094-00（2005）
	原油和液体石油产品密度实验室测定法（密度计法）	GB/T1884—2000	ISO3675：1998
	防锈油脂湿热试验法	GB/T2361—92	JIS2246—89

续表

分类	方法名称	国内方法号	对应国外方法号
国家标准	航空燃料冰点测定法	GB/T2430—2008	ASTM D2386：2006
	润滑脂宽温度范围滴点测定法	GB/T3498—2008	ISO6299：1998 ASTMD 2265
	石油产品倾点测定法	GB/T3535—2006	ISO3016：1994
	石油产品 闪点和燃点的测定（克利夫蓝开口杯法）	GB/T3536—2008	ISO2592：2000
	润滑脂滴点测定法	GB/T4929—2008	ISO/DP2176—1979
	石油产品和润滑剂酸值和碱值测定法（颜色指示剂法）	GB/T4945—2002	ASTM D974—1997
	润滑脂防腐蚀性试验法	GB/T5018—2008	ASTM D1743—05a
	石油产品铜片腐蚀试验法	GB/T5096—85	ASTM D130
	石油产品蒸馏测定法	GB/T6536—1997	ASTM D86—95
	航空燃料与馏分燃料电导率测定法	GB/T6539—1997	ASTM D2624—95
	石油产品和润滑剂酸值测定法（电位滴定法）	GB/T7304—2000	ASTM D664—1995
	润滑脂和润滑油蒸发损失测定法	GB/T7325—87	ASTM D972—56（81）
	润滑脂铜片腐蚀试验法	GB/T7326—87	ASTM D4048—1981
	喷气燃料热氧化安定性测试法	GB/T9169—88	ASTM D3241—85
	燃料胶质含量测定（喷射蒸发法）	GB/T8019—2008	ASTM D381：2004
	固体和半固体石油沥青密度测定法	GB/T8928—2008	ASTM D70—03
	液体石油产品水含量测定法（卡尔·费休法）	GB/T11133—89	ASTM D1744—83
	加抑制剂矿物油在水存在下防锈性能试验法	GB/T11143—2008	ASTM D665—03
	喷气燃料总酸值测定法	GB/T12574—90	IP354/81（87）
	润滑油泡沫特性测定法	GB/T12579—2002	ISO6247：1998
	润滑剂极压性能测定法	GB/T12583—1998	ASTM D783—1988

表 5 航空油料及润滑脂行业标准试验方法

分类	方法名称	国内方法号	对应国外方法号
行业标准	喷气燃料银片腐蚀试验法	SH/T0023—1990	IP227/82（88）
	润滑油沉淀值测定法	SH/T0024—1990	ASTM D91—87
	润滑脂相似黏度测定法	SH/T0048—1991	ГОСТ 7163—84
	润滑脂抗水淋性能测定法	SH/T0109—2004 SH/T0109—1992	ISO11009：2000 ASTM D1264—87
	润滑脂和固体烃滴点测定法	SH/T0115—92	ASTM D566—2002

续表

分类	方法名称	国内方法号	对应国外方法号
行业标准	润滑脂滚筒安定性测定法	SH/T0122—1992	ASTM D1831—88
	润滑油腐蚀试验法	SH/T0195—1992	ГOCT2917—45
	润滑脂极压性能测定法（四球机法）	SH/T0202—1992	ASTM D2596—82
	润滑脂极压性能测定法（梯姆肯试验机法）	SH/T0203—1992	ASTM D2509—77
	润滑脂抗磨性能测定法（四球机法）	SH/T0204—1992	ASTM D2266—67（81）
	航空液压油热氧化安定性及腐蚀测定法	SH/T0208—1992	ГOCT20944—75
	润滑脂钢网分油测定法	SH/T0324—1992	ASTM D6184—98
	润滑脂氧化安定性测定法	SH/T0325—1992	ASTM D942—78
	润滑脂游离碱和游离有机酸测定法	SH/T0329—1992	ГOCT 6707—76
	润滑脂腐蚀试验法	SH/T0331—1992	ГOCT 9080—77
	润滑脂杂质含量测定法	SH/T0336—1994	ГOCT9270—86
	润滑脂蒸发度测定法	SH/T0337—1992	ГOCT 9566—74
	滚珠轴承润滑脂低温转矩测定法	SH/T0338—1992	ASTM D1478—1980
	高温下润滑脂在球轴承中的寿命测定法	SH/T0428—2008	ASTM D3336—05
	润滑脂和液体润滑剂与橡胶相容性测定法	SH/T0429—2007	ASTM D4289—03
	润滑脂贮存安定性试验法	SH/T0451—1992	FED-STD-791，3467.1
	润滑脂抗水和水—乙醇（1：1）溶液性能试验法	SH/T0453—1992	FED-STD-791，5415（1986）
	喷气燃料水分离指数测定法	SH/T0616—1995	ASTM D3948—93
	润滑脂宽温度范围蒸发损失测定法	SH/T0661—1998	ASTM D2595—96
	润滑剂的合成橡胶溶胀性测定法	SH/T0691—2000	FED-STD-791，3603.5
	润滑脂防锈性测定法	SH/T 0700—2000	ISO 11007—1997
	润滑脂抗微动磨损性能测定法	SH/T 0716—2002	ASTM D4170—97
	汽车轮毂轴承润滑脂寿命特性测定法	SH/T 0773—2005	ASTM D3527—02

6 试验室常用物品及安全知识

6.1 化学试剂

6.1.1 化学试剂的等级

化学试剂因杂质含量多少的不同而被分成不同的等级。在分析工作中，应根据不同的用途选用不同等级的化学试剂，国产化学试剂通常分为四级。

1级品：保证试剂、优级品，代号 G.R.，标签为绿色。

2级品：分析试剂、分析纯，代号 A.R.，标签为红色。

3级品：化学纯，代号 C.P.，标签为蓝色。

4级品：实验试剂。

除了一般的四级试剂外，另有特种级别的试剂，如光谱纯、色谱纯、基准试剂等，供特殊需要。

6.1.2 试剂的取用方法

(1) 固体试剂 应用清洁干燥的药勺从试剂瓶中取出。如试剂瓶中试剂结块，可用清洁的玻璃棒捣碎后再取出。

(2) 液体试剂 根据需要可直接从试剂瓶中倒出。拿瓶时，注意将试剂瓶的标签向上，倒完再将试剂瓶口在接收容器上靠一下，然后再立起试剂瓶。

注意：不论是固体试剂还是液体试剂，当取出量大于需要量时，剩余部分均不可倒回原试剂瓶中。

6.1.3 使用试剂注意事项

① 试剂瓶的标签脱落时,应及时粘好;
② 打开易挥发的试剂瓶时,瓶口不可对准本人或他人,取完应立即盖紧瓶盖;
③ 取易燃试剂时,应远离火源。

6.2 玻璃仪器

6.2.1 常用玻璃仪器

试验室较为常用的玻璃仪器汇总于表 6-1。

表 6-1 试验室常用玻璃仪器

名称	外形	规格	用途	注意事项
试管		玻璃分软质和硬质,用口径×高表示	用于少量试剂反应的容器,便于操作和观察。可直接在火焰上加热	试剂加入量一般不超过容器的 1/3~1/4
烧杯	低型 高型	分高型和低型,用容量表示	反应器,用于配制溶液、溶解、加热等	不能直接在火焰上加热,需加石棉网
锥形瓶	真空	大小用容量表示	滴定操作用	① 不能直接在火焰上加热 ② 具塞烧瓶加热时要打开塞子
烧瓶	长颈 短颈 平底	大小用容量表示	反应物较多,需较长时间加热	不能直接在火焰上加热
滴瓶		颜色分无色透明和茶色两种,大小用容量表示	盛放液体试剂或溶液	滴瓶的滴管不能互换
细口瓶		大小用容积表示	盛放液体溶液或样品	不能用作反应器,不可加热

续表

名　称	外　形	规　格	用　途	注意事项
广口瓶		大小用容积表示	盛放固体试剂或黏稠样品	不能用作反应器，不可加热
称量瓶	扁形　高形	分高形和扁形两种	用于准确称量少量固体样品；扁形称量瓶可用于在烘箱中烘干基准物质	不能用作反应器，不可加热，盖子不可互换
干燥器	真空干燥器　普通干燥器	以外径大小表示	内放干燥剂，保持烘干或灼烧过的样品干燥，也可干燥少量的产品	盖和口之间涂凡士林密封。高温样品应稍冷却后再放入，并注意开盖放气
量筒量杯		以能量度的最大容积表示	粗略量取一定体积的液体	液体应沿壁加入，体积以液体的弯月面最低点计
容量瓶		颜色分无色透明和棕色两种，以颈部刻度以下容积表示	配制准确体积的溶液	一般不能在烘箱中烘烤，注意使用的方法
移液管		以刻度的体积表示	准确移取一定量溶液	不可加热，上端和尖端不可磕破，液体流出后末端所剩液体不可"吹"出
滴定管		颜色分无色透明和茶色两种；用刻度表示的最大容量表示	容量分析滴定用	活塞应原配，抹凡士林密封，不能加热，不能长期存放碱液

续表

名称	外形	规格	用途	注意事项
漏斗		锥体均为60°，以口径大小表示	用于过滤，长颈漏斗用于定量分析	不能用火直接加热
分液漏斗		大小以容积表示	用于分离互不溶解的液-液体系	不能用火直接加热，不能互换塞子，活塞处不能流漏液体
冷凝管		大小用长度表示	用于冷却蒸馏出的液体，蛇形冷凝管适用于冷凝低沸点液体蒸汽	不可骤冷骤热，注意从下水口进冷水，上口出水
洗瓶		有玻璃和塑料，大小以容积表示	盛装蒸馏水等，用于质量法洗涤沉淀等物或冲洗容器	不能用火直接加热
洗气瓶 干燥塔			洗涤、干燥气体用	洗涤、干燥的气体不能与洗气瓶或干燥塔内的物质反应
抽滤瓶		大小以容量表示	抽滤时接收滤液	属厚壁容器，耐负压，不可加热
比色管		大小以容量表示	比色分析用	不可加热，磨口塞必须原配，注意保持管壁的透明
碘量瓶		大小以容量表示	碘量法或其他生成挥发性物质的定量分析	不能直接在火焰上加热，加热时要打开塞子

续表

名　称	外形	规　格	用　途	注意事项
离心试管		大小以容量表示	可在离心机中借离心力作用分离液体和沉淀	只能在水浴中加热

6.2.2 玻璃仪器的洗涤

① 一般玻璃仪器可借助毛刷,用去污粉、皂液、洗涤剂等洗涤。

② 滴定管、容量瓶、移液管等容量仪器如无明显油污,可直接用水洗涤。若有油污,则应用铬酸洗液浸没后再用水冲洗干净,最好用蒸馏水冲洗 3 次。

③ 油品试验室中盛放过各类油品或留有油品氧化变质残留物的器皿,根据不同的情况,选用汽油、柴油等能溶解污垢的不同溶剂洗涤。

6.2.3 玻璃仪器的干燥

① 晾干:洗净后的玻璃仪器如不急用,先尽量倒净其中的水滴,然后自然干燥。

② 吹干:玻璃仪器洗净后可用电吹风或压缩空气吹干。

③ 烘干:将洗净的玻璃仪器的水倒干净,在 105℃~110℃ 的电热烘箱中烘干。

6.3 加热仪器

6.3.1 电热恒温水浴锅

电热恒温水浴锅作蒸发和恒温加热用,有 2 孔、4 孔、6 孔等不同规格。水浴锅用电热加温,恒温范围为高于室温 3℃~98℃,温差为±1℃,外形见图 6-1。

图 6-1　电热恒温水浴锅

使用方法如下:

① 将水浴锅内注入清水至适当的深度;

② 调节调温旋钮至适当的温度位置;

③ 接通电源,红灯亮表示炉丝通电加热。

当加热到距离拟控制的温度约 2℃时,转动调温旋钮至红灯灭止,红灯不断熄、亮,表示恒温控制器发生作用,再略调节调温旋钮就达到预定的恒定温度。

注意事项:①水浴锅的水位一定要保持不低于电热管,否则会将电热管烧坏;②控制箱内部不可受潮,以防漏电损坏。

6.3.2 电热恒温干燥箱

电热恒温干燥箱是利用电热丝隔层加热，使物品干燥的设备，可用于烘焙干燥物品以及恒温等试验。适用于温度比室温高 5℃～300℃，恒温灵敏度为 ±1℃。电热干燥箱的型号很多，但结构基本相似，外形如图 6-2 所示，一般由箱体、电热系统和自动恒温控制系统三部分组成。

图 6-2　电热恒温干燥箱

电热恒温干燥箱使用注意事项：

① 干燥箱应安装在干燥和水平处，防止震动和被腐蚀。

② 干燥箱内应保持清洁，禁止烘焙易燃、易爆、易挥发及有腐蚀性的物品。

③ 试样或试剂不能直接放在烘箱的隔板上，应放在称量瓶、表面皿、坩埚等器皿中，再放入烘箱内。

④ 需要观察工作室内部情况时，可开启外道箱门，透过玻璃门进行观察，尽量少开，以免影响恒温。

⑤ 有鼓风的干燥箱，在加热和恒温过程必须开启鼓风机，否则会影响工作室温度的均匀和损坏加热元件。

⑥ 干燥箱外壳要接地。

6.3.3 高温炉

高温炉又称马弗炉，适用于实验室高温灼烧、金属熔融、炭化等工作。外形见图 6-3。

高温炉（马弗炉）使用中应注意的事项：

① 高温炉应安放在无磁场、强烈腐蚀性气体、爆炸性气体的环境中，放置

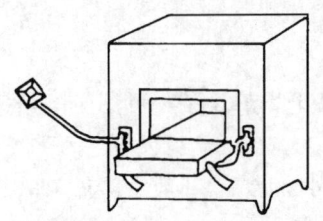

图 6-3　方形高温炉（马弗炉）

在稳固的水泥台上。

② 不得在高温炉内灼烧有爆炸性危险的物品。

③ 高温炉堂中应铺上石棉板，可随时更换以保持清洁。

④ 一般电热丝加热的高温炉，干燥温度不得超过900℃，用硅碳棒制成的高温炉，其最高干燥温度1250℃。

⑤ 高温炉的外壳应接地。

6.4 零星常用物品

6.4.1 常用干燥剂

凡是能够吸收水分的物质，一般都可以作为干燥剂。试验室所用干燥剂的品种很多，油品试验室最常用的干燥剂有：硅胶、食盐、无水氯化钙、无水硫酸钠，常于试样的脱水用；浓硫酸，用用于干燥空气。

6.4.2 常用制冷剂

制冷剂的品种很多，在油品试验室按照需要制冷的温度，常选用下列制冷剂。

① 冰＋水：0℃～5℃；

② 冰＋盐：－80℃以上；

③ 干冰（固体CO_2）＋乙醇：－72℃以上。

6.4.3 其他常用物品（见表6-2）

表 6-2　试验室其他常用物品

名称	外形	名称	外形
滴定台及滴管夹		移液管架	
瓷舟		试管架	

续表

名　称	外　形	名　称	外　形
坩埚钳		万能夹	
试管夹		坩埚	
酒精喷灯		酒精灯	
弹簧夹		试管刷	
石棉网		布氏漏斗	
烧瓶夹		泥三角	
煤气灯		双顶丝	
比色管架		打孔器	
螺旋夹		研钵	
蒸发皿			

6.5　试验室安全知识

在油料试验工作中，经常接触易燃液体（如汽油、酒精等）、有毒试剂和各种电器设备，如不小心就可能发生失火、爆炸、中毒、触电等事故，造成不应有的损失。为防止事故发生，保证试验工作正常进行，油料检验人员应了解油料及化学试验室的安全操作知识。

6.5.1 油料试验室人员遵守规则

油料试验室人员必须遵守下列规则：

① 试验室内严禁吸烟、饮食和存放食物。

② 试验室内严禁存放大量易燃物品，不准将易燃物品靠近灯火和电加热器。

③ 加热易燃品，应使用电热板、水浴、油浴或沙浴，禁止使用明火加热。蒸馏燃料或挥发性溶剂时，每次不要超过蒸馏烧瓶体积的 2/3。蒸完后再加液体时，必须将火熄灭和使瓶内液体冷却后进行，蒸馏瓶内要加沸石或一端封闭的毛细管，以防突沸。要注意检查系统密封，防止漏气。要保证冷凝水的畅通。加热过程中，要有专人看管，并不得擅自离开。

④ 操作中吸取有毒试剂时（苯等），应使用橡皮球，不得用嘴吸取。凡使用有毒、油烟大或恶臭物质进行试验时，都应在通风柜中进行。

⑤ 撒在地上、桌上的汞可用撒硫黄粉的方法处理。对强酸、强碱要用水冲洗。

⑥ 熟悉试验室内所有电路分布、线路电压和允许的最大负荷。使用电器设备前要了解它的功率、额定电压、电路联接和使用方法，不得盲目接入电源。移动用电设备，要切断电源。禁止用湿手或手持金属材料接触用电设备或开关电源。一切用电设备应有良好的接地线，电线勿沾水和油。为防漏电，用电前要用验电笔进行检查。电路和用电设备发生故障，应切断电源后，才可检修。

⑦ 试验室应备有足够数量的消防器材（如灭火器、沙子、石棉布等），并人人会用。

⑧ 工作完毕应关好水、电、气阀、门、窗等。

6.5.2 一般伤害的救护

试验人员在工作中发生擦伤、割伤、烫伤、试剂灼伤等伤害时，可按下述方法进行救护。

① 表浅皮擦伤：可涂 2.5％的碘酒或 2％的龙胆紫液。

② 割伤：表浅软组织割裂伤，可用生理盐水擦拭出血面，然后用消毒棉浸 75％酒精消毒伤口周围皮肤，加压包扎。如伤口较深出血不止的，可撒止血粉，加压包扎。有玻璃等异物刺入伤口，但未伤及大血管、神经，又易取出者，可以轻轻取出。不易取出的，切勿勉强取出，先止血包扎，速送医院进行治疗。

③ 烫伤和灼伤：未破皮肤的小范围烫伤，局部用 75％酒精消毒后，涂金霉素软膏包扎。面积大而且有水泡的，局部先用酒精消毒后，用消毒纱布或清洁布包扎好，速送医院治疗。不要自行撒用消炎粉或涂紫药水等，以免影响医生观察

创伤面。

④ 试剂灼伤：

强酸：先用水洗净残余溶液，然后再涂覆2％～3％碳酸氢钠溶液及5％～10％鞣酸（丹宁）溶液。

强碱：先用水冲洗后，再用3％硼酸和柠檬酸汁冲洗。

⑤ 试剂溅入眼睛中：先用大量清水冲洗，然后用生理盐水和中和液（酸性物用2％～4％碳酸氢钠溶液，碱性物用3％硼酸溶液）冲洗。

⑥ 触电：在抢救电击伤时，首先应迅速使伤员脱离电源，用不导电的东西（木棒、竹竿等）将电线挑开或立即拉开电闸，切断电源。待断电后进行急救，呼吸停止的，应立即进行人工呼吸，重者迅速送往医院救治。

6.5.3 试剂的使用与保管

(1) 试剂的使用

根据试验要求的准确程度，选择适当等级的试剂，每一试验，使用的试剂等，一般都有规定，应严格按规定要求使用。

盛装试剂的容器要清洁。取用试剂时，瓶塞不应随意乱放。试剂取用完毕，立即盖好。倒取液体试剂时，瓶上的标签要朝上，防止试剂污染标签。

配制溶液时，一次配制的量不宜过多，以免贮存时间过长，性质发生变化。取用溶液时，应充分摇匀，按需要数量取用。取出的试剂/溶液，不许倒回原来的容器中，以防污染。

使用标准溶液，应定期检验它的浓度是否发生变化。

换装固体试剂的玻璃瓶要清洁干燥，换装液体试剂的玻璃瓶，应先洗净，然后用少量要换装的溶液洗涤数次。

(2) 试剂的保管

① 试验用试剂一般可分为酸、碱、盐、有机溶剂四类。贮存时应根据试剂的性质，按一定次序存放。瓶上都应贴有标签，标明试剂的名称、分子式和纯度等级，配制的溶液还应写上浓度和配制的日期。为了防止标签脱落或受药品腐蚀，可在标签上涂一薄层石蜡。

② 对相互接触能引起燃烧、爆炸或灭火方法不同的化学危险品不能混贮在一起。如：强氧化剂与还原剂；强碱与强酸；氰化物与酸性腐蚀物品。

③ 对易挥发的液体，如乙醚、石油醚、丙酮等低沸点有机溶剂，以及硝酸、盐酸、氨水、火棉胶等易挥发试剂，必须注意密封、低温贮存，以防止蒸发损失或污染其他化学试剂。对有机溶剂应尽可能放入地下室或贮于冰箱中。

④ 有些试剂如氯化钙、硅胶等吸收空气中的水分；有些含结晶水的物质如草酸又易失去水分，必须注意密封。

⑤ 遇水燃烧、怕冻、怕晒的化学试剂，禁止在露天、低温、高温等处存放。

⑥ 有些试剂受光作用易发生分解，如硝酸银、硫代硫酸钠等，应保存在暗色玻璃瓶中，药品柜要避免阳光照射。

⑦ 有毒的药品如汞的盐类、氰化物等必须贮于厚壁玻璃瓶中，密闭存放，严加管理，以防中毒。

⑧ 根据试剂的性质选用瓶塞：装碱性试剂应用胶塞，不能用玻璃塞；装强酸性试剂、氧化剂、卤素、汽油、苯等，应用玻璃塞；不能用软木塞和胶塞；装容易挥发的试剂，应用玻璃塞，不能用软木塞。

(3) 试剂的使用安全

使用试剂时应注意安全。在夏天启封原装的氨水、硝酸等易挥发的试剂，应先冷却；配制硫酸溶液，不可将水倒入硫酸中，应将硫酸慢慢倒入水中；倒取易燃试剂，要远离火源；使用铅化物等有毒试剂不要沾在手上，或误入口内；取用强酸强碱时，不要沾到手、衣服和试验台上，以免引起灼伤和损坏衣物。

6.5.4 试验室灭火常识

(1) 试验室引起着火的原因

① 明火的直接作用。
② 与灼热物体的接触。
③ 电气设备和静电引起的火花。
④ 化学反应放热的影响。
⑤ 由于机械原因（撞击、摩擦）致使物体过热或析出。

(2) 灭火常识

① 灭火的条件：移去或隔绝可燃物的来源；冷却燃烧物质，使其温度下降到可燃物质的燃点以下，隔绝一切热源；隔绝空气的来源。

② 灭火方法：

a. 熄灭试验室内燃烧的小火，应考虑已燃物质的性质和所处的环境等具体情况，采用不同的灭火材料。例如：盛放油品的器皿着火，可把器皿的盖子或石棉板、石棉布盖住，使着火的油品与空气隔绝来灭火。撒在试验台等处的少量的易燃液体着火，可用沙土或石棉布等覆盖，使空气与燃烧物隔绝。如果进行蒸馏试验时，蒸馏瓶裂口漏出试油在电炉上燃烧，应立即切断电源，尽快从电炉上取下蒸馏瓶，以减小试油的渗漏量，再用石棉等灭火。特别要注意的是，油品燃烧时，千万不能用水灭火。因为油品的密度小于水，浇水以后使油浮在水面上继续燃烧，并且逐渐扩大燃烧面积。

b. 熄灭衣服上的燃烧的火，可将着火者平放地上，用救火毯或大衣之类物品严密地将整个身体盖住，阻止空气进入衣服。如果没有物品可用于隔绝空气，着火者可在地上滚动，将衣服上的火熄灭。着火者不应慌张地奔跑，否则会因加强气流流向正在燃烧的衣服，使火焰扩大。

c. 设备灭火：常用于灭火的设备有二氧化碳灭火器、泡沫灭火器、干粉灭火器及 1211 灭火器等。

参考文献

[1] 石油产品标准化技术归口单位. 石油和石油产品试验方法国家标准汇编（上、下册）. 北京：中国标准出版社，1998.

[2] 石油产品标准化技术归口单位. 石油和石油产品试验方法行业标准汇编（上、下册）. 北京：中国标准出版社，1993.

[3] 中国石油化工股份有限公司科技开发部. 石油和石油产品试验方法国家标准汇编（上、下册）. 北京：中国标准出版社，2005.

[4] 中国石油化工股份有限公司科技开发部. 石油和石油产品试验方法行业标准汇编（上、下册）. 北京：中国标准出版社，2005.

[5] 中国石油化工股份有限公司科技开发部. 石油和石油产品试验方法国家标准汇编（上、下册）. 北京：中国标准出版社，2010.

[6] 中国石油化工股份有限公司科技开发部. 石油和石油产品试验方法行业标准汇编（上、中、下册）. 北京：中国石化出版社，2010.

[7] 石油化工科学研究院. 石油和石油产品试验方法，部标准第一册. 北京：中国标准出版社，1986.

[8] 《中国航空材料手册》编辑委员会. 航空材料手册，第 10 卷，燃料与润滑材料. 北京：中国标准出版社，2002.

[9] 王丙申，钟昌龄，孙淑华、张澄清等. 石油产品应用指南. 北京：石油工业出版社，2002.

[10] 王祥、周顺行、张波. 石油产品化验仪器使用与维护. 北京：中国石化出版社，2006.

[11] 颜志光. 润滑剂性能测试技术手册. 北京：中国石化出版社，2000.

[12] 孙慧敏，任录锁，荣润芝. 油料测试. 北京：航空非金属材料性能检测人员资格鉴定委员会.

[13] 茂名石油工业公司质量检查科. 石油产品化验基本知识问答. 北京：化学工业出版社，1981.

第二篇 涂 料

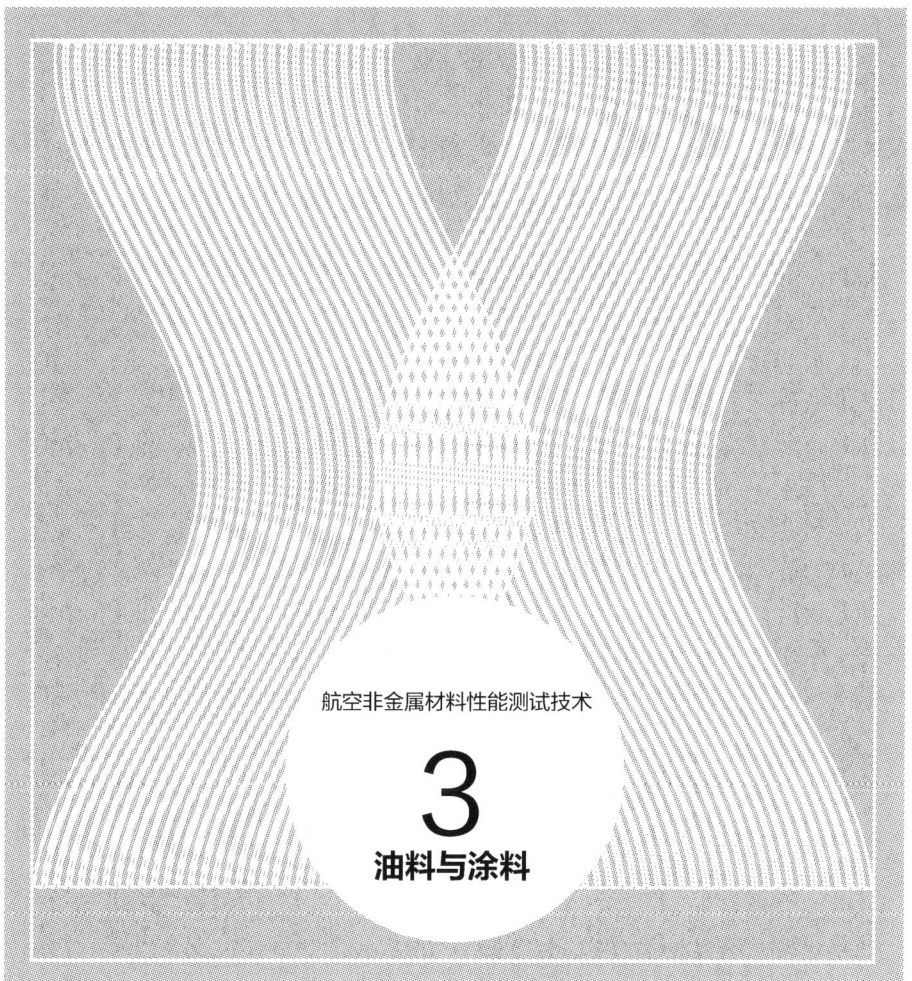

航空非金属材料性能测试技术

3 油料与涂料

7

基础知识

　　涂料，我国传统称为"油漆"，是一种非金属材料。这种材料可以采用不同的施工工艺，涂覆在物体表面上，形成黏附牢固、具有一定强度、连续的固态薄膜。通过施工形成的薄膜称为涂膜，又称漆膜或涂层。在物体表面上涂覆涂料的施工过程称为涂装。

　　涂料对于航空工业来说是一种不可缺少的非金属材料，涂料工业也同样是化工行业中一个重要行业。比较起来，涂料通过施工得到的涂层具有以下优点：a. 能广泛应用在各种不同材质的物件表面，如金属、木材、水泥制品、塑料、皮革、纸、纺织品等。b. 能适应不同性能的要求，能按不同的使用要求配制成不同的品种。c. 使用方便，一般用比较简单的方法和设备就可施工于被涂物件上，得到所需要的涂膜。d. 涂膜易维护和更新，涂膜旧了可以擦去，重涂，部分破损可以修补，这是应用涂料的最大优越性。因而涂料能够得到广泛应用，并得到不断发展。

　　当然，涂料也有不足之处，涂层为有机物质，一般涂膜较薄，多在 1mm 以下，致使其装饰、保护作用有一定局限性，只能在一定时间内发挥一定程度的作用。

7.1 涂料的作用和基本特性

7.1.1 涂料的作用

　　涂料对它所形成的涂膜而言，是涂膜的"半成品"，涂料只有经过使用，即涂覆到物件表面形成涂膜之后才能表现出作用。涂料通过涂膜所起的作用可概括为以下三个方面。

(1) 保护作用 物体暴露在大气之中，受到气体、有机化合物、无机化合物、水分、微生物等的侵蚀，造成金属锈蚀、木材腐朽、水泥风化、有机非金属物品的老化等破坏现象。如果在物件表面涂以涂料，形成一层保护膜，就能够阻止或延迟这些破坏现象的发生和发展，从而延缓材料的性能劣化，使各种材料的使用寿命延长。

(2) 装饰和标志作用 不同材质的物体涂上涂料，利用涂料的不同颜色和光泽，可在物体上起到装饰、伪装和标志作用。

(3) 特种功能作用 除上述作用外，各种不同性质的涂料，在一些特定场合，能够为所涂物件提供一些特定功能。如电绝缘，导电，屏蔽电磁波，防静电等作用；防霉，杀菌，杀虫，防海洋生物黏附等生物化学方面的作用；耐高温，示温，温度标记，防止延燃，烧蚀隔热等热能方面的作用；反射光，发光，吸收和反射红外线，吸收太阳能，屏蔽射线等光学作用；防滑，润滑，耐摩擦，防碎裂飞溅等机械作用；还有防噪声及减振，卫生消毒，防露结，结冰等各种不同作用。特别是在航空工业，涂装后的飞机表面平整光滑，可改善空气动力性能；发动机上使用涂料还可起到封气、封油的作用；特种飞机上涂上反雷达侦察，吸收雷达波的涂料，可避免敌人发现，另外还有防红外线拍照涂料等等。

随着国民经济的发展和科学技术的不断进步，涂料将在更多方面提供和发挥各种更新的特种功能。

7.1.2 涂料的基本特性

航空产品对涂料的要求是由产品所处环境条件决定的。在炎热的湿热地带或者在亚热带地区，气温较高，空气潮湿，涂层必须要经受湿热的考验；沿海地带，空气中含有大量的盐雾，对涂层具有严重的浸蚀作用；而严寒的冬季，涂层还会经受冷、热剧变的冲击；有时，如飞机还会遇到砂石、雨滴、冰雹等的磨蚀，由于飞行时产生的振动和变形，涂层还要受到挠曲等等；此外，涂层还会接触各种有机油料、化学物质。因此，对于航空涂料而言，根据涂料所能发挥的作用及要求，涂料涂覆在物体表面上形成的涂膜一般应具备下列基本特性。

(1) 良好的保护性 即耐湿热、耐盐雾、耐化学介质性。保护性是指涂层阻止腐蚀介质对基材作用的能力。保护性一般基于三个方面的作用。

① 屏蔽作用：即涂层作为屏障，将物体表面与外界环境隔离，阻止腐蚀介质（如水、水蒸气、盐雾、腐蚀性气体等）对金属的作用。屏蔽作用主要与漆膜

的透气性有关，一般说，漆膜透气性越小，屏蔽作用越大。漆膜的透气性主要取决于树脂，加入颜料和填料后可降低漆膜的透气性。

② 缓蚀作用：利用涂料内部的化学组分与金属反应，使金属表面钝化或形成保护膜，阻止渗透的外界介质引起腐蚀。如磷化底漆中的磷酸，可在金属表面形成磷酸盐，并与铬-缩丁醛树脂的配合物联成一体而形成一层防护膜。又如底漆中的铬酸盐，遇水会释放出铬酸离子，在轻金属表面形成钝化膜，可起到缓蚀作用。

③ 电化学作用：利用涂料组分中的某些金属比主体金属电位更负，起牺牲阳极保护作用。如在涂料中使用高纯度锌粉，因为锌的标准电位（-0.76V）比钢更负，能起牺牲阳极保护作用。

(2) 优良的附着强度 附着强度是指涂膜与基体表面间由物理和化学力的作用而结合在一起的牢固程度。附着强度大小主要取决于涂料中聚合物极性基团与基体表面极性基的数量和作用程度。高聚物大分子运动缓慢，极性基不易起作用，因此高聚物（如纤维素酯、聚氯乙烯等）漆膜的附着力较差；而低分子涂料在基体表面则具有良好的吸附作用，低分子在成膜时还能进一步聚合，使漆膜能达到较高的附着强度。

(3) 涂膜外观良好，并易于施工 涂膜一般外观平整光滑，色泽光亮、均匀。涂膜外观颜色是由涂料的组分决定的，主要起装饰、伪装作用；涂膜的光泽取决于选用的树脂，通过调整消光剂，可得到不同的光泽；涂膜的平滑度与涂料中涂料粒子的粗细度及流平性有关；涂膜表面粗糙不仅影响美观，同时也影响涂层的保护性能，对航空飞行器而言，还会影响空气动力。

(4) 对石油液体（燃油、润滑油、液压油）具有一定稳定性 当燃油、润滑油、液压油等液体石油溅落在涂覆的涂层表面或物件表面时，会引起涂膜变软、发黏，甚至剥落。大多数涂料对石油基油类虽有稳定性，但使用合成油以后，漆膜耐有机液体便成为突出问题。如双酯润滑油和磷酸酯抗燃液压油对涂膜的侵蚀性均很大。一些经过改性的硝化纤维、醇酸和丙烯酸面漆能耐双酯润滑油，但不耐磷酸酯油，而环氧漆和聚氨酯漆则具有抗两类油破坏的能力。

(5) 良好的机械物理特性 涂层在使用环境下要经受不同的机械作用或磨损，如飞机在高速流中砂石、雨滴、水电等对涂层的冲击；另外，涂膜作为保护性材料，也需要具备良好的机械强度、硬度、柔韧性以及高耐磨。

(6) 较优的耐气候性 涂料在使用过程中受到自然界中各种因素（如日、光、风雪、雨、温度、湿度、氧气等）的作用，使涂层的物理、化学和力学性能发生不可逆转的变化，最终导致涂层破坏，这种现象称为涂层老化。其破坏特征有失光、粉化、裂纹、起泡、泛白、沾污、长霉、脱落等，所以要求涂料应具备一定的耐气候性能。

7.2 涂料的组成和分类

7.2.1 涂料的组成

涂料要经过施工在物件表面形成涂膜，因而涂料的组成中应包含为完成施工过程和形成涂膜所需要的组分。其中成膜组分是主要的，是每个涂料品种必须含有的，通常称为成膜物质；在带有颜色的涂料中，颜料也是重要组分；为了改善施工性和涂膜性能方面的要求，涂料组分中有时含有助剂和有机溶剂。因此涂料组分中将包括成膜物质、颜料、助剂和溶剂四部分组成。

(1) 成膜物质　成膜物质是构成涂料的基础，是主要组分，其具有粘接其他组分形成涂膜的功能，对涂料和涂膜性质起决定作用。成膜物质按其本身结构与所形成涂膜的结构比较来划分，可分为两大类：非转化型成膜物质和转化型成膜物质。

① 非转化型成膜物质：成膜物质在涂料成膜过程中的组成结构不发生变化，即成膜物质与涂膜组成结构相同，通过涂膜就可以检查出成膜物质原有结构，这类成膜物质称为非转化型成膜物质。非转化型成膜物质一般为热塑性，受热软化，冷却后变硬，并具有可溶解性。

属于这类成膜物质的品种有：a. 天然树脂，包括来源于植物的松香，来源于动物的虫胶，来源于化石的琥珀、柯巴树脂及来源于矿物的沥青等。b. 天然高聚物加工产品，如硝基纤维素、氯化橡胶等。c. 合成的高分子线型聚合物，如过氯乙烯树脂、聚乙酸乙烯树脂等。

② 转化型成膜物质：成膜物质在成膜过程中组成的分子结构发生变化，即成膜物质在形成涂膜时，形成了与其原组成分子结构不相同的涂膜，这类成膜物质称为转化型成膜物质。转化型成膜物质具有可起化学反应的官能团，在热、氧或其他物质的作用下能聚合成与原有组成结构不同的不溶不熔的网状高聚物，即热固性高聚物。

属于这类成膜物质的品种有：a. 干性油和半干性油，主要来源于植物油脂，具有一定数量官能团的低分子化合物。b. 天然漆和漆酚，也属于含有活性基团的低分子化合物。c. 合成聚合物，有很多类型，属于聚合度为 5～15 的低聚合度、低分子量的聚合物、如酚醛树脂、醇酸树脂、聚氨酯预聚物、丙烯酸低聚物等；属于线型高聚物的合成树脂，如热固性丙烯酸树脂等。

目前还有新型聚合物品种在不断发展。现代涂料中很少使用单一品种作为成膜物质，而经常是采用几种树脂，互相补充或互相改性，以达到多方面性能要求。随着科学技术的进步，将会有更多品种的合成材料应用为涂料的成膜物质。

(2) 颜料 颜料是有颜色涂料即通称色漆的一个主要组分。颜料使涂膜呈现色彩,并使涂膜具有一定的遮盖被涂物件的能力,以发挥其装饰和保护作用;颜料还能增强涂膜的机械性能和耐久性能,某些颜料还能为涂膜提供某一种特定功能,如防腐蚀、导电、防延燃等。

颜料一般为微细的粉末状有色物质。将其均匀分散在成膜物质或其溶液或分散体中之后形成色漆,在成为涂膜之后,颜料均匀散布在涂膜中。因此,色漆的涂膜实质上是颜料和成膜物质的固-固分散体。

颜料种类繁多,按其来源可分为天然颜料和合成颜料两类;按化学成分可分为无机颜料和有机颜料;按其在涂料中所起的作用可分为着色颜料和体质颜料(又称填充颜料),防锈颜料和特种颜料。着色颜料是涂料中广泛应用的颜料类型。随着国民经济的发展,特种颜料将占有越来越重要的地位。

(3) 助剂 也称为辅助材料,是涂料的一个组成部分,不能单独成膜,其对涂料或涂膜的某一特性起到改进作用。现代涂料所使用的助剂分为四种。

① 对涂料生产过程发生作用的助剂,如:消泡剂、润滑剂、分散剂、乳化剂等。

② 对涂料贮存过程发生作用的助剂,如:防结皮剂、防沉淀剂等。

③ 对涂料施工成膜过程发生作用的助剂,如:催干剂、固化剂、流平剂、防流挂剂等。

④ 对涂膜性能发生作用的助剂,如:增塑剂、平光剂、消光剂、防霉剂、阻燃剂、防静电剂、紫外光吸收剂等。

助剂在涂料中使用量很少,但能起到的作用的确十分显著。

(4) 溶剂 溶剂是不包括无溶剂涂料在内的各种液态涂料中所必须含有的,是液态涂料完成施工过程所必需的组分,原则上它不构成涂膜,也不应存留在涂膜之中,其作用是使涂料的成膜物质溶解或分散为液态,以便更易于施工成薄膜,而施工后又能从薄膜中挥发至大气中,从而使薄膜形成固态涂膜。

溶剂有烃类溶剂(如脂及烃、芳香烃等)、酯类溶剂(如乙酸乙酯,乙酸戊酯等)、酮类溶剂(如丙酮丁酮、环乙酮等)、醇类溶剂(如乙醇、丁醇等)、萜烯类溶剂(松节油等)。现代涂料中溶剂组分占比例还是很大的,一般达到50%(体积比),有的是在涂料中加入,有的是在涂料施工时加入。一种涂料可以使用一种溶剂品种,也可以使用多个溶剂品种。

溶剂组分虽然主要是将成膜物质变成液态的涂料,但它对涂料的生产、贮存、施工和成膜、涂膜的外观和内在性能都产生重要的影响,因此选择溶剂的品种和用量是不能忽视的。

7.2.2 涂料的分类

涂料的分类有各种各样。如按用途分类为,建筑涂料,船舶用涂料,绝缘涂料，汽车用涂料等；按施工方法分为：刷涂涂料，喷涂涂料，浸涂涂料，淋涂涂料，电泳涂料，滚涂涂料；按成膜机理分为：非转化型涂料和转化型涂料；按涂料使用层次分为：底漆，腻子，面漆；按涂膜状况分为：光漆，半光漆和无光漆等。

各种分类各具特点，但均不能包括所有产品特点。目前我国涂料工业依据国标 GB/T2705—2003 采用以主要成膜物质为基础，若成膜物质为多种树脂，则以在涂膜中起主要作用的一种树脂为基础，共分为 17 类。如表 7-1 所示。

表 7-1 涂料分类及代号表

序号	代号（汉语拼音字母）	发音	成膜物质类别	代表性主要成膜物质
1	Y	衣	油脂	天然动植物油，清油（熟油）合成油
2	T	特	天然树脂	松香及其衍生物，虫胶，乳酪素，动物胶，大漆及其衍生物
3	F	佛	酚醛树脂	纯酚醛树脂，改性酚醛树脂
4	L	勒	沥青	天然沥青，石油沥青，煤焦沥青
5	C	雌	醇酸树脂	甘油醇酸树脂，季戊四醇酸树脂，其他改性醇酸树脂
6	A	啊	氨基树脂	脲醛树脂，三聚氰胺甲醛树脂，聚酰亚胺树脂
7	Q	欺	硝基纤维素酯	硝基纤维素酯
8	M	模	纤维素	乙基纤维，基纤维，羟基纤维，醋酸纤维，醋酸丁酸纤维，其他纤维酯及醚类
9	G	哥	过氯乙烯	过氯乙烯
10	X	希	乙烯	氯乙烯共聚树脂，聚醋酸乙烯及其共聚物，聚乙烯醇缩醛树脂，聚二乙烯乙炔树脂，含氟树脂
11	B	玻	丙烯酸	丙烯酸酯树脂，丙烯酸共聚物，及其改性树脂
12	Z	资	聚酯	饱和聚酯树脂，不饱和聚酯树脂
13	H	喝	环氧树脂	环氧树脂，改性环氧树脂
14	S	思	氨酯	聚氨基甲酸酯
15	W	屋	元素有机聚合物	有机硅、有机钛、有机铝等元素有机聚合物
16	J	基	橡胶	天然橡胶及其衍生物，合成橡胶及其衍生物
17	E	其他	其他	以上 16 类物质之外的成膜物质

7.3 涂料的命名与型号

7.3.1 涂料的命名

按 GB/T2705—2003 涂料命名原则：全名＝颜料或颜色名称＋成膜物质名称＋基本名称。

对于不含颜料的清漆，其全名＝成膜物质名称＋基本名称。

涂料颜色位于最前面。若颜料对涂膜性能起显著作用，则可用颜料的名称代替颜色的名称，仍置于涂料名称的最前面。如：铁红底漆、锌黄底漆。

颜色名称通常由红、蓝、白、黑、绿、紫、棕、灰等颜色，有时加上中、浅、淡等词构成。

如果基料中含有多种成膜物质时，选取起主要作用的一种成膜物质命名。必要时也可选取两种成膜物质命名，主要成膜物质名称在前，次要成膜物质名称在后。例如，红环氧硝基磁漆。

必要时，在成膜物质和基本名称之间，可标明专业用途、特性等，凡是烘烤干燥的漆，名称中都有"烘干"或"烘"字样，如名称中没有"烘干"或"烘"字，即表明该漆是常温干燥或烘烤干燥均可。

基本名称即指那些习惯名称，例如：清漆、调合漆、磁漆、烘漆、底漆等。

对于某些有特殊用途及特性的产品，必要时在成膜物质后加以阐明。如黑醇酸导电漆、丙烯酸标志漆等。

7.3.2 涂料型号

(1) 涂料的型号 为了区别同一类型的各种涂料，在名称之前，必须有型号。涂料型号由三部分组成。第一部分为成膜物质，即涂料类别，用汉语拼音字母表示；第二部分为基本名称，用二位数字表示；第三部分是序号，以区别同一类型的涂料在组分、配方或用途上的不同品种。在第二部分的数字与第三部分的数字之间用短划线（读成"至"）相连，把基本名称代号与序号分开。这种组成的一个型号只表示一个具体涂料品种而不会重复与混淆。

例如：

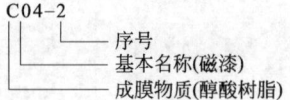

(2) 辅助材料的型号 辅助材料型号分两部分。第一部分是辅助材料种类，代号用字母表示；第二部分是序号，用数字表示。辅助材料种类的代号见表 7-2。

例

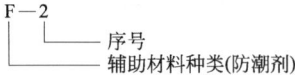

表7-2 辅助材料种类的代号

代 号	辅助材料名称
X	稀释剂
F	防潮剂
G	催干剂
T	脱漆剂
H	固化剂

(3) 涂料基本名称代号 涂料基本名称代号划分是采用00~99二位数字来表示。详见表7-3和表7-4。00~13代表基础品种；14~19代表美术漆；20~29代表轻工用漆；30~39代表绝缘漆；40~49代表船舶漆；50~59代表防腐蚀漆；60~79代表特种漆；80~99备增。

表7-3 涂料基本名称代号

代 号	基 本 名 称	代 号	基 本 名 称	代 号	基 本 名 称
00	清油	22	木器漆	53	防锈漆
01	清漆	23	罐头漆	54	耐油漆
02	厚漆	30	（浸渍）绝缘漆	55	耐水漆
03	调合漆	31	（覆盖）绝缘漆	60	耐火漆
04	磁漆	32	（绝缘）磁漆	61	耐热漆
05	粉末涂料	33	（黏合）绝缘漆	62	示温漆
06	底漆	34	漆包线漆	63	涂布漆
07	腻子	35	硅钢片漆	64	可剥漆
09	大漆	36	电容器漆	66	感光涂料
11	电泳漆	37	电阻漆、电位器漆	67	隔热涂料
12	乳胶漆	38	半导体漆	80	地板漆
13	其他水溶性漆	40	防污漆、防蛆漆	81	单网漆
14	透明漆	41	水线漆	82	锅炉漆
15	斑纹漆	42	甲板漆、甲板防滑漆	83	烟囱漆
16	锤纹漆	43	船壳漆	84	黑板漆
17	皱纹漆	44	船底漆	85	调色漆
18	裂纹漆	50	耐酸漆	86	标志漆、马路划线漆
19	晶纹漆	51	耐碱漆	98	胶液
20	铅笔漆	52	防腐漆	99	其他

表 7-4　涂料产品序号代号

涂料品种		代号	
		自干	烘干
清漆、底漆、腻子		1～29	30 以上
磁漆	有光	1～49	50～59
	半光	60～69	70～79
	无光	80～89	90～99
专业用漆	清漆	1～9	10～29
	有光磁漆	30～49	50～59
	半光磁漆	60～64	65～69
	无光磁漆	70～74	75～79
	底漆	80～89	90～99

7.4　涂料施工

7.4.1　涂料的成膜过程

生产和使用涂料的目的是为了得到符合要求的涂膜，涂料的成膜过程又直接影响涂料是否能够充分发挥其预定的效果，以及各种性能是否能够充分表现出来。

涂料的成膜包括两个过程：①将涂料施工在被涂物件表面；②形成固态的连续的膜层。

涂料涂覆在被涂物件表面上只是完成了涂料成膜的第一步，还要继续形成固态连续涂膜，这才是完成全部的涂料成膜过程。液态涂料施工到被涂物件表面后形成了可流动的液态薄膜层，通称为"湿膜"，它要按照不同的机理，通过不同的方式，变成固态的连续的"干膜"，才能得到所需要的涂膜。这个由"湿膜"变为"干膜"的过程通常称为"干燥"或"固化"。干燥或固化是涂料成膜过程的核心阶段。液态涂料的湿膜变成了干膜，首先发生了形态的变化，即从能流动的液体逐步变为不易流动的固态，所发生的变化也就是流动性或黏度的变化。液态涂料在施工时需要的黏度是和涂料本身的黏度不完全相同的。根据施工方法的不同，涂料通常施工黏度约在 $0.05Pa·s$～$1Pa·s$（泊）之间，因此涂料施工在被涂物件表面后开始得到的"湿膜"的黏度是很低的。而要成为具有一定力学性能的"干膜"时，即通常所说的达到涂膜"全干"阶段时，这时的黏度至少要达到 10Pa·s（泊）以上。任何一种液态涂料的干燥或固化过程都经历黏度的变化过程。"干燥"或"固化"过程的速度（即"干燥速度"）和达到的程度（即"干燥程度"）都是由涂料本身的组成结构、成膜条件（温度、湿度、涂膜厚度等）和被涂物件的材质特性而决定的。

7.4.2 涂料的成膜方式

不同形态和组分的涂料有各自的成膜机理，成膜机理是由涂料所用的成膜物质的性质所决定的。依据成膜机理决定了涂料最佳的施工方式和成膜方式。涂料成膜方式的确定受涂料中各种组分品种和比例的影响。根据涂料现用成膜物质的性质，涂料的成膜方式可分为两大类：由非转化型成膜物质组成的涂料以物理方式成膜，由转化型成膜物质组成的涂料以化学方式成膜。两大类成膜方式中又有不同的形式。现代的涂料大多不是以一种单一的方式成膜，而是依靠多种方式形成最终的涂膜。各种不同的成膜方式需要不同的成膜条件，成膜条件的变化将影响成膜的效率和效果。

(1) 物理成膜方式 包括溶剂或分散介质的挥发成膜和聚合物粒子凝聚两种形式。

① 溶剂或分散介质的挥发成膜：这是溶液型或分散型液态涂料在成膜过程中必须经过的一种形式。液态涂料涂在被涂物件上形成"湿膜"，其中所含有的溶剂或分散介质挥发到大气中，涂膜黏度逐步增加到一定程度而形成固态涂膜。如果成膜物质是非转化型成膜物质，这时就完成了涂料的成膜全过程；如果涂料中还含有转化型的成膜物质，则在溶剂或分散介质挥发的同时还存在化学方式成膜。这种挥发成膜方式是液态溶液型或分散型涂料生产的逆过程。涂膜的干燥速度和干燥程度直接与所用溶剂或分散介质的挥发能力相关联；同时也与溶剂在涂膜中的扩散程度及成膜物质的化学结构、分子量与玻璃化温度有关；也与成膜时的条件和涂膜的厚度有关。如涂料品种中硝酸纤维素涂料、过氯乙烯涂料、沥青涂料、热塑性乙烯树脂涂料、热塑性丙烯酸树脂涂料和虫胶涂料都以溶剂挥发方式成膜。

② 聚合物粒子凝聚成膜：这种成膜方式是涂料依靠其中作为成膜物质的高聚物粒子在一定的条件下互相凝聚而形成连续的固态涂膜。这是分散型涂料的主要成膜方式。含有可挥发性分散介质的分散型涂料，如水乳胶涂料、非水分散型涂料以及有机溶胶等，在分散介质挥发的同时产生高聚物粒子的接近、接触、挤压变形而聚集起来，最后由粒子状态的聚集变为分子状态的聚集而形成连续的涂膜。如果涂料中还含有转化型成膜物质，则在以化学方式形成高聚物后，再通过粒子凝聚而形成涂膜。所谓"水溶性涂料"的成膜就是依靠聚合物粒子凝聚为其主要成膜方式。含有不挥发的分散介质的涂料如塑性溶胶、它的成膜也是由于分

散介质中的高聚物粒子溶胀、凝聚成膜。固态的粉末涂料在受热的条件下通过高聚物粒子热熔、凝聚而成膜,而由热固性树脂组成的粉末涂料在成膜时还要经过化学反应方式成膜过程。

(2) 化学成膜方式 由转化型成膜物质组成的涂料主要依靠化学方式成膜,这种成膜就是涂料中的成膜物质通过施工,成为薄膜状态下聚合成为高聚物涂膜的过程,这是一种特殊形式的高聚物合成方式,它完全遵循高分子合成反应机理。因此涂料的化学成膜方式可以按照高分子聚合机理分为链锁聚合反应成膜和逐步聚合反应成膜两种形式。

1) 链锁聚合反应成膜 现代涂料的链锁聚合反应成膜形式有下列三种。

① 氧化聚合形式:原始的以天然油脂为成膜物质的油脂涂料,以及后来出现的含有油脂组分的天然树脂涂料、酚醛树脂涂料、醇酸树脂涂料和环氧树脂涂料等都是依靠氧化聚合成膜的。

氧化聚合属于自由基链式聚合反应,由于所含油脂组分大多为干性油,即混合的不饱和脂肪酸的甘油酯,通过氧化聚合这种自由基链式聚合反应,在最后可形成网状大分子结构。当然是具有不同的分子量的,因而所得的涂膜是不同分子量的高聚物混合体。

油脂的氧化聚合速度与其所含亚甲基基团数量、位置和氧的传递速度有关。利用钴、锰、铅、锆等金属促进氧的传递,可加速含有干性油组分的涂料成膜。

② 引发剂引发聚合形式:不饱和聚酯涂料是典型的依靠引发剂引发聚合成膜的。不饱和聚酯树脂含有不饱和基团,当引发剂分解产生自由基以后,作用于不饱和基团,产生链式反应而形成大分子的涂膜。

③ 能量引发聚合形式:一些以含共价键的化合物或聚合物为成膜物质的涂料,可以通过能量引发聚合形式而形成涂膜。由于共价键均裂需要较大能量,现代涂料采用了紫外光和辐射能引发作为能量引发的主要形式。以紫外光引发成膜的涂料通称光固化涂料,在光敏剂的存在下,涂料成膜物质的自由基加聚反应进行得非常迅速,涂料可在几分钟内固化成膜,利用电子辐射成膜的涂料通称电子束固化涂料。电子束具有更大的能量,能直接激发含有共价键的单体或聚合物生成自由基,在以秒计的时间内完成加聚反应,从而使涂料固化成膜。电子束固化是目前涂料最快的成膜方式。

2) 逐步聚合反应成膜 依据逐步聚合反应机理成膜的涂料,它们的成膜物质多为分子键上含有反应官能团的低聚物或预聚物,其成膜形式有缩聚反应、氢转移聚合和外加交联剂固化三种形式。

① 缩聚反应形式:以含有可发生缩聚反应官能团成膜物质组成的涂料按照缩聚反应机理成膜,典型的涂料是氨基醇酸树脂涂料。它是通过氨基树脂中的烷氧基与醇酸树脂中的羟基发生缩聚反应,从而形成以体型结构为主的高分子涂

膜，在成膜时有水分子化合物从膜中逸出。氨基聚酯涂料和氨基丙烯酸涂料同样以缩聚反应形式成膜。

② 氢转移聚合反应形式：以含有如氨基、酰胺基、羟甲基、环氧基、异氰酸基可发生氢转移聚合反应官能团成膜物质组成的涂料，按氢转移聚合反应形式成涂膜。在成膜过程中没有水分子化合物生成，所得涂膜以体型结构高聚物为主。有两种类型的涂料以此方式成膜：一种是含有两种不同的官能团成膜物质组成的"自交联型"涂料，如丙烯酸涂料；另一种是由两种或两种以上分别含有不同官能团成膜物质组成的涂料，常见的是胺、酸酐或含官能团树脂固化的环氧树脂涂料和聚氨酯涂料，多为双组分涂料。

③ 外加交联剂固化形式：有些低分子量线型树脂为成膜物质的涂料，可以依靠外加物质与之反应而固化成膜，外加物质可称为交联剂或催化剂。

7.4.3 涂层系统的选择

为了使涂料在产品上具有良好的防护性与较长的使用寿命，必须根据所需涂装零件的材质选择合适的涂层系统。涂层系统主要包括底材的表面处理、底漆、磁漆、清漆部分，对于不平整表面还包括腻子填平，以及镁合金封闭处理。

一个完善的涂层系统，应与材质及使用情况相适应。底漆的作用在于提高涂层对基体的防护性能，同时也要与面漆有良好的结合力，所以应根据基材与事先选用好的面漆来选合适的底漆。而面漆则应按使用部位与环境条件，如内用外用、耐候、耐热、耐油、耐介质、耐冲刷及其他特殊作用等来选取，同时还要考虑它的配套性。按基体材质种类不同，可分为铝合金、镁合金、钢、非金属材料四类涂层系统。

(1) 铝合金涂层系统　铝合金在潮湿的气候及工业大气作用下会产生疏松的腐蚀产物，因此应进行涂装保护。铝合金在涂装涂膜之前，首先要进行化学氧化或阳极氧化处理，以增强抗腐蚀能力和增加涂膜的附着力。阳极氧化一般是在酸性溶液（如硫酸、铬酸）中，通直流电或交流电处理而得，化学氧化是在含碱及碱金属铬酸盐溶液中处理，再进行铬酸充填。

经阳极氧化或化学氧化后，应在24小时内先涂上底漆予以保护，否则影响涂层的附着力。对于不能够进行阳极化或氧化的零件，涂一层磷化底漆也是一种处理办法，但它不能单独起底漆作用。干燥24小时后，再涂一层底漆。在它上面不可涂碱性的胺固化环氧底漆。大多数选用锌黄或锶黄环氧聚酰胺底漆。铝合金外用面漆常采用环氧、丙烯酸、聚氨酯等涂料。

(2) 镁合金涂层系统　镁合金由于高负电位，化学性活泼，极易造成腐蚀，因此要求保护涂层的抗蚀性比用于铝合金的更好，为达此目的，通常，先经化学氧化，然后用重铬酸钾填充处理，在24小时内用环氧酚醛清漆进行封闭，为达到好的防蚀效果，要连续封闭 3 次，接着涂上环氧酯或环氧聚酰胺底漆。为使涂层致密，提高防腐能力，在底漆中加入 3%～5% 的铝粉。面漆可采用环氧酯、聚氨酯、氨基或丙烯酸涂料。

(3) 钢铁涂层系统　钢铁表面在涂覆前必须进行表面处理，大多采用磷化处理，即用磷酸或锰、锌、镉的磷酸盐溶液处理，以得到磷化膜层。磷化膜层多孔，具有良好的吸附性，是涂层的良好的底层。其次可用打磨、吹砂、镀镉、镀锌等处理办法。

底漆用铁红环氧底漆，面漆采用环氧面漆。对于航空发动机耐热部件，多采用加有铝粉的有机硅耐热涂料。

(4) 非金属材料涂层系统　在复合材料、ABS 塑料表面涂装，要求涂料有良好的耐水、耐磨、硬度、色泽鲜艳、光亮丰满、耐候、保光保色性等，飞机表面发白材料（玻璃钢）组件，用胺与聚酰胺固化的环氧清漆作底层，再按使用部件要求，涂丙烯酸、环氧或聚氨酯面漆，个别部位涂弹性好、耐磨的橡胶涂料。对一些 ABS 塑料件，则直接涂丙烯酸透明漆，可以获得光亮丰满、色彩艳丽的涂层。

7.4.4　涂料的施工方法

正确使用涂料的施工方法是发挥涂料功能的重要环节。涂料施工方法很多，各有优缺点，应根据具体条件，尽可能选取优质、高效、节能又污染少的方法。

涂料的施工方法有：刷涂、揩涂、浸涂、滚涂、淋涂、空气喷涂、高压无空气喷涂、静电喷涂、电泳涂、粉末喷涂等。在选择施工方法时，应充分考虑施工物面的材料性能、大小和形状，所用涂料品种特性，涂层质量要求及施工环境、设备、工具条件等。下面介绍几种主要施工方法。

(1) 刷涂　刷涂就是用刷子把涂料均匀地刷涂在物体表面上。该方法最为方便，其优点是节省涂料，工具简便，不受场地大小限制，各种物面适应性强，可用于各种厚漆、调合漆、沥青漆以及其他干性慢的涂料施工，有些底漆（如红丹防锈漆）采用刷涂尤为适合，可增加底漆与钢铁表面的湿润能力，从而提高附着力和防锈性。刷涂工艺的缺点是劳动强度大，生产效率低，涂膜外观会产生刷痕和不均匀的缺陷。对于一般快干性涂料不适应刷涂。

刷涂时，首先要将涂料调至适当黏度，一般以 40s～100s 范围为宜，漆刷蘸少许涂料自上而下，从左到右，先难后易依次进行，最后用漆刷轻轻修饰边缘棱角，使物面形成薄而均匀、光亮平滑的涂层。刷涂时厚薄要适当，过厚容易起皱皮，且附着力不强，过薄容易露底且防护能力差。

(2) 空气喷涂　空气喷涂是利用喷枪，在压缩空气气流的作用下将涂料喷成雾状液，在被涂零件上均匀沉积的一种施工方法。该方法优点是生产效率高，涂层质量均匀，平整光滑。缺点是溶剂和涂料消耗较大，一次喷涂的涂膜较薄，需多次喷涂方可达到要求厚度，另外施工场所漆雾弥漫，影响工人健康，污染环境。

采用该法涂装时，应全部过滤去除粗粒并稀释到适当黏度，一般喷枪与被涂表面距离为 200mm～300mm，压缩空气压力为 0.2MPa～0.4MPa。

(3) 高压无空气喷涂　高压无空气喷涂法与一般喷涂原理不同，涂料是在 20MPa～40MPa 高压下，经过喷嘴小孔 0.2mm～1.0mm 喷出。高压下的涂料离开喷嘴后，立即在大气中膨胀成很细的微粒射到工件表面。它的主要特点是没有一般空气喷涂时发生的大量漆雾飞扬的现象。空气不进入涂料，涂膜内不含有水分、灰尘、杂质，故涂膜性能好。

高压无空气喷涂的优点如下：

① 生产率比一般压缩空气喷涂法提高 10 倍，特别适用于大面积的喷涂。

② 喷涂黏度较高的涂料，获得较厚的涂层，一次喷涂可获得 100μm～300μm 厚度，并能提高涂层的致密性、均匀性及附着力；涂层光滑，耐腐蚀性好。

③ 节约溶剂，降低成本，降低污染，改善劳动条件。

(4) 静电喷涂　静电喷涂是利用高压电场的作用，将涂料喷涂到物体表面。具体地说，就是利用一台直流高压设备——静电发生器（电压高达 10 万伏）产生一个高压静电场，被涂零件周围的电极接高压直流的负极，被涂零件接地线为正极，当喷枪将漆雾喷入静电场后，雾状微粒被感应而带有负电，从而被均匀地吸附到被涂零件表面。

该法是一种较先进的施工方法，与空气喷涂比较，有以下优点：生产效率高，适合流水作业，产品质量好，涂膜均匀完整，附着力好，涂料利用率高，可达 80%～90% 以上，可实现机械化、自动化，大大减轻劳动强度，改善劳动条件。

供静电喷涂使用的涂料应是容易电离或带电的，一般为 (5～50)MΩ/cm。大多数合成树脂涂料都适用静电喷涂，如醇酸、氨基丙烯酸、聚氨酯、聚酯、硝基、过氯乙烯等。

(5) 电泳涂装　电泳涂装是一种新型涂漆工艺，专供电泳漆的施工，与电镀相似，是将被涂漆的零件浸渍于电泳槽内，零件作阳极，槽体作阴极，电泳漆为电解质，两极间通以直流电，带负电的漆料胶体离子向正极被涂物件移动，在其表面放电形成漆膜，电流涂装实际过程比较复杂，它包括电泳、电沉积、电渗电解等过程。

(6) 粉末涂装　该方法也是近期发展的涂装新工艺，它是把不含溶剂的粉末涂料借空气的运送涂覆于部件上，涂后加热熔化并固化成膜。其特点是完全取消了涂料溶剂，涂层性能好，附着力好，是涂料施工技术的一项新突破。粉末法包括流化床涂装、静电法、热焰喷涂。目前用量较大的是环氧树脂粉末。

7.4.5 涂装的施工程序

涂装施工程序一般为：涂装前期准备—涂底漆—填刮腻子—打磨—涂二道底漆—涂面漆—干燥—抛光。可根据表面要求不同，适当增减工序。

(1) 涂装前期准备 一般指被涂覆件的表面准备、涂料准备和施工环境条件。

1) 涂覆件的表面准备 在涂漆前对被涂物体表面进行的一切准备工作，称为被涂物件表面处理，是涂料施工的第一道工序，它包括表面净化和化学处理，即除锈、去油、化学氧化、阳极氧化、磷化、镀锌、镀镉。表面处理的目的是清除表面各种污垢、锈迹，修整、去除表面存在的缺陷，以使涂膜牢固地附着在物体表面，防止金属潜在腐蚀，充分发挥涂膜的装饰和保护作用。

① 除锈：细致地清除钢铁表面锈垢，氧化皮，以增强附着力，延长涂膜的使用寿命。根据钢件表面锈蚀程度，一般采用手工除锈、机械除锈、喷射除锈、火焰除锈、电火花除锈和化学除锈。

手工除锈常用工具有砂布、铲刀、刮刀、钢丝刷和锉等，方法简便，但生产效率低，仅用于局部轻微锈蚀，能除去松动、疏松的锈、氧化皮及其污物。

借助于机械力冲击与摩擦作用，可以清除制件表面氧化皮、锈层、旧涂层及焊渣等。其特点是操作简便，效率比手工除锈有所提高。

利用机械离心力、压缩空气和高压水流等，将磨料钢丸、砂石喷射到制件表面，以冲击和摩擦作用除去锈蚀层、旧漆膜、型砂和焊渣等杂质，喷射除锈分为干、湿喷砂和钢丸喷射（喷丸处理）两类。

化学除锈，通常称为酸洗，是以酸溶液与制件表面锈层发生的化学反应，溶解在酸液中，而达到除锈之目的，常用浸渍、喷射涂覆2种处理方式。

② 除油：去除金属工件表面的油污，可增强各种涂料的附着力。金属工件在生产、贮存过程中一般附有能皂化的动植物油脂，如蓖麻油、牛、羊油等。以及不能皂化的矿物油和凡士林、矿物性机械润滑油等。除去制件表面油污一般采用溶剂清洗、碱液清洗、乳化除油、超声波除油。

溶剂清洗常用溶剂有200号汽油，松节油，三氯乙烯，四氯乙烯，四氯化碳，二氯甲烷，三氯乙烷等。洗涤方式为手工、浸渍、蒸气。靠溶剂的溶解作用清除表面污物，清洗时溶剂不应在表面上自行蒸发干，要用清洁抹布擦干，以免溶解在溶剂中的油污脏物残留在表面上影响清洗质量。

碱液除油是借助于碱或碱式盐化学药品来脱除钢制件表面的油污。

乳化除油或称表面活性剂清洗，是利用表面活性剂的亲油基和亲水基特性，降低表面张力，湿润油污表面，通过分子的热运动，起到乳化、湿润、剥离作用，达到清除表面油污的目的。

超声波除油是根据不同油污在适宜的清洗溶液中引入超声振动，以加速和加强去油作用的一种方法。其目的是提高去油效率。

③ 磷化处理：利用铁、锰、锌、镉的正磷酸盐溶液处理黑色金属制品，在其表面形成一层不溶性磷酸盐保护膜的过程叫磷化处理。所生成的膜可提高金属的抗腐蚀性和绝缘性，并能作为涂料的良好底层处理剂，以提高涂层附着力。

磷化处理的方法有冷磷化（常温磷化）、热磷化、喷涂磷化及电化学磷化等。通常是制件浸入硝酸锌和磷酸锰铁盐所配成的磷化液中进行磷化，使其表面形成一层灰黑色、细结晶和多孔性的磷化膜，然后再浸入重铬酸钾液中钝化，接着进行涂漆。

④ 化学氧化、阳极氧化：化学氧化和阳极氧化处理是铝及铝合金表面处理的两种方法。

阳极氧化一般是在酸性溶液（如硫酸、铬酸）中，通直流电或交流电处理而得。阳极氧化或化学氧化所得的膜层，除具有良好的耐蚀性能外，由于它的多孔性对涂料具有良好的吸附性，作为涂层的基层可增强其附着力。

2）涂料的准备　涂料在施工前应按技术条件进行检验，合格后方可使用。涂漆前应将容器内涂料充分搅拌均匀，用规定的稀释剂稀释到工作黏度，稀释后的涂料用 80 目～120 目铜丝布或相应的其他过滤材料过滤。

对于双组分涂料，首先将基料组分搅匀，然后把固化剂缓慢加入基料中，边加边搅拌，涂料量大时，可机械搅拌，加入后反应一段时间，一般需经半小时后再使用。注意双组分涂料的基料组分与固化剂组分，只能使用同批供应的，不能混批使用。

稀释剂选用时，也要根据涂料中成膜物质的组成加以配套，不可乱用。如果错用稀释剂，往往会造成组分沉淀析出或涂层性能降低等缺陷。

3）施工环境条件　施工现场要保证温湿度条件，一般规定温度在 10℃～30℃范围内，相对湿度不超过 80%。温度过低溶剂挥发慢，容易产生流淌，温度过高，相对湿度大，涂膜易发白、结皮等。

喷漆间要通风良好，涂覆区域或工作场地要处于清洁，干净状态，防止吸入灰尘、污物，影响喷涂质量。

(2) 涂底漆　工件经表面处理后，应涂刷底漆，涂底漆的目的是在被涂物件表面与随后的涂层之间创造良好的结合力，形成涂层坚实基础，并且提高整个涂层的保护作用。

对底漆的性能要求，应与底材有良好的附着力，本身有极好的机械强度，对底材能起保护性能而不起副作用。

涂底漆时一般要注意：底漆颜料组分较高，易沉淀，要注意充分搅匀，涂覆厚度要适当，膜层要均匀、完整，不要有露底或流挂现象，要注意干燥彻底和涂覆工序之间的规定时间，不能提前，也不能超过。

(3) 刮涂腻子 涂过底漆的表面不一定均匀、平整，往往留有细孔、裂缝、针眼以及其他凹凸不平的地方，需涂刮腻子，修饰涂层，改善外观。

腻子层所含填料较多，容易收缩，缺乏柔韧性，特别在温度、湿度变化和腻子层干燥不透的情况下，往往容易开裂、脱落、起泡，所以每次刮涂时要尽量均匀、层薄，力争不刮或少刮，并且要干燥充分。

精细的工程要多次刮涂，每刮完一次要充分干燥，并用砂纸打磨。

(4) 打磨 打磨也是一项重要工序，主要功能是清除毛刺及杂物，清除涂层表面的粗颗粒及杂质，获得一定的平整和需要的粗糙度，增强涂层间的附着力，原则上每一层涂膜都应进行打磨。常用的打磨材料有浮石、刚玉、金砂、硅土、滑石粉、砂布及耐水砂纸等。打磨的方法有干打磨法、湿打磨法、机械打磨法等。

(5) 涂面漆 工件经过涂底漆，刮腻子，打磨修平后涂装面漆，这是完成涂装工艺过程的关键工序，涂面漆要根据表面大小和形状选定施工方法，一般要求涂层要薄厚均匀，涂层的总厚度要根据涂料的层次和具体要求决定。

涂层厚度可用下列公式求出：

$$涂层厚度（\mu m）= \frac{所耗漆量（kg）\times 不挥发分含量}{不挥发分相对密度 \times 涂刷面积（m^2）} \times 100\%$$

为了增强涂层光泽、丰满度，可在涂层最后一道面漆后，再涂一层清漆罩光。涂面漆后必须有足够时间干透后，被涂物件方能投入使用。

7.4.6 涂层的病态及其原因

涂层产生的各种质量问题是由多方面因素造成的，为了预防或减少这些问题的发生，除注意正确合理使用涂料外，还应严格遵守工艺规程。发生质量问题首先要找出原因，然后采取必要的措施。

常见涂层病态及其主要原因和解决办法举例如下。

(1) 涂层不干 主要是由于作用的油料不当，涂装面油污未除尽或储藏过久，催干剂被颜料吸收而影响涂层难干，如蓝、黑、铁红等色最容易发生干性减退现象，一般油性涂料可在施工前补加少量催干剂调和均匀后使用。

(2) 涂层产生粗粒 施工场所环境不清洁或涂料在涂装前未经过滤，有油皮、杂质或颜料粗粒等。

(3) 失光 对于物件表面粗糙，多孔性的材料因部分涂料被吸收，或底漆未干透即涂面漆，表面有水或带碱性，稀释剂太多，涂料中不挥发分太小等。

(4) 露底 主要是涂料内溶剂太多，调和时上下不均匀，涂装时涂层太薄，可在使用前再补涂一次。

(5) 咬底 一般油脂漆、醇酸漆在涂膜未干透时，如遇强溶剂漆，则底漆就会被渗透而膨胀、鼓起；硝基漆或过氯乙烯漆尚未干透前，再涂一层同种漆时，也会发生咬底。若将底层漆彻底干燥，可防止咬底现象。

(6) 起泡 涂层太厚或底漆未完全干透，底漆部分留有小孔隙及木材含有松脂、水分等造成。

(7) 皱纹 涂膜太厚，催干剂太多，或在烈日下直接曝晒，使漆膜干得的不均匀，均会引起皱纹。

(8) 颜色深浅不一 没有充分搅拌均匀，或前后两批颜色有误差，应使用前将涂料互混均匀。

(9) 涂层开裂 底漆未干透或底漆和面漆质量规格不协调，产生伸缩性，有时罩面漆的清漆弹性不好，在漆料中调整油度或注意施工间隔时间，选用合理配套涂料。

(10) 涂层脱皮 物件表面有锈蚀、油污、水分或反面透入涂层中，底漆与面漆未完全干透，遇到水汽，底、面漆配套不合理，附着力不好，底漆涂层过硬。

(11) 涂层发生收缩现象 被涂物面太光滑，底漆光泽太大，被涂面有油污或潮湿，涂层不易黏附而发生收缩，施工场所潮湿、寒冷，或颜料、漆料湿润性不良也容易产生涂层收缩。

7.5 航空涂料的主要品种

7.5.1 醇酸树脂涂料

以醇酸树脂为主要成膜物质的涂料，统称为醇酸树脂涂料。醇酸树脂是由多元醇、多元酸和其他单元酸通过酯化作用缩聚制得（加单元酸是为了改善纯醇酸树脂的不溶和不熔性，以能作为涂料应用）。醇酸树脂实际上是油改性聚酯树脂。

目前生产醇酸树脂最常用的是多元醇甘油，最常用的多元酸是邻苯二甲酸酐。

醇酸涂料所用的溶剂为苯类（甲苯、二甲苯、三甲苯）、松节油或200号溶剂汽油等。

(1) 醇酸树脂涂料的分类 醇酸树脂涂料可按醇酸树脂的组成和特性进行分类。

1) 按改性用油（或脂肪酸）的品种分类

① 干性醇酸树脂：它是用不饱和脂肪酸和干性油或半干性油为主改性制得

的醇酸树脂，能溶于脂肪烃溶剂、松节油或芳香烃溶剂中。有脱水蓖麻油改性、亚麻油改性、大豆油改性、线麻油改性、亚麻油桐油改性等，所用油脂不同，性能亦不同。干性醇酸树脂制成的涂料能在室温下通过空气氧化结膜干燥。

② 不干性醇酸树脂：它是用饱和脂肪酸和不干性油为主改性的醇酸树脂，它本身不能在室温下固化成膜，需要与其他树脂经过加热发生交联反应，才能固化成膜。干后涂膜不会被一般溶剂咬起。通常有蓖麻油改性、椰子油改性、棉籽油改性、合成脂肪酸改性醇酸树脂。

2) 按改性用油的含量分类　根据醇酸树脂中油脂（或脂肪酸）含量的多少，干性或不干性醇酸树脂又有长、中、短油度之分。增加油度能使漆膜的柔韧性变好。

油度是指制造100g树脂所使用的油脂质量数（g）的百分比。油度在45%以下的是短油度醇酸树脂；45%～60%是中油度醇酸树脂；60%以上是长油度醇酸树脂。

(2) 性能与用途

醇酸树脂涂料具有如下优点：a. 漆膜柔韧，附着力好，耐摩擦；b. 涂膜形成牢固的网状结构，耐候性好，不易老化，光泽能持久不退；c. 抗矿物油，抗醇类溶剂良好；d. 可以和许多树脂合用，以改善性能；e. 工艺简便，涂层常温下自然干燥。

主要缺点：a. 干结成膜较快，但干透时间较长；b. 耐水性，耐碱性，防湿热，防盐雾，防霉菌性能差。

醇酸涂料用途广泛，由于防大气曝晒性能好，适用于作户外各种结构用漆。由于涂膜坚韧光亮，可用作室内外各种器具的装饰用漆，适用于涂饰各种金属内外表面，也可用于木材表面。

7.5.2　氨基涂料

氨基涂料是以氨基树脂和醇酸树脂为主要成膜物质的涂料。氨基树脂是热固性的，在加热烘烤的情况下，可以进一步缩聚反应而交联固化成膜，但这样的涂膜很脆，附着力也很弱，不适合作一般涂料使用，而要和其他树脂配合使用。最常用的是和醇酸树脂合用制成氨基醇酸烘干涂料，既增加了氨基树脂的韧性，同时也提高了醇酸树脂的硬度。

在氨基树脂涂料的组成中，根据氨基树脂与醇酸树脂不同用量比例，氨基涂料可分为以下三类：

高氨基树脂涂料（醇酸氨基=1～2.5∶1）

中氨基树脂涂料（醇酸氨基=2.5～5∶1）

低氨基树脂涂料（醇酸氨基=5～9∶1）

氨基含量越高，涂膜的光泽、硬度、耐油、绝缘性能就越好；但脆性增大，成本增高，附着力变差。低氨基品种性能较差，一般中氨基含量的涂料获得广泛应用。除醇酸树脂外，与氨基树脂混溶的物质还有很多，如硝化棉、环氧树脂、甲基丙烯酸树脂等。

氨基涂料一般采用的溶剂为丁醇和二甲苯，比例为1∶4（或1∶3或3∶7）。

为改善涂膜的流平性和外观及减少针孔麻点，可加入微量甲基硅油，用量为十万分之二至五。

(1) 氨基涂料的性能与用途

氨基涂料的特点：a. 涂膜坚韧，弹性好，附着力好，机械强度高；b. 色彩鲜艳，涂膜光亮、丰满；c. 耐候性好，抗粉化，抗龟裂；d. 具有一定的耐水，耐油和耐磨性能；e. 良好的电绝缘性。

不足之处：不加热不能成膜，涂膜必须烘烤，一般烘烤温度为100℃～120℃，烘烤时间为2h。

氨基涂料用于各种具有烘烤条件的金属轻工、机电等产品，作为装饰性用漆。

(2) 氨基涂料的主要品种

① 清漆：氨基清漆含氨基树脂较高，如A01-1、A01-2氨基烘漆，其涂膜坚硬、光亮，色浅有良好的附着力和耐油性。作为自行车、摩托车等各色氨基烘漆与环氧烘漆罩光用。A14-1各色氨基透明漆是在氨基清漆中加入醇溶性颜料制成，漆膜美丽鲜艳，光亮，耐油，耐水，它是各种透明罩光面漆中质量较好，用量较多的品种之一。

② 烘漆：氨基烘漆又叫氨基磁漆，它是高级烘漆之一，又分为有光、半光与无光三种。有光烘漆含颜料少，有良好的附着力与耐水、耐汽油、耐机油与耐磨性，漆膜颜色鲜艳、光亮、丰满，及X06-2磷化底漆及H06-2环氧底漆配套使用，可以达到防霉、防潮与防盐雾要求。生产中常用的有A04-9各色氨基烘漆与A04-81各色氨基无光烘漆。

③ 绝缘漆：氨基绝缘漆由于组成不同，用料不同，可分为氨基醇酸绝缘漆与聚酰亚胺绝缘漆两类。A30-11、A30-12氨基醇酸绝缘漆应用较多，具有较好的耐油性、耐电弧性、附着力与干透性，适用于各种电机电器绕组绝缘，作B级绝缘材料。A30 11的击穿强度与耐热性优于A30-12、A34-1聚酰胺漆包线烘漆，它用于高温环境下特种电机，电器用绝缘漆作B级绝缘材料。

7.5.3 硝基涂料

硝基漆（硝化纤维素漆）是一种挥发型涂料，通过漆中溶剂挥发而干燥成膜，在成膜过程中成膜物质的分子结构无明显化学变化。

硝基涂料是以硝化棉（硝化纤维酯）为主体，再加上合成树脂、增韧剂、溶剂等制成。

硝化棉：是主要成膜物质，是由硝酸与纤维素作用后生成的酯。硝化程度不同，含氮量亦不同。故用途不同。用作涂料的硝酸纤维酯的含氮量为11%～12.4%。其黏度与分子量的大小有关。高黏度硝化棉具有良好的机械性能及弹性，低黏度硝化棉涂膜坚硬。

合成树脂：加入一些合成树脂是为了改善硝化棉性质脆、附着力差的缺陷，以增强涂膜的光泽、附着力和某些特殊性能。如加入醇酸树脂、氨基树脂、丙烯酸树脂可增加涂膜户外耐久性；加入环氧酯可提高耐化学性，尤其是耐碱性。此外还可用环氧树脂、酚醛树脂、松香甘油酯及其他树脂改性。

增韧剂：用来改善涂膜的柔韧性和附着力，提高光泽。常用的增韧剂有苯二甲酸二丁酯、磷酸三苯酯、磷酸三丁酯以及植物油类等。

溶剂：它是挥发部分主要成分，具有溶解硝化棉的能力。常用的溶剂有酮类、酯类、醇、醚混合物等。

(1) 硝基涂料的性能与用途

硝基涂料的优点：干燥速度快（可在10min～20min内干燥成膜），施工周期短，易于修补与保养；涂膜光泽较好，坚硬耐磨，可擦蜡打光，是一种装饰性能良好，被广泛使用的涂料；可采用各种施工方法，用于各种底层上。

缺点：涂料中成膜物含量低，必须喷涂多次才可达到理想厚度；涂膜的耐水性、耐化学性以及耐溶剂性不够好；施工中溶剂挥发，既污染环境，又造成浪费，而且需要良好的通风设施；硝基涂料价格较高，一般应用在交通车辆、机器设备、航空仪表、航空蒙布、木器家具等方面。

(2) 硝基涂料的主要品种

① 硝基清漆：一般不耐晒。当加入耐久性较好的油改性醇酸树脂等，可制成良好光泽与较好耐久性清漆，如Q01-1硝基清漆，它可用于木器与金属表面涂装或硝基外用磁漆的罩光。

② 硝基磁漆：又分为内用和外用两种。

外用磁漆是加入了附着力好的醇酸树脂和硬度较高的氨基树脂，并采用了不易泛黄的邻苯二甲酸二丁酯为增韧剂与耐候性好的颜料制成。它的涂膜干燥快，外观平整光亮，耐候性较好，能够用砂蜡打磨。它主要用于各种交通车辆、机床、机器设备上作保护装饰。如Q04-2、Q04-34。

内用磁漆习惯上又叫喷漆，其中硝化棉用量比外用磁漆少，使用改性松香增加其硬度与光泽，常用蓖麻油作增韧剂。虽耐候性不好、耐光性较差，但漆膜光亮、坚韧，可以打磨抛光，适用于室内物件家具、仪表仪器涂装。如Q04-3各色硝基内用磁漆与Q04-32各色硝基半光磁漆等。

③ 硝基底漆与腻子：干燥快，适用于应急修理。但它与金属表面的附着力差，故一般少用。

④ 特种硝基漆：如用于航空仪表、车辆及黄铜刻度盘等含金表面涂敷用的 Q04-6；各色硝基半光磁漆；用于有色金属制品罩光或作仪器仪表标志的 Q14-1 与 Q14-31 各色硝基透明漆；用于飞机蒙布涂装以提高蒙布抗张强度用的 Q63-21 硝基涂布清漆。

7.5.4 过氯乙烯涂料

过氯乙烯涂料是以过氯乙烯树脂为主要成膜物质的涂料，是一种新型挥发型涂料，由过氯乙烯树脂、合成树脂、增韧剂、稳定剂及溶剂组成。

过氯乙烯树脂是主要成膜物质。该涂料用过氯乙烯树脂的含氯量一般为 61%～65%。原料来自化学合成，资源丰富，成本低。

为改进涂膜性能，需加入适量其他树脂。常用的合成树脂有各种植物油改性的中长油度醇酸树脂、顺丁烯二酸酐树脂、酚醛树脂和聚氨酯等。

稳定剂：过氯乙烯树脂在光和热的影响下易分解出氯化氢和脱氯，加入稳定剂可以阻止树脂分解，从而延长涂膜寿命。稳定剂分为热稳定剂和光稳定剂。

热稳定剂常用蓖麻油酸钡、低碳酸钡、环氧氯丙烷和一些低分子量的环氧树脂，使用量为过氯乙烯树脂的 4%。

光稳定剂常用紫外线吸收剂 2-羟基-4-甲氧基二苯甲酮。

增韧剂主要用来增加涂膜的柔韧性，常用的增韧剂有邻苯二甲酸二丁酯、磷酸三甲酚酯、氯化石蜡、五氯联苯等。用量不宜过多，通常为树脂质量的 20%～40%。

(1) 过氯乙烯涂料的性能与用途

过氯乙烯涂料的优点：干燥快，施工方便，施工周期短；涂膜保光性、耐候性好；优良的化学稳定性，耐酸、耐碱、耐水、耐各种油液，良好的"三防"性能；防延燃性好，能阻止火焰迅速蔓延。

缺点：附着力较差；耐热性差，145℃以上很快分解，一般宜在低于 60℃ 温度使用。

过氯乙烯涂料可用来喷涂飞机蒙布表面，可作为各种设备内外表面的防腐蚀涂料使用。

(2) 过氯乙烯涂料的主要品种

① 过氯乙烯防腐涂料：包括防腐底漆，各色磁漆及清漆，如 G06-4 铁红（锌黄）过氯乙烯底漆，G52-1 各色过氯乙烯防腐漆，G52-2 过氯乙烯防腐清漆，配套使用具有良好的耐酸、碱、化工气体腐蚀性和力学性能，多用于化工设备及建筑物。

② 过氯乙烯涂料：过氯乙烯中加入耐光性好的颜料如钛白、炭黑、氧化铁、永固红、铝粉等。可使涂膜在户外大气中曝晒不易粉化、失光和变色，如 G04-9 各

色外用过氯乙烯磁漆和 G01-5 过氯乙烯清漆，具有良好的装饰性和户外耐久性。

7.5.5 丙烯酸涂料

丙烯酸涂料具有极宝贵的性能，如无色透明、耐候、耐寒以及高温下不泛黄等，因此是一种较新型的优良装饰性涂料。

丙烯酸涂料是由丙烯酸树脂溶解于溶剂中调配而成。除丙烯酸树脂作主要成膜物质外，还可加入适量的其他树脂为辅助成膜物质来改善涂膜的性能。例如，加入少量三聚氰胺甲醛树脂可改进涂膜耐热、耐油、硬度及附着力。加入增韧剂（苯二甲酸二丁酯与磷酸三甲酚酯）可提高涂膜的柔韧性及附着力。

丙烯酸涂料溶剂为酯、酮、苯类或酯、酮、苯的混合溶剂。

热固性丙烯酸涂料还要加入适当的交联剂。

(1) 丙烯酸涂料的性能与用途

丙烯酸涂料有如下特性：a. 具有优良的色泽，良好的保色，保光性能；b. 耐热性好，热塑性丙烯酸涂料可在 180℃ 以下使用，热固性涂料耐热性更好；c. 耐化学性能好，可耐一般的酸、碱、醇和油脂；d. 突出的"三防"（防潮湿，防盐雾，防霉菌）性能。

缺点：a. 易粉化，耐候性欠佳；b. 热塑性涂膜的耐溶剂性，耐汽油性差。

丙烯酸涂料是一种优良的装饰涂料，适用于东南沿海及湿热地区。可用于飞机表面，各种铝合金及其他轻金属表面，钢铁表面。

(2) 丙烯酸涂料的主要品种

① 热塑性丙烯酸涂料：其树脂是一种线型结构的高分子，不含活性官能团，加热软化，不会自己或与其他外加树脂交联成体型结构，冷却后仍恢复原状。这类涂料常常是底漆、磁漆、清漆配套使用，也可与挥发型其他类涂料相配套。它对铝、镁合金有良好的附着力；耐水、耐候性、防霉性能良好，广泛用于保护铝、镁合金表面，如 B06-1 锶黄锌黄丙烯酸底漆和 B06-2 锶黄丙烯酸底漆，则作为铝、镁合金的防锈打底；B04-6 白丙烯酸磁漆，常喷涂于飞机与导弹表面，也可涂于涂过胶的玻璃钢表面；常用的 B01-5、B01-6、B01-15 丙烯酸清漆，均可为丙烯酸磁漆的罩光用，同时也可以单独在经阳极化处理的铝合金表面作底层或表面涂装。

② 热固性丙烯酸涂料：其树脂分子结构中带有活性官能团，能在加热或加交联剂后交联固化，形成不溶、不熔的体型结构高分子，称为烘漆。交联剂可以在制漆时加入，也可以在施工应用前加入（双组分包装）。加热干燥可提高涂膜的耐化学性。涂膜于 140℃ 下烘干固化，在加热烘烤情况下进一步缩聚反应而交联固化成膜。

热固性丙烯酸涂料涂层坚韧耐磨，耐候性、防霉性、附着力好。如 B01-4 丙烯酸清漆，B05-4 丙烯酸烘漆，B16-1 丙烯酸锤纹漆等。热固性丙烯酸涂料一般均用来代替氨基烘漆,并逐步代替热塑性丙烯酸涂料用于航空产品的涂装。

7.5.6 环氧涂料

环氧涂料具有很多独特的性能,是一种优良的防腐蚀涂料,被广泛用于国防工业和民用工业上。这类涂料发展迅速,品种繁多,产量亦日趋增加。

目前涂料工业最常用的环氧树脂是双酚 A 型环氧树脂,即由环氧氯丙烷和二酚基丙烷在碱催化作用下缩聚而成的高分子化合物。平均分子量一般在300~7000。随着分子量的增加,环氧树脂从呈液态到软化点逐渐提高的固态。

环氧涂料是由环氧树脂加固化剂和其他成分组成的。环氧树脂是热塑性树脂,本身不能固化,必须加入固化剂或其他树脂,通过聚合物末端的环氧基、羟基来完成交联或固化,形成一个非常坚韧而且高度稳定的热固性树脂。因此,环氧树脂涂料大多数为双组分涂料。

环氧树脂涂料用固化剂可分为胺类、有机酸、酸酐类及其他树脂。胺类能在室温固化,为冷固型涂料;有机酸、酸酐或酚醛树脂等在加热时才能起交联作用,为烘烤型涂料。涂料中大多数采用胺类固化剂。

环氧涂料采用7:3的二甲苯-正丁醇为混合稀释剂。对于黏度较高的无溶剂涂料,加入一定量(为环氧树脂的5%~20%)的活性稀释剂,如异辛基缩水甘油醚等。

为改善环氧涂料的流平性,可加入10%的二丙酮醇。

(1) 环氧涂料的性能与用途

环氧涂料的优点:a. 优良的耐化学品性能,尤其是耐碱性强;b. 有很好的附着力;c. 涂膜坚韧,机械强度高;d. 较好的热稳定性,电绝缘性;e. 保色性能好,性质稳定。

缺点:a. 耐候性差、易粉化、流平性较差;b. 因结构中含有羟基,耐水性不佳;c. 双组分,使用不便,有毒性。

环氧涂料不宜作户外用漆和高级装饰性用漆,通常作防腐蚀用,一般用作飞机、汽车、机器、家具等的底漆,以及电工绝缘漆等。

(2) 环氧涂料的主要品种

① 胺固化型环氧涂料:是以多元胺、聚酰胺或胺的加成物固化环氧树脂,为双组分涂料,现用现配,能常温干燥。如 H01-1、H04-1、H04-5、H06-4、H41-4、H52-3、H07-6、环氧腻子等,固化温度通常应在15℃以上,否则难以固化。此类涂料在施工时易出现结皮、麻点及空隙等缺陷,但涂膜坚硬、附着力强、耐化学性好,常用作飞机内用涂料。

② 酯化型环氧涂料——环氧酯漆:环氧酯是由环氧树脂中的环氧基与不饱和酸(或饱和酸)混合在一起,加热到200℃~300℃回流酯化而制得。酯化的

环氧涂料与醇酸涂料一样，结合力强，韧性好，成本低又是单组分涂料，施工方便，目前是环氧涂料中用量最大的一种。但耐碱性差，耐腐蚀性比未酯化的差。主要用作底漆。这类涂料有 H05-4 各色环氧酯无光烘漆，H05-6 各色环氧酯烘漆，H06-2 铁红，锌黄环氧酯底漆，H07-5 各色环氧酯腻子。

③ 合成树脂固化环氧涂料：环氧树脂可以和许多涂料用的合成树脂并用，制成单包装涂料，经高温烘烤交联成不溶、不熔的涂膜。这类涂料具有优异的耐化学性，良好的机械性能，突出的防腐蚀性，但必须高温烘烤。一般能拼用的合成树脂有酚醛树脂、脲醛树脂、三聚氰胺甲醛树脂、醇酸树脂、聚氨酯与有机硅树脂等，采用不同配方可制成性能和用途不同的涂料。如 H06-1 铁红，锌黄环氧氨基烘干底漆，H61-32 各色环氧有机硅耐热磁漆，H61-33 各色环氧有机硅耐热底漆与 H61-1 铝色环氧有机硅聚酰胺耐热漆等。

④ 无溶剂环氧涂料：这类涂料不含挥发型溶剂，所用环氧树脂是液态的，黏度较低，国产有 618、6101 等环氧树脂。其优点是因无溶剂，消除了中毒和火灾的危险；涂膜致密坚韧，有良好的耐蚀性、耐磨、耐溶剂性；涂层收缩性小，一道涂装可以很厚，提高了工效。缺点是涂膜较脆，耐冲击欠佳；但因活性大，贮存稳定性差，多用于绝缘与防腐，如 H30-1 环氧绝缘漆。

⑤ 环氧粉末涂料：其组成是环氧树脂、固化剂、增韧剂、填充剂和着色颜料。按配比混合并粉碎，采用静电喷涂法施工。其优点是不用溶剂，减少污染，中毒和着火的危险，一次可获得很厚的涂膜，涂膜致密韧性好，漂亮，丰满，附着力好。其缺点是施工工艺比较复杂，而且耐高温烘烤。由于无缓蚀性底漆，防腐性能一般。

7.5.7　聚氨酯涂料

聚氨酯是聚氨基甲酸酯的简称，它是以多异氰酸酯和多羟基化合物反应而制得。这类涂料的基本原料是异氰酸酯，其活性大，能与含有活泼氢原子的化合物进行反应。与异氰酸酯反应生成聚氨酯的是含羟基的化合物。常用的异氰酸酯有芳香族多异氰酸酯和脂肪多异氰酸酯，如二异氰酸酯甲苯（TDI）、二苯甲烷二异氰酯（MDI）、六亚甲基二异氰酸酯（HDI）、多亚甲基多异氰酸酯（PAPI）。常用的多羟基化合物有聚酯、聚醚和蓖麻油。

聚氨酯涂料为多组分（或双组分）涂料，由于异氰酸酯单体，特别是芳香族的甲苯二异氰酸酯有一定的毒性，通常把异氰酸酯与多元醇或植物油反应生成异氰、酸酯加成物或预聚物，而不直接采用异氰酸酯单体来制漆。加成物或预聚物上还有部分游离的异氰酸基，作为漆的甲组分，乙组分为含羟基的化合物。

聚氨酯涂料溶剂用无水的酯类（如醋酸乙酯或醋酸丁酯）和无水二甲苯的混合液，加少量环己酮，如 1：1 的二甲苯-醋酸丁酯或 4：4：2 的二甲苯醋酸丁酯-环己酮混合液。

为改善流平性可加流平剂,如醋酸丁酸纤维素,流平效果较好。

(1) 聚氨酯涂料的性能与用途

聚氨酯涂料的优点：a. 涂膜坚硬,耐磨性强,飞机表面涂装后,可承受高速气流的强烈冲击,能耐恶劣大气条件下的风雨侵蚀；b. 涂料附着力强,外观丰满光亮,装饰性好；c. 具有优异的耐酸碱、耐溶剂、耐油、耐水性能；d. 尤其是耐温交变性能优异可在$-40℃\sim+120℃$条件下使用。

聚氨酯涂料的缺点：a. 涂料的质量高,但对水分和潮气敏感性极强,所以在施工操作和保管过程中应谨慎对待,严格干燥,否则涂料稳定性差,会引起层间剥离和起泡等；b. 芳香族聚氨酯涂料的最大缺点是保光保色性差,不宜作装饰用涂料,只有脂肪族聚氨酯涂料的保光保色性较好；c. 异氰酸酯对人体有刺激作用,故应注意劳动保护,加强通风。

聚氨酯涂料可用作飞机表面耐高速气流冲刷,发动机匣壳体与压气机叶片表面防护涂装。可用于地板漆,化工设备的防腐蚀涂料和其他交通工具,仪器仪表的装饰防护涂料,亦可用于雷达罩和复合材料涂层。

(2) 聚氨酯涂料的主要品种

① 羟基固化型聚氨酯涂料：这类涂料一般为双组分,一个组分是带有羟基(-OH)的聚酯、聚醚、环氧树脂等；另一组分为带有异氰酸基(-NCO)的加成物或预聚物。使用时将二组分按一定比例混合,利用-OH与-NCO反应,生成聚氨酯涂料。

羟基固化聚氨酯涂料有清漆、底漆、磁漆等配套产品,品种多,应用广。它使用的溶剂要求较高,需无水强溶剂,且不含醇类,可常温干燥,亦能烘烤,烘烤后涂膜性能优于常温干燥。如S01-20聚氨酯清漆,S04-20聚氨酯各色磁漆,S06-20聚氨酯底漆。

这类涂料的性能决定于-OH与-NCO的类型及二者的比例。

② 催化固化聚氨酯涂料：以多异氰酸酯的蓖麻油或其双酯的预聚物为一组分,催化剂二甲基乙醇胺为另一组分。它是在催化剂的作用下,游离的异氰酸酯与空气中水分反应而固化成膜。这类涂料附着力较好,使用方便,耐磨,耐水,光泽好,适合于制成地板漆、甲板漆、家具漆。

③ 封闭型聚氨酯涂料：将多异氰酸酯或其加成物的异氰酸根用苯酸或己内酰胺暂时封闭,再加入多羟基的聚酯或聚醚所制得单包装封闭型聚氨酯涂料,室温下不起反应,涂膜经一定高温烘烤时,苯酸挥发,释放出游离异氰酸基,再与羟基反应生成涂膜。由于封闭了异氰酸根,减低了毒性,便于贮存。但涂膜受热分解时放出苯酸气味。涂膜力学性能与绝缘性能好,主要用于涂覆漆包线。

④ 潮气固化型聚氨酯涂料：用多异酸酯与多羟基化合物反应,保留过量的活性异氰酸基与空气中水分作用形成脲键而固化成膜。该涂料的最大特点是可以在空

气湿度较大的环境下施工固化，为优良的自干性涂料。涂膜坚韧，致密，耐磨，耐化学腐蚀，并具有良好的抗污染性，可用作核辐射保护层，多制作地板漆。

7.5.8 有机硅涂料

有机硅涂料是元素有机漆的一种，其主要组分有机硅树脂中除含碳、氢、氧元素外，还含硅元素。从组成、结构、性质来看，它们具有一般无机物质的性能，又带有有机高分子化合物的性质。有机硅树脂主链由-Si-O-Si-O-键构成，由于 Si-O 键键能较大，所以有机硅树脂具有很高的耐热性和化学稳定性，还具有优良的耐水性、绝缘性、耐寒性及耐腐蚀性等。

有机硅涂料是用有机硅树脂为主要成膜物的涂料，其有机硅树脂一般是以甲基氯硅烷单体经水解、浓缩、缩聚等步骤而制成。树脂聚合度的大小，选择的有机基团的种类及含量对有机硅涂料性能有很大影响。

改性有机硅涂料的主要成膜物质除有机硅树脂外，还有其他改性树脂，如环氧树脂醇酸树脂、聚酯树脂、酚醛树脂、丙烯酸树脂等。

有机硅涂料的稀释剂一般为二甲苯，有时也可用甲苯（或二甲苯）与丁醇的混合溶剂。

有机硅涂料所用颜料必须是耐温的，在高温时（200℃以上）不会受热破坏变色，不会影响有机硅树脂的热稳定性，即不会降低其耐老化性能。

（1）有机硅涂料的性能与用途

有机硅涂料的特点：a. 耐高温，可以在 200℃下长期使用，加入耐高温颜料和铝粉后耐热达 400℃～500℃，特殊的漆耐热可达 800℃～900℃；b. 耐寒性能好，纯有机硅涂料的耐寒性一般为－50℃左右，耐聚酯改性的有机硅漆 W31-1 可耐－80℃以下；c. 耐化学腐蚀，对酸、碱、盐及一些腐蚀性气体和溶剂有抵抗力；d. 电性能、绝缘电阻、抗电弧等方面均十分优越。

不足之处：a. 纯有机硅涂料的机械强度差，附着力差；b. 固化温度高，烘干时间较长。

有机硅涂料主要用作耐高温部件，电气设备作绝缘漆。

（2）有机硅涂料的主要品种

① 纯有机硅树脂涂料：它是纯有机硅树脂溶于二甲苯中配制而成的。具有良好的耐热性，较好的绝缘防潮性、憎水性，但机械强度和附着力欠佳。如 W30-1 有机硅绝缘烘漆。

② 改性有机硅涂料：改性有机硅涂料又分为冷混型、共缩聚型与共缩聚冷混型有机硅涂料。

冷混型有机硅涂料是在有机硅树脂中，加入酚醛、氨基、醇酸、环氧、聚酯、乙基纤维素等，其目的是提高机械强度，降低固化温度。如 W61-22、W61-

27各色有机硅耐热漆，W61-25、W61-55铝粉有机硅耐热烘漆，它们用于航空发动机外壳及其耐高温金属表面涂覆。

共缩聚型有机硅涂料是用含有活性基团的有机硅中间体，与其他树脂共缩聚。共缩聚型涂料的耐溶剂性、保色性、附着力和柔韧性比冷混型涂料好，耐热性介于有机硅树脂和其他树脂之间，如W30-3有机硅绝缘漆。

共缩聚冷混型有机硅涂料是用有机硅单体与其他树脂共缩聚后，再与其他树脂冷混，以此改善某一性能，同时具有两类漆的特性，如W61-1与W61-31铝粉有机硅耐热磁漆，可耐300℃～400℃高温，涂层刷完后两小时即可干燥，有良好的三防性能、附着力与柔韧性，用于航空发动机外表面涂覆。

7.5.9 特种涂料

(1) 雷达罩用涂料　雷达罩用涂料是用来保护雷达罩使之不受高速气流、砂石、雨滴和冰雹的直接冲击而造成损伤。其中尤以抗雨蚀能力最为重要。涂料的抗雨蚀性，主要取决于涂料中基料的性能。雷达罩用涂料有树脂型和橡胶型两类。树脂型涂料主要包括酚醛、过氯乙烯、丙烯酸和环氧树脂等品种，这类涂层比较硬脆，耐磨性差；橡胶型涂料有氯丁橡胶、弹性聚氨酯、氟橡胶等，它们韧性好耐磨性较高。

(2) 伪装涂料　飞机表面伪装主要是用反可见光近红外线涂料，它要求涂层除了一般性能外，还要满足以下基本要求：和背景相适应的光学性能，即涂层与背景光谱反射曲线接近；涂层颜色对不良天气和各类油料应是稳定的，在光照影响下涂层颜色不能发生变化；涂层应无光泽。

伪装涂料的光学性能主要取决于着色颜料和体质颜料，但树脂基料的选择也很重要。当前多采用丙烯酸树脂作为基料，其优点是易于制成无光涂层，漆膜干燥快；也有用聚氨酯涂料的。

随着侦查技术的不但提高，研制反红外和反雷达侦查伪装涂料已成为当前的研究课题。

(3) 封严涂料　封严涂料用于发动机压气匣和静子半环以及轴套等部位，以缩小转动部件与静止部件之间的间隙，减少压缩气流的损失和防止滑油漏失，达到封气、封油，提高发动机功率，降低燃油消耗的目的。

封严涂层应具有很高的附着强度和自身强度，在运转零件摩擦刮削和高速气流冲击下，涂层不产生裂纹、掉块、脱落现象。但是涂层又不能太硬，以免零件受到磨损。

封严涂料主要有基料和填料组成，根据使用部位不同，可分为低温（200℃以下）封严涂料和高温（300℃）封严涂料两种。前者所用基料有醇酸、沥青、和环氧树脂等，大多数用滑石粉为填料；后者以有机硅树脂或改性有机硅树脂为基料，填料大多用石墨、云母粉、滑石粉等。

8 涂料的物理和化学性能测试

8.1 涂料产品取样

涂料产品的取样是用于检测涂料产品本身及所制成的涂膜。取得适当数量具有代表性又品质一致的样品，对涂料性能检测来说是十分重要的。除按产品说明书或供需双方商定的方法进行取样外，一般均应按国标《GB/T3186 涂料产品的取样》规定进行。

8.1.1 产品类型

根据现有的涂料品种分为 5 种类型。

A 型：单一均匀液相的流体，如清漆和稀释剂。

B 型：两个液相组成的流体，如乳液。

C 型：一个或两个液相与一个或多个固相一起组成的流体，如色漆和乳胶漆。

D 型：黏稠状，由一个或多个固相带有少量液相所组成，如腻子、厚浆涂料和用油或清漆调制的颜料色浆，也包括黏稠的树脂状物质。

E 型：粉末状，如粉末涂料。

8.1.2 取样数目

按随机取样法，对同一生产厂的相同包装的产品取样，取样数应不低于

$$S=\sqrt{\frac{N}{2}} \tag{8-1}$$

式中　S——取样数；
　　　N——交货产品的桶数。

为方便起见，按表 8-1 中数字进行取样。

表 8-1　取样数目表

交货产品的桶数	取　样　数	交货产品的桶数	取　样　数
2～10	2	71～90	7
11～20	3	91～125	8
21～35	4	126～160	9
36～50	5	161～200	10
51～70	6		

以后每增加 50 桶取样数加 1

8.1.3　盛样容器和取样器械

对盛样容器和取样器械，应与不受产品侵蚀，而且便于使用和清洗，即应有光滑表面，无尖锐的内角或凹槽等。

取样器械应具备能使产品可能混合均匀，取出确有代表性的样品。

实用取样器及搅拌器如图 8-1 所示。

8.1.4　待取样产品的初检

(1) 桶外观检查及开启　检查桶有无外观缺陷或可见的损漏，如损漏严重，应于舍弃。除去桶外包装及污物，小心打开桶盖，勿搅动桶内产品。

(2) 目测检查

① 对各类流体产品进行目检：a. 记录表面是否结皮及结皮程度，如软硬，厚薄。如有结皮，应沿容器内壁分离除去，记录除去结皮的难易；b. 记录产品稠度，是否有触变或胶凝现象；c. 检查样品有无分层，可见杂质和沉淀物，并予记录。

② 对有沉淀的产品及粉末产品的初检：a. 对有沉淀的产品，可用搅拌器械使样品充分混匀，在无搅拌器沉淀无法搅起的情况下，可将桶内流动介质倒入一个干净的容器里，用刮铲从容器底部铲起沉淀，研碎后再将流动介质分几次倒入原先桶中，充分混合；b. 对粉末产品应检查是否有反常的颜色，大或硬的结块和外出异物等不正常现象，并予以记录。

(3) 初检报告　应包括标志所列的各项内容，外观，结皮及除去方式，沉淀情况或再混合程序等。

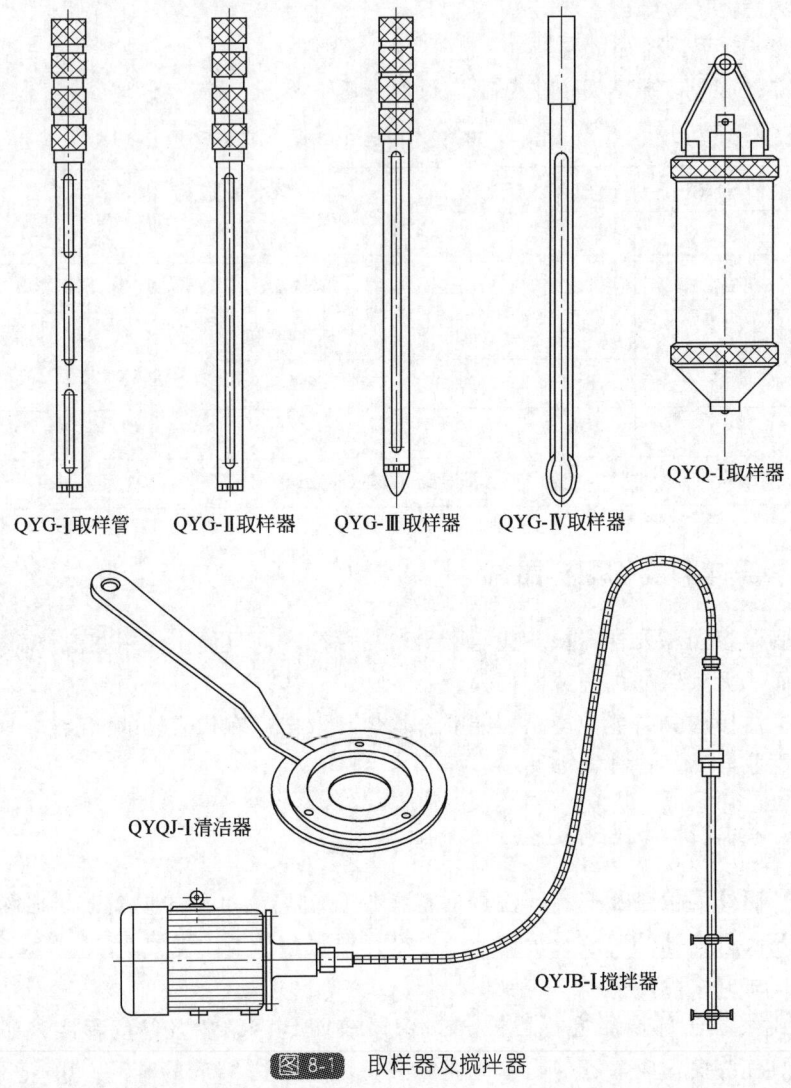

图 8-1　取样器及搅拌器

8.1.5　取样

(1) 贮槽或槽车取样　对 A、B、C、D 类产品，搅拌均匀后，用适当的取样器，从容器上部（距液面 1/10 处），中部（距液面 5/10 处），下部（距液面 9/10 处）三个不同水平部位取相同数量的样品，进行再混合。搅拌均匀后，取两份各为 0.2L～0.4L 的样品分别装入容器中，应留有 5% 的空隙，盖严，将容器外部擦净。

(2) 生产线上的取样　以适当的时间间隙，从放料口取相同量的样品在混合，搅拌均匀后，取出两份各 0.2L～0.4L 的样品装入容器中。

(3) 桶、罐和袋装的取样 选择适宜的取样器，从初检过的桶里不同部位取出同量的样品，再混合均匀，分别取两份各为 0.2L～0.4L 的样品装入容器中。

(4) 粉末产品的取样 选择适当的取样器，按规定的取样数，取出相同量的样品，用四分法取出试验所需最低量的四倍，分别装入两个容器内，盖严，立即做好标识。

8.2 密度的测定

测定涂料产品密度的目的，主要是控制产品包装容器中固定容器的质量，在检测产品遮盖力时很有意义，以便了解在施工时单位容积能涂覆的面积等。目前密度测定按国家标准《GB/T 6750 色漆和清漆——密度测定》进行，它等效国际标准《ISO 2811 色漆和清漆——密度测定》。

8.2.1 原理

密度的定义：在规定的温度下，物体的单位体积的质量，单位为 g/cm^3 或 g/ml。

密度的测试原理是利用蒸馏水在各个温度下准确、已知的绝对密度来标定容积体积，在测定涂料体组分装在同一容器后在规定温度下的质量，计算出在规定温度下的密度，用 g/cm^3 或 g/ml 表示。

8.2.2 仪器设备

容量为 20ml～100ml 的玻璃比重瓶，37ml 的比重杯（质量/体积杯）。如图 8-2 所示。

盖伊-芦萨克比重瓶　　哈伯特比重瓶　　金属比重杯

图 8-2 玻璃比重瓶和金属比重杯

温度计：分度为 0.1℃，精确至 0.2℃。

水浴或恒温室：保持试验温度的 ±0.5℃ 范围内，对于生产控制，保持在试验温度的 ±2℃ 范围内。

分析天平:精确至0.2mg。

8.2.3 试验步骤

(1) 比重瓶的校准 首先要仔细清洗玻璃比重瓶,并彻底干燥。待称量并恒重后(两次称量之差不超过0.5mg),在低于试验温度不超过1℃的温度下,将比重瓶注满蒸馏水。盖上比重瓶,使溢流孔开口,严格注意比重瓶中产生气泡,在恒温水浴中放置恒温,擦干净比重瓶的外部,立即称量注满蒸馏水的比重瓶,精确至其质量的0.001%。

(2) 比重瓶容积的计算

$$V = \frac{m_1 - m_0}{\rho} \tag{8-2}$$

式中 V——比重瓶容积,ml;
m_0——空比重瓶的质量,g;
m_1——比重瓶+水的质量,g;
ρ——水在23℃或其他商定温度下的密度,g/ml。见表8-2。

表8-2 不同温度下水的密度

温度/℃	密度/(g/ml)	温度/℃	密度/(g/ml)	温度/℃	密度/(g/ml)
15	0.9991	21	0.9980	27	0.9965
16	0.9989	22	0.9978	28	0.9962
17	0.9987	23	0.9975	29	0.9960
18	0.9986	24	0.9973	30	0.9957
19	0.9984	25	0.9970		
20	0.9982	26	0.9968		

(3) 产品密度的测定 用样品代替蒸馏水,重复步骤(1)的操作,称量经注满样品并恒温过的比重瓶,精确至其质量的0.001%。

8.2.4 结果评定

通过式(8-3)来计算受试样品在试验温度下的密度 ρ_t (g/ml)

$$\rho_t = \frac{m_2 - m_0}{V} \tag{8-3}$$

式中 m_0——空比重瓶的质量,g;
m_2——比重瓶+样品的质量,g;
V——在试验温度下所测得比重瓶的体积,ml;
t——试验温度(23℃或其他商定温度),℃。

8.2.5 讨论

① 在对比重瓶进行校准时或测定时，经恒温后，应立即用滤纸擦去溢出物质，并彻底擦干比重瓶的外部，以免影响质量结果。

② 在测试过程中，要尽量避免手指直接与比重瓶接触，最好是用钳子或滤纸保护手指与比重瓶接触，因手温可使比重瓶增高温度而引起溢流，同时还留下手指印。

③ 恒温后，应尽量迅速称量注满的比重瓶，以使质量损失减少到最低限度。质量损失是由于水或受试样品通过溢流孔蒸发所致。

④ 国外在测定某些涂料的密度时，采用加仑杯。该加仑杯的容积为 100ml，杯的上部有一圆盖，圆盖中心有一小孔，供液体溢流。

该加仑杯的尺寸如图 8-3 所示。测定步骤为：分别称取空加仑杯的质量（m_0）及装满涂料试样后加仑杯的质量（m_1），单位以 g 表示。

被测试涂料的密度 ρ（单位：g/ml）按式（8-4）计算：

$$\rho = \frac{m_1 - m_0}{100} \quad (8\text{-}4)$$

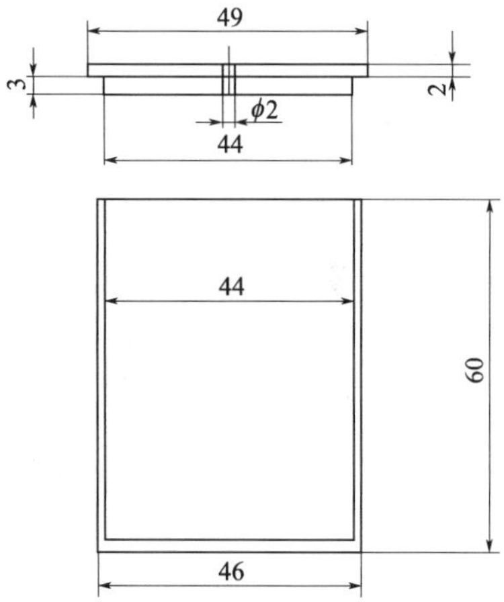

图 8-3 加仑杯（尺寸单位：mm）

该方法测定涂料的密度，一般是在室温条件下进行，适用于现场快速测定，方便，简单，但所得的密度值比较粗略。

8.3 固体含量及挥发物和不挥发物的测定

固体含量或不挥发物指的是涂料组分中经施工后留下成为涂膜的部分。它是涂料生产中正常的质量控制项目之一，其含量高低对形成的涂膜的质量和涂料使用的价值有直接的关系，同时对保护环境、减少挥发物的大气污染也有密切的联系。其测试方法采用《GB/T 1725 涂料固体含量测定方法》和《GB/T 6751 色漆清漆挥发物和不挥发物的测定》进行。

8.3.1 固体含量的测定

(1) 原理 涂料的固体含量是指涂料在一定温度下，加热焙烘后剩余物重量与试样重量的比值，以百分数%表示。

(2) 仪器设备 玻璃培养皿，直径 75mm～80mm，边高 8mm～10mm；玻

璃表面皿，直径 80mm～100mm；50ml 磨口滴瓶；玻璃干燥器，内放变色硅胶或无水氯化钙；温度计：0℃～200℃，0℃～300℃；天平，感量为 0.01g；坩埚钳；鼓风恒温烘箱。

(3) 试验步骤

① 培养皿法：先将干燥洁净的培养皿在 105℃±2℃ 烘箱内烘烤 30min。取出放入干燥器中，冷却至室温后，称重。用磨口滴瓶取样，以减量法称取 1.5g～2g 试样（过氯乙烯漆取样 2g～2.5g，丙烯酸漆及固体含量低于 15% 的漆类取样 4g～5g），放置于已称重的培养皿中，使试样均匀地流布于容器的底部，然后放于表 8-3 所规定温度的恒温干燥箱内烘烤一定时间后，取出放入干燥器中冷却至室温，称重。再放入烘箱内烘烤 30min，取出后放入干燥器中冷却至室温，称重，前后两次称量差不大于 0.01g 为止（全部称量精确至 0.01g）。平行测定两个试样。

② 表面皿法：将两块干燥洁净可以互相吻合的表面皿在 105℃±2℃ 烘箱内焙烘 30min，取出放入干燥器中冷却至室温，称重。将试样放在一块表面皿上，另一块盖在上面（凸面向上），在天平上准确称取 1.5g～2g，将盖的表面皿反过来，使两块皿互相吻合，轻轻压下。再将皿分开，使试样面朝上，放入已调节到按表 8-3 所规定温度的恒温鼓风烘箱中焙烘一定时间后，取出放入干燥器中冷却至室温，称重。然后再放入烘箱中焙烘 30min，取出放入干燥器中冷却至室温称重，至前后两次称量的重量差不大于 0.01g 为止（全部称量精确至 0.01g），试验平行测定两个试样。

表 8-3 各种漆类焙烘温度规定

涂 料 名 称	焙烘温度/℃
硝基漆类、过氯乙烯漆类、丙烯酸漆类、虫漆类	80±2
缩醛胶	100±2
油基漆类、酯胶漆类、沥青漆类、酚醛漆类、氨基漆类、醇酸漆类、环氧漆类、乳胶（乳液）漆类、聚氨酯漆类	120±2
聚酯漆类、大漆	150±2
水性漆	160±2
聚酰亚胺漆	180±2
有机硅漆类	在 1h～2h 内，由 120℃ 升温 180℃，再于 180℃±2℃ 保温
聚酯漆包线漆	200±2

(4) 结果评定　固体含量 x 按式 (8-5) 计算

$$x = \frac{m_1 - m_0}{m_2} \times 100\% \tag{8-5}$$

式中 m_0——容器质量，g；
　　m_1——焙烘后试样和容器质量，g；
　　m_2——试样质量，g。

试验结果取两次平行试验的平均值，两次平行试验的相对误差不大于3%。

(5) 讨论

① 固体含量测定一般采用培养皿法。但是，对于高黏度涂料如腻子、乳液、硝基电缆漆等不适用培养皿法，而采用表面皿法。

② 各种漆类焙烘温度是根据涂料中溶剂种类及成膜物的树脂基料决定的。在该温度下，主要溶剂应能全部挥发，而基料不分解破坏，保持稳定。在该表中未列出的涂料，当测定固体含量时，可参照上述原则选择焙烘温度，如产品标准另有规定，应按产品标准的温度。

8.3.2 挥发物和不挥发物的测定

(1) 原理　涂料产品在任一指定的温度和固定时间下加热焙烘后，除去蒸发成分为测定的挥发物，剩余部分为测定的不挥发物含量。

(2) 设备　平底圆盘（玻璃、马口铁、铝材），直径为75mm；细玻璃棒，长约100mm；鼓风恒温烘箱；玻璃干燥器，内放干燥剂；天平，感量为0.001g。

(3) 试验步骤　所有试验器皿（包括圆盘，玻璃棒）在105℃±2℃（或其他商定温度）的烘箱内干燥，并在干燥器内冷却至室温。称量带有玻璃棒的圆盘，准确至1mg，在盘内放入受试样品2g±0.2g。确保样品均匀地分散在盘面上。将盛玻璃棒和试样的圆盘一起放入预热到105℃±2℃的烘箱内，加热一段时间后将带有玻璃棒的盘子从烘箱中取出，弄开表面，将物质搅拌一下，再放回烘箱内，在该温度下保持3h（或商定及规定时间）。达到加热时间时，将盘，棒移入干燥器内，冷却至室温再称重，准确到1mg。

(4) 结果评定　按式（8-6）和式（8-7）以被测产品质量的百分数来计算挥发物的含量（V）或不挥发物的含量（NV）

$$V = 100 \frac{m_1 - m_2}{m_1} \quad (8\text{-}6)$$

$$NV = 100 \frac{m_2}{m_1} \quad (8\text{-}7)$$

式中 m_1——加热前试样的质量，mg；
　　m_2——加热后试样的质量，mg。

以两次测试的算术平均值（精确到一位小数）报告结果。

(5) 讨论

① 对于含高挥发性溶剂的涂料样品，应使用减量法，从一带塞称量瓶称样

至盘内，置于热水浴上缓缓加热到大部分溶剂挥发完后，再将其放入烘箱中。

② 目前还流行一种快速测定法，即将试验置于 10cm×15cm 的铝箔（或锡箔）上，立即折叠称重，然后打开放入恒温烘箱。此法中试验量大为减少（约取样 0.2g~0.5g），涂层厚度减薄，因此焙烘时间也大大缩短。

此外，在国标《GB 9272—88 液态涂料内不挥发分容量的测定》中，测定液体涂料在规定的温度和时间固化或干燥后所留下的干膜体积以百分数表示，该测得结果可用来计算涂料按一定干涂膜厚度要求施涂时所能涂装的面积大小。

③ 试样在烘箱中经短时间加热后，要取出用玻璃棒搅拌试样，破碎表面结皮，使可挥发物质挥发彻底，否则将会影响测试结果。要注意试样的重复性，即相同条件、同一操作者、同一试验物质所得结果误差不超过 1%。

8.4 黏度和细度的测定

8.4.1 黏度的测定

黏度是涂料产品的重要指标之一，是测定涂料中聚合物分子量大小的可靠方法。涂料的黏度直接影响施工性能和涂膜的流平性、流挂性。

液体的黏度是指液体分子间相互作用而产生阻碍其分子间相对运动能力的量度，也称内摩擦力。通常以对流体施加的外力（剪切力，拉伸力）与产生流动速度梯度的比值表示。通常剪切力与剪切速度梯度的比值称为剪切度，通称动力黏度，国际单位为帕·秒（Pa·s）[习惯用单位为 P（泊），cP（厘泊），1Pa·s=10P，1mPa·s=1cP]。动力黏度与密度的比值称为运动黏度，其国际单位是平方厘米每秒（cm^2/s）（习惯用单位是厘泊，$1cSt=1mm^2/s$）。

涂料黏度的测定一般用以下三种方法。

① 绝对黏度：由测量液体各个粒子之间的摩擦力来决定；

② 相对黏度：在一定温度下，将被测样品黏度与水的黏度作比较；

③ 条件黏度：即一定量的涂料在一定温度下从规定直径的孔所流出的时间，以秒（s）表示。

通常对于生产控制，一般都测定涂料的条件黏度，按国标《GB/T 1723—93》的要求，为涂-1、涂-4、落球黏度计法；国标《GB/T 6753.4》等效国际标准《ISO 2431—1984》，采用 ISO 流出杯法测定流出时间。

(1) 原理

涂-1、涂-4 黏度计测定条件黏度：在一定的温度下，一定量的试样从规定直径的孔所流出的时间，以秒（s）表示。

ISO 流出杯法测定流出时间：一定量的试样，在一定温度下，从装满试样流出杯的流出孔开始流出瞬间至流束开始中断瞬间所经过的时间，以秒（s）表示。

落球黏度计测定的条件黏度：在一定的温度下，一定规格的钢球通过盛有试样的玻璃管上、下两刻度线所需的时间，以秒（s）表示。

用下列公式可将试样的流出时间（s）换算成运动黏度值厘斯（mm^2/s）。

涂-1 黏度计：$t=0.053v+1.0$

涂-4 黏度计：$t<23s$ 时，$t=0.154v+11$

$23s \leqslant t<150s$ 时，$t=0.223v+6.0$

式中　t——流出时间，s；

　　　v——运动黏度，mm^2/s。

(2) 仪器设备

水银温度计：温度范围 0℃～50℃，分度值 0.1℃。

秒表：分度为 0.2s。

永久磁铁；水平仪。

承受瓶：50ml 量杯，150ml 搪瓷杯。

架台：能托住流出杯，并有调节水平螺丝。

玻璃平板或直边刮板；恒温箱或恒温室。

ISO 流出杯：适用于测定具有牛顿型或近似于牛顿型流体涂料，不适于不规则流体及难以判断从流出孔流出液断点的产品，其测试样品的运动黏度范围在 $7mm^2/s$～$685mm^2/s$。其各标号、技术指标、尺寸如图 8-4 所示。

牛顿型流动：当剪切力与速度梯度的比值既不随时间也不随速度梯度方式而改变时，这种材料所呈现的流动为牛顿型流动。

落球黏度计：用于测定黏度较高的透明液体的涂料产品，见图 8-5(a)。

涂-1 黏度计：用于测定黏度不低于 20s 的涂料，以及按产品标准规定必须加温进行测定的黏度较大的产品，见图 8-5(b)。

涂-4 黏度计：用于测定黏度在 150s 以下（以本黏度计为标准）的涂料产品，见图 8-5(c)。

(3) 试验步骤及结果评定

1) 流出杯法

① 选择某种标号的流出杯，使试样在该号杯中流出的时间在 20s～100s 之内，最好在 30s～100s 之内。将干净、干燥的流出杯安置于架台上，处于无气流处，通过水平仪和架台上水平螺丝的调节，使流出杯上边缘保持水平。在恒温室或恒温箱内调节搅匀，过滤过的试样和流量杯的温度调至 23℃±0.5℃ 或 25℃±0.5℃（可将试样和流出杯预先放入恒温室或恒温箱内，以达到所要求的温度），待试样中的气泡全部消失后，试样处置完毕，待测。

② 首先用一手指堵住流出孔，将试样慢慢灌入流出杯，以免产生气泡；待

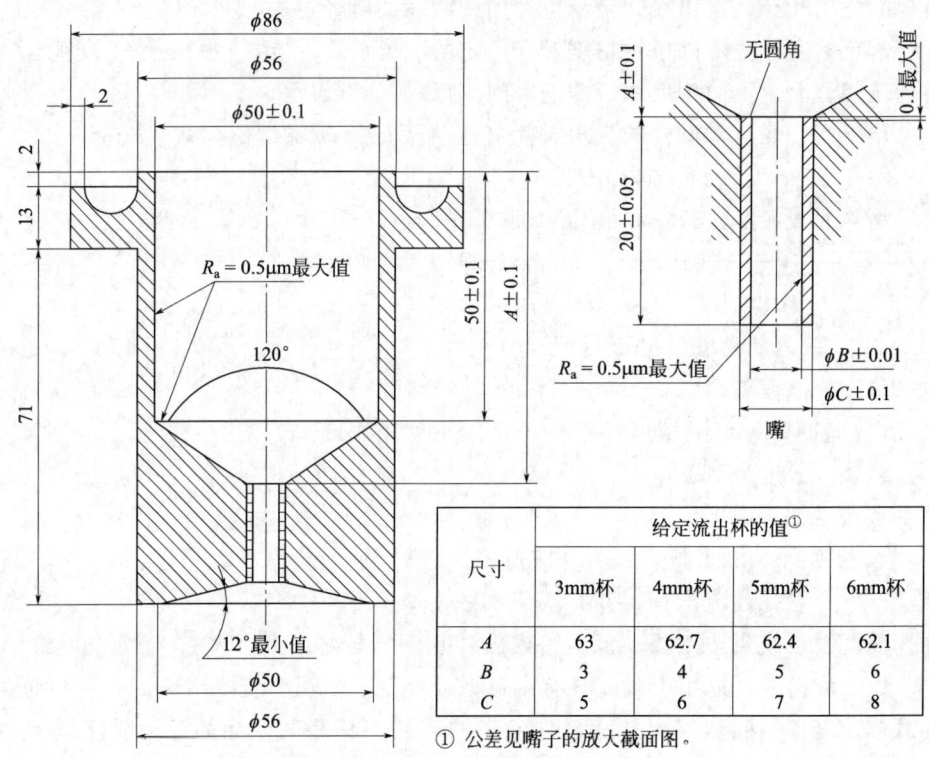

图 8-4 流出杯（尺寸单位：mm）

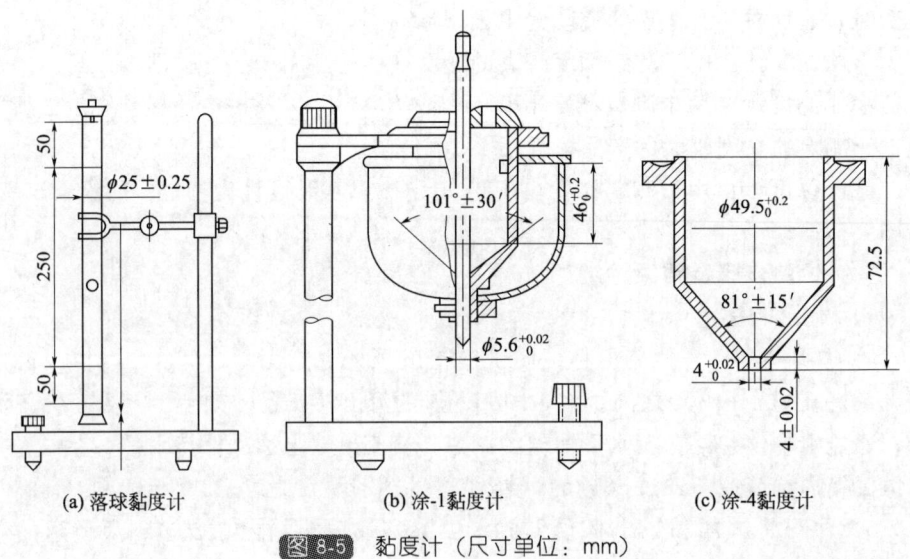

(a) 落球黏度计　　(b) 涂-1黏度计　　(c) 涂-4黏度计

图 8-5 黏度计（尺寸单位：mm）

流出杯装满产生凸面并开始溢出前，用直边刮板或平玻璃板沿杯上边缘平刮或滑过一次，以除去试样内的气泡和产生的凸面，使试样水平面与流出杯边缘处于同一水平位置，在流出杯下方放一适当容器与流出孔保持 100mm 以上距离，迅速移开手指，同时启动秒表，待流出孔处的液流中断瞬间即停止秒表，记录流出时间，精确至 0.5s。对另一份试样进行第二次测定。

③ 取两次测定值的平均值作为测定结果。如果两次测定值之差大于它们平均值的 5%，则应该进行第三次测定，第三次测定值与前两次任何一次测定值之差不大于它们平均值的 5%，则舍去超过要求的一次测定值，取另两次测定值的平均值为测试结果。

2) 涂-1 黏度计法

① 测定之前后须用纱布蘸溶剂将黏度计内部擦拭干净，在空气中干燥或吹干，对光观察黏度计漏嘴应清洁。将试样充分搅拌均匀。必要时可用孔径为 246μm 的金属筛过滤。除另有规定外，应将试样温度调整至 23℃±1℃ 或 25℃±1℃。

② 将黏度计置于水浴套内，插入塞棒。将试样倒入黏度计内，调节水平螺钉使液面与刻线刚好重合，盖上盖子并插入温度计，静置片刻以使试样中气泡逸出。在黏度计漏嘴下放置一个 50ml 量杯。当试样达到规定温度时，迅速提起塞棒，同时启动秒表。当杯内试样量达到 50ml 刻度线时，立即停止秒表。试样流入杯内 50ml 所需的时间，即为试样的条件黏度。

③ 重复两次测定，取两次测定值的平均值为测定结果，两次测定值之差不应大于平均值的 3%。

3) 涂-4 黏度计法

① 按涂-1 黏度计法规定清洁、干燥黏度计和处置试样。

② 使用水平仪，调节水平螺钉，使黏度计处于水平位置。在黏度计漏嘴下放置 150ml 搪瓷杯。用手指堵住漏嘴，将 23℃±1℃ 或 25℃±1℃ 试样倒满黏度计中，用玻璃棒或玻璃板将气泡和多余试样刮入凹槽。迅速移开手指，同时启动秒表，待试样流束刚中断时立即停止秒表。秒表读数即为条件黏度。

③ 取两次测定值的平均值为测定结果，两次测定值之差不应大于平均值的 3%。

4) 落球黏度计法

① 将透明试样倒入玻璃管中，使试样高于上端刻度线 40mm。放入钢球，塞上带铁钉的软木塞。将永久磁铁放置在带铁钉的软木塞上。

② 将管子颠倒使铁钉吸住钢球，再翻转过来，固定在架上。使用铅锤，调节玻璃管使其垂直。将永久磁铁拿走，使钢球自由下落，当钢球刚落到上刻度线时，立即启动秒表。至钢球落到下刻度线时停止秒表。以钢球通过两刻度线的时间（s）表示黏度值的大小。

③ 取两次测定值的平均值为测试结果。两次测定值之差不应大于平均值的 3%。

(4) 讨论

① 条件黏度，顾名思义，要求要在一个统一的条件下，因此，测定时，一定要按规定严格掌握试样量和温度控制。特别是温度对涂料黏度值影响较大，温度增高，分子运动速度增加，分子间的作用力减弱，黏度变小，反之，温度降低，黏度增大。所以，整个测试过程中试样、黏度计、环境均在技术要求范围内，以免因温度波动而造成测试结果的误差。

② 黏度计，流出杯要保持整洁、干净，测试前要仔细清洗，特别是流出口，以免堵塞，延长流出时间。同时要按规定定期校验黏度计、流出杯，合格后方可使用。

③ 选用 ISO 流出杯法测定流出时间，一定要使流出时间在 30s～100s 之内，最好接近中间值。因为测试流出时间过短，读数误差大，若流出时间过长，温度难恒定，也可能影响准确性。

④ 涂料黏度测定除上述几种方法外，还有气泡法；国标《GB/T 9269—88 建筑涂料黏度测定》斯托默黏度计法；国标《GB/T 9751—88 涂料在高剪切速率下黏度的测定》转盘式旋转黏度计法测定动力黏度；还有厚漆，腻子采用测定其稠度来反映其流动性能，见国标《GB/T 1749—88》厚漆，腻子稠度测定法》。

8.4.2 细度的测定

色漆中使用的颜料和体质颜料，应该是以微小的颗粒均匀地分散在涂料之中。当涂成十几到几十微米厚的薄膜时，涂膜表面应平整光滑，不能有颜料或机械杂质等颗粒物体显现出来。所以色漆的细度是重要的内在质量之一，对成膜质量、漆膜的光泽、耐久性、贮存稳定性均有很大影响。颗粒细，分散程度好，颜料能较好地被润湿。当然也不是越细越好，过细则影响涂膜附着力，底漆和面漆要求是不一样的，面漆一般要求细度 $20\mu m$～$40\mu m$，底漆或防锈漆一般要求 $40\mu m$～$60\mu m$，目前涂料细度的测定各国基本都采用刮板细度计，我国国标《GB/T 1724—79 涂料细度测定法》和国标《GB/T 6753.1—86 涂料产品标准研磨细度的测定》均采用刮板细度计，以微米（μm）表示，原理完全相同，仅在刮板的大小、材质及读数的单位方面有差别。

(1) 原理　涂料的细度是指色漆的颜料和体质颜料颗粒的大小或分散的均匀程度。其检测是将涂料铺展为厚度不同的薄膜，观察在何种厚度下显现出颜料的粒子，即称之为该涂料的细度，以微米（μm）表示。

(2) 仪器设备　小调漆刀；刮板细度计，如图 8-6 所示。

(3) 试验步骤

① 细度在 30μm 及 30μm 以下时应用量程为 50μm 的刮板细度计；在 30μm～70μm 时应用量程为 100μm 的刮板细度计；在 70μm 以上时应用量程为 150μm 的刮板细度计。

刮板细度计在使用前必须用溶剂仔细洗净擦干，在擦洗时应用细软揩布。

将符合产品标准黏度指标的试样用小调漆刀充分搅匀，然后在刮板细度计的沟槽最深部分，滴入试样数滴，以能充满沟槽而略有多余为宜。

② 以双手持刮刀（如图 8-6 所示），横置在磨光平板上端（在试样边缘处）使刮刀与

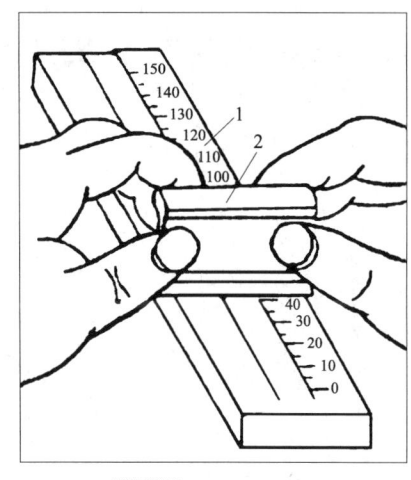

图 8-6 刮板细度计
1—磨光平板；2—刮刀

磨光平板表面垂直接触。在 3s 内，将刮刀由沟槽深的部位向浅的部位拉过，使漆样充满沟槽而平板上不留有余漆。

③ 终点判定：《GB/T 1724—79 涂料细度测定法》中规定，刮刀拉过后，立即（不超过 5s）使视线与沟槽平面成 15°～30°角，对光观察沟槽中颗粒均匀显露处，记下读数（精确到最小分度值）。如有个别颗粒显露于其他分度线时，则读数与相邻分度线范围内不得超过三个颗粒。《GB/T 6753.1—86 涂料产品标准研磨细度的测定》中则要求，观察试样首先出现密集颗粒点之处，特别是在横跨沟槽 3mm 宽的条带内包含有 5～10 个颗粒的位置记下读数，以 μm 表示。见图 8-7。

(4) 结果及精确度

《GB/T 1724—79 涂料细度测定法》中规定平行试验 3 次，试验结果取两次接近读数的算术平均值。两次读数的误差不应大于仪器的最小分度值。

《GB/T 6753.1—86 涂料产品标准研磨细度的测定》中规定，计算 3 次测定的平均值，并以与初始读数相同的精度（100μm 细度计为 5μm，50μm 细度计为 2μm，25μm 细度计为 1μm，15μm 细度计为 0.5μm）记录其结果。

(5) 影响因素

① 被测试样品取样必须具有代表性，否则会影响测试结果的准确性。

② 刮板细度计在使用前必须用溶剂仔细洗净擦干。否则，污物颗粒会与涂液中的颜料颗粒相混淆而影响细度的测试结果。

③ 待测试样必须用小调漆刀充分搅匀，滴入到刮板细度计的沟槽内的溶液，才能代表所测试样的细度，才能测出试样真实的细度结果。

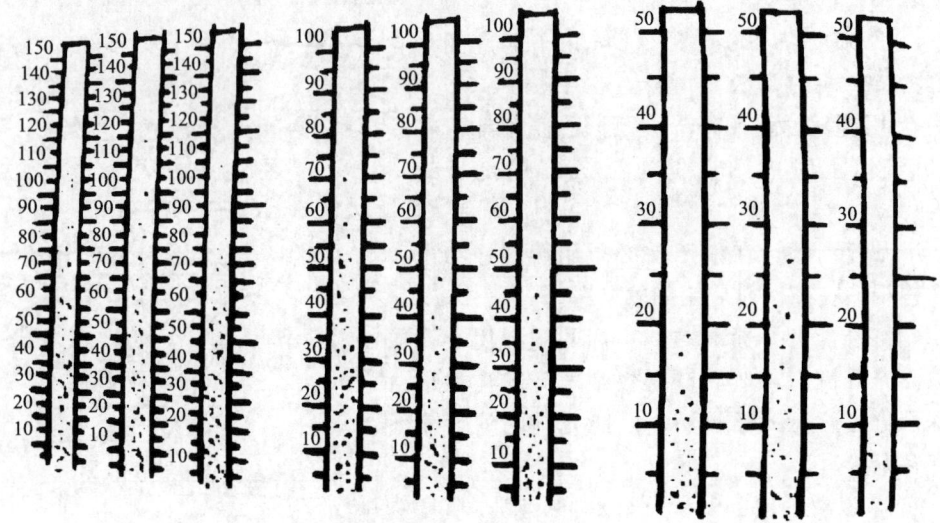

图 8-7　细度的测定示意图

④ 刮刀拉过后，读数的时间切勿超过 5s，否则因漆液流淌而使颜料颗粒流动，影响测定结果的准确性。

⑤ 读数时，必须按照标准方法的规定，使视线与沟槽平面成 15°～30°角，否则观察角度不同，造成读数及报告结果产生误差。

⑥ 被测试的黏度应在标准范围内，否则同样影响测试结果，因为一般黏度与细度成反比。

8.5　酸值、酸价和皂化值的测定

8.5.1　酸值的测定

(1) 原理　酸值的定义：中和 1g 产品的不挥发物中的游离酸所需氢氧化钾的质量数（mg）。

测定色漆和清漆用漆基的酸值，国标 GB/T 6743 采用滴定法，是以酚酞作指示剂，用氢氧化钾-乙醇溶液进行滴定。

(2) 仪器和试剂

① 普通试验室仪器如锥形瓶，滴定管，烧杯，电位滴定计和磁力搅拌器。

② 混合溶剂：甲苯：乙醇（95%）＝2∶1（体积分数）

③ 氢氧化钾标准滴定液：用 95%（体积分数）乙醇或甲醇配制成浓度为 0.1mol/L 的溶液。脱除碳酸盐，以邻苯二甲酸氢钾标定其浓度。

④ 酚酞指示剂溶液：浓度为 10g/L，由 95%（体积分数）乙醇配制而成。

(3) 试验步骤

① 为使氢氧化钾溶液的消耗量适当，控制在 10ml~30ml 之间。参考表 8-4 称取试样。

表 8-4 试样称取量与酸值的关系

估算的酸值（以 KOH 计）/(mg/g)	试样称取量/g
≤10	10
>10~25	5
>25~50	2.5
>50~150	1
>150	0.5

② 测定时，取两份试样平行测定。

在装有试样的锥形瓶中，加入 50ml 甲苯-乙醇混合溶液，使试样完全溶解（如果室温下试样不能溶解，可在通风环境下适当加热，但要冷却至室温才可进行滴定）。加入酚酞指示剂 2~8 滴，立即用氢氧化钾溶液滴定至出现红色，至少 10s 不消失即为终点。记下所消耗的氢氧化钾溶液体积（ml）数。

平行进行空白试验，试验步骤相同（但不加入试样）。因混合溶剂是经过中和的，空白试验结果应为零。

(4) 结果评定 按式（8-8）计算酸值 A

$$A = 56.1 \times \frac{(V_1 - V_0)}{m \times NV} \times c \times 100 \tag{8-8}$$

式中 A——酸值，以每克试样消耗 KOH 的量计，mg/g；

V_0——空白试验所消耗 KOH 溶液的体积，ml。

V_1——测定试样所消耗氢氧化钾溶液的体积，ml；

c——滴定用氢氧化钾溶液的实际浓度，mol/L；

m——试样的质量，g；

NV——测定试样的不挥发物含量，以质量百分数表示%。

以两次测定的算术平均值作为结果，计算到小数第一位。

(5) 讨论

① 有的基料如聚酯树脂，以酚酞作指示剂终点颜色判断不明显，可改用溴百酚兰作指示剂。若对终点有怀疑或试样溶液有颜色时，最好采用电位滴定，至 pH=7。

② 为防止滴定过程中产生沉淀，可适当增加甲苯-乙醇混合溶剂至 150ml，或者加入 25ml 丙酮。

③ 对沥青类产品，酸值小，颜色深，以电位滴定法也难以测定，可参考下列方法测定酸值。

称取沥青试样 1g（精确至 1mg）于 500ml 锥形瓶中，以量筒取 50ml 纯苯溶解试样，待试样溶解后加入 50ml 乙醇与 30ml 水的混合液，再加入 1g～1.5g 氯化钠，摇动待其分层后，加酚酞指示剂 5 滴，以 0.04mol/L 氢氧化钾乙醇溶液滴定至微红为终点（下层微红色保持在 2min 不消失）。

8.5.2 酸价的测定

(1) 原理 涂料酸价的定义，是指中和 1g 试样中的游离酸所需氢氧化钾的量，以 mg/g 表示。

测定酸价就是在试样中加入溶剂使之溶解，用氢氧化钾-乙醇标准溶液滴定，以酚酞指示剂指示终点。

(2) 仪器设备及试剂

仪器设备：天平，磨口锥形瓶，移液管，滴定管，微量滴定管，离心机等。

试剂：氢氧化钾-乙醇标准溶液，经中和后的溶剂（工业乙醇、苯、甲苯、二甲苯），酚酞-乙醇溶液。

(3) 试验步骤

1) 稀释法

① 乙醇法：适用于脱漆剂、稀释剂等酸价的测定。称取 25g～30g 试样，加入 20ml～30ml 刚中和好的乙醇，以酚酞作指示剂，0.04mol/L 氢氧化钾-乙醇滴定至试液呈粉红色，10s 内不消失即为终点。

② 混合溶剂法：适用于油基、有机硅、清漆及清油等酸价的测定。称取 1g～3g 试样，加 50ml 中和的苯-乙醇溶剂（体积比 2∶1）溶解，用 0.1mol/L 和 0.04mol/L 氢氧化钾-乙醇滴定至酚酞指示液呈粉红色，10s 内不消失即为终点。

如试样中加入苯-乙醇溶剂后有浑浊现象时，可适当地加入中和的甲苯至接近透明。

2) 溶剂抽出法 适用于硝基漆酸价测定，称取 10g 试样，用移液管加入 100ml 中和之甲苯（或二甲苯），仔细搅匀，加盖放置 2h 后过滤于锥形瓶中，用移液管吸取 25ml 滤液，加入 20ml 刚中和的乙醇，用 0.04mol/L 氢氧化钾-乙醇滴定至酚酞呈粉红色，10s 内不消失即为终点。

3) 水抽出法 适用于硝基漆、过氯乙烯漆、丙烯酸漆等酸价的测定。称取 10g～15g 试样，移取 100ml 80℃～90℃的蒸馏水，加盖摇匀，放置 2h 后，过滤，移取 25ml 滤液于另一锥形瓶中。用 0.04mol/L 氢氧化钾-乙醇标准溶液滴定，以酚酞作指示剂，10s 内粉红色不消失即为终点。

4) 水-溶液分层法 适用于沥青漆酸价的测定。称取 1g 试样，加入 50ml 刚中和的甲苯（或二甲苯）待溶解后加入中和之 50ml 乙醇与 30ml 蒸馏水的混合液，1g～1.5g 氯化钠，加盖摇动，混合液下层为清澈的透明液，上层为沥青溶液层，以酚酞为指示剂，用 0.04mol/L 氢氧化钾-乙醇标准溶液滴定，将锥形瓶略倾斜，视其底部清液呈粉红色，2min 不消失即为终点。

5）离心沉淀法　适用于锌黄底漆等酸价的测定。称取 3g 试样，用移液管加入 50ml 中和苯与乙醇混合溶液（体积比为 4∶1），摇匀，放置 30min，将此混合液在离心机上分离，至上部成为近于透明的溶液时为止。移取 15ml 试液，以酚酞为指示剂，用 0.04mol/L 氢氧化钾-乙醇溶液滴定，至试液呈粉红色，10s 内不消失即为终点。

(4) 结果评定

① 用稀释法测定，按式（8-9）计算酸值（K）

$$K = 56.1 \times \frac{NV}{G} \qquad (8-9)$$

式中　K——酸值，（以 KOH 计），mg/g；

　　　N——氢氧化钾-乙醇溶液的浓度，mol/L；

　　　V——滴定所需氢氧化钾-乙醇标准溶液的体积，ml；

　　　G——试样的质量，g；

　　　56.1——氢氧化钾的摩尔质量。

两次平行试验结果之差与平均值之比不得大于 3%。

② 混合溶剂法测定，酸值计算方法同上。

③ 用溶剂抽出法测定，按式（8-10）计算酸值（K）：

$$K = 56.1 \times \frac{NV}{G} \times \frac{100}{25} \qquad (8-10)$$

式中字母代表同稀释法。平行试验结果之差与平均值之比不得大于 3%。

④ 用水抽出法测定，酸值计算方法同溶剂抽出法。

⑤ 用水-溶液分层法，酸值计算方法同稀释法。

⑥ 用离心沉淀法，酸值计算法如式（8-11）：

$$K = 56.1 \times \frac{NV}{G} \times \frac{50}{15} \qquad (8-11)$$

式中字母意义同稀释法。

(5) 讨论

① 测定含蜡的脱漆剂酸价时，应先将试样放在水浴上加热到 35℃～40℃ 使成透明状态，将所要加入的中和好的乙醇也加热到 35℃～40℃，按所述方法测定。

② 测定贮存中的脱漆剂或稀释剂时，取出的试样应预先放在锥形瓶中在

35℃~40℃的水溶上加热 30min，以便除去溶解在其中的气体。

③ 当用水-溶液分层法时，如分层速度慢不好观察终点时，可加入少许氯化钠。

④ 用离心沉淀法测定酸价，如离心机小，需要数管进行分离时，可将所分离的透明液体集中置于干燥清洁的锥形瓶中，再用移液管吸取。

8.5.3 皂化值的测定

(1) 原理 皂化是指由有机酸衍生物生成碱金属盐的过程。皂化值是指产品中 1g 不挥发物皂化时所消耗氢氧化钾（KOH）的质量数（mg）。本方法是以氢氧化钾溶液与试样共沸皂化，以盐酸滴定过量的氢氧化钾而测得皂化值。

(2) 试剂和仪器

甲苯（或其他不能皂化的合适溶剂）；氢氧化钾（$c=0.5mol/L$）的乙醇溶液或甲醇溶液；95%的乙醇。

盐酸标准滴定溶液：以 4 份体积的甲醇与 1 份体积的水组成的混合物配制，盐酸浓度 $c=0.5mol/L$。

酚酞或百里酚酞指示剂溶液：浓度为 10g/L，由 95%（体积分数）乙醇、甲醇或丙醇配制而成。

锥形瓶；回流冷凝器；滴定管或移液管。

(3) 试验步骤

① 试样：称取试样的质量应取决于表 8-5 中所预计的皂化值大小。称取的试样质量要小于使得试样充分皂化时所消耗的氢氧化钾溶液的体积的 1/2。

表 8-5　试样称取量与皂化值的关系

预计皂化值（以 KOH 计）/(mg/g)	试样量/g
~10	20
10 以上~20	10
20 以上~50	5
50 以上~100	2.5
100 以上~200	1.5
200 以上~300	1
300 以上~500	0.5
500 以上	0.2

② 测定：称取试样至锥形瓶中，以移液管加入 5ml 甲苯或其他不皂化的合适溶剂以溶解试样（必要时可适当加热）。移加入 25ml 氢氧化钾-乙醇溶液。缓

慢加热瓶内试样溶液至沸,并在沸点下回流 1h,使之全部皂化。用 20ml 中和的乙醇冲洗冷凝器和锥形瓶口,以酚酞为指示剂,用盐酸溶液滴定该热溶液至无色,10s 不回色即为终点。进行两份试样的平行测定。

进行平行空白试验测定,步骤同上(但不加入试样)。

(4) 结果评定

按下式计算皂化值

$$S = 56.1 \frac{(V_1 - V_0)}{m \times NV} \times C \times 100 \tag{8-12}$$

式中 S——皂化值(以 KOH 计),mg/g;

V_0——空白试验消耗盐酸的体积,mL;

V_1——测定试样消耗盐酸的体积,mL;

c——试验时盐酸溶液的真实浓度,mol/L;

m——试样质量,g;

NV——不挥发物含量,%(质量分数)。

(5) 讨论

① 本方法是测定色漆和清漆用漆基中的皂化值,不适用于超出正常皂化作用而与碱可进一步反应的漆基。对某些难皂化的漆基,可以采用本方法测定皂化值,但需要延长皂化时间,提高氢氧化钾溶液浓度,或采用沸点较高的醇作溶剂来测定。

② 为使测定准确,所用的氢氧化钾-乙醇溶液或甲醇溶液一定要去除碳酸盐,取其清液,以邻苯二甲酸氢钾标定浓度。

③ 如果必要,滴定时可采用电位滴定计及磁力搅拌器。

④ 一般,试样溶解后,以 25ml 氢氧化钾溶液经 1h 煮沸后,检验是否可测得皂化值,如需强化皂化试验条件,可延长皂化时间至少为 2h 或改用 2mol/L 的氢氧化钾乙醇溶液或用终沸点高的 1,2-乙二醇或二缩乙二醇配制的氢氧化钾-醇溶液。

9 涂膜施工及表观性能的测定

9.1 涂膜制备及状态调节

要想使涂膜检测的结果准确可靠，就需要制备符合要求的标准涂膜，按照产品标准规定，在指定的底材上制备具有指定厚度均匀的涂膜，是涂膜检测的基础。制得的涂膜必须能真实地反映涂膜的本质。

要制得均匀的涂膜样板，必须注意底板的选择与处理；制备方法与条件两个方面。底板的材质根据产品标准选定，表面处理、制备涂膜时的黏度、制备方法、环境温度和湿度、干燥条件和时间均要严格遵守规定要求。

国标《GB/T 1727—92 漆膜一般制备法》中分别列出了刷涂法，喷涂法，浸涂法和刮涂法；国标《GB/T 6741—86 均匀漆膜制备法（旋转涂漆四法）》；《GB/T 1736—79 绝缘漆漆膜制备法》的浸渍法，浇注法；以及《GB/T1765—79 测定耐湿热耐盐雾，耐候性（人工加速）的漆膜制备法》的特殊方法。但任何制备方法均依赖操作者的技术熟练程度。这是涂膜性能测试的关键。

9.1.1 涂膜一般制备法

(1) 材料和仪器设备

制备涂膜的试板可用下列材料：马口铁板，玻璃板，钢板，铝板，水泥石棉板，钢棒。

试板尺寸按标准规定。

所使用的工具、仪器为：漆刷，喷枪，腻子刮漆器，黏度计，杠杆千分尺或其他测厚仪,秒表,鼓风恒温干燥箱,TQ-160型旋转涂漆器。

(2) 制备方法

1) 底板的表面处理　底板应经打磨除锈,再用溶剂清洗,晾干使用。

2) 制板方法　将试样充分搅拌均匀,表面结皮应仔细揭去,必要时可用120目～180目筛子过滤。多组分漆液按标准规定的配比称量混合,搅拌均匀。

① 刷涂法:将试样稀释至规定的黏度,用漆刷在规定的试板上快速均匀地沿纵横方向涂刷,使其成为一层均匀的漆膜,不允许有溢流或空白现象。涂好的试板平放,进行干燥处理。

② 喷涂法:将试样稀释至喷涂黏度23℃±2℃条件下,涂-4黏度计的测定值,油基漆应为20s～30s,挥发性漆应为15s～25s;在ISO流量杯中的测定值,油基漆应为45s～80s,挥发性漆应为24s～45s或按产品规定黏度,然后在规定的试板上喷涂均匀的漆膜,不得有空白或溢流现象。喷涂时喷枪与被涂面之间的距离不小于200mm,喷涂方向要与被涂面成适当的角度,空气压力为0.2MPa～0.4MPa(空气应过滤去油,水及污物)喷枪移动速度要均匀。喷涂好的试板要放平、进行干燥处理。

③ 浸涂法:将试样稀释至适当黏度,将底板缓慢均匀地垂直浸入漆液中,保持30s。取出,在洁净处滴干10min～30min,垂直悬挂,干燥。要注意干燥程度,以保证涂膜不至于因第二次浸涂而发生流挂、咬底或起皱现象。将样板倒转180°,按同样方法进行第二次浸漆,滴干,干燥。使漆膜厚度符合产品标准的规定。

④ 刮涂法:将试板放在平台上,并固定。按产品规定湿膜厚度,选用适宜间隙的漆膜制备器,将其放在试板的一端,制备器的长边与试板的短边大致平行或放在试板规定的位置上,然后在制备器的前面均匀地放上适量试样,握住制备器,用一定的压力,并以150mm/s的速度匀速滑过试板,即涂布成需要厚度的湿膜。

⑤ 均匀漆膜制备法,旋转涂漆器法:将处理的底板,固定在样板架上,在仪器上选定旋转时间(以"s"计)及转速(以"r/min"计),并使涂料产品的温度与测定黏度时的温度一致,在整个制备过程中保持不变。

将涂料产品沿长方形底板纵向的中心线成带状地注入,其量约占底板1/2面积,迅速盖上盖了,启动电机,待仪器自动停止转动后,方可打开盖子,取出样板,立即检查,选取漆膜均匀平整且全覆盖底板表面的样板。

3) 涂膜干燥和状态调节　上述制备的涂膜,在进行一般性能测试前的干燥时间规定。自然干燥漆,需恒温恒湿48h;挥发性漆,需恒温恒湿24h;烘干漆,按产品标准规定。取出后,在恒温恒湿条件下放置0.5h～1h后测试。

恒温恒湿条件指温度25℃±1℃,相对湿度65%±5%。

4) 涂膜干燥后涂膜厚度的规定。见表 9-1。

表 9-1 涂膜厚度的规定

名 称	厚度/μm	名 称	厚度/μm
清油丙烯酸清漆	13±3	防腐漆单一漆膜的耐酸、耐碱性及防锈漆的耐盐水性、耐磨性（均涂二道）	45±5
酯胶、酚醛、醇酸清漆	15±3		
沥青、环氧、氨基、硝基、过氯乙烯、有机硅清漆	20±3	单一漆膜的耐湿热性	23±3
磁漆底漆调和漆	23±3		
丙烯酸磁漆、底漆	18±3	防腐漆配套漆膜的耐酸耐碱性	70±10
乙烯磷化底漆	10±3		
厚漆	35±5	磨光性	30±5
腻子	500±20		

(3) 讨论

① 漆膜制备的试板要按 GB 9271 要求采用标准试板及涂漆前的表面处理程序，同时，必须保证处理过的试板表面洁净。在涂漆前不直接用手触摸或与其他污物接触。对特定工业应用试验所用的试板或底材应严格按实际工业应用要求进行处理。

② 打磨马口铁板或薄钢板样板必须用规定标号砂布或砂纸。试验证明，砂布型号不同，对漆膜物理性能及耐水、耐汽油性影响较大。

③ 试样的尺寸要按试验方法规定执行。

9.1.2 测定耐湿热、耐盐雾、耐候性（人工加速）的漆膜制备法

(1) 材料和仪器设备 同"一般制备法"。

(2) 制备方法

① 底板表面处理：a. 钢板先用溶剂除去油污，再用砂布除净铁锈和氧化皮，以棉纱沾溶剂擦净，用绸布或脱脂纱布拭干后，即可喷涂。必要时，可采用酸碱处理法；b. 铝板采用"常温阳极化"方法。

② 制板方法：喷涂、干燥等步骤同"一般制备法"。但是，各道底、面漆在涂下道漆前，应以 400 号水砂纸打磨（磷化底漆和最后一道面漆不需打磨），晾干。喷涂前再行擦拭干净。在末道漆干燥后，用耐水的自干漆封边。编号时，带上干净棉纱手套，以免沾污样板。自干和烘干的样板应在恒温、恒湿条件下，分别放置 7 天和 1 天，再投入试验。同一品种的同一试验，应制备四块样板：三块投入试验，一块作为标准板保存在干燥器中。

③ 喷涂道数及厚度（见表 9-2）。

表 9-2 喷涂道数及厚度（μm）

底面漆	油漆类型			
	一般油漆	低固体分低黏度类	磷化底漆	清漆
	涂膜厚度			
底漆	二道共 40±5	二道共 30±5	一道 8~12	二道
面漆	二道共 60±5	二道共 40±5		共 25±5

9.1.3 绝缘漆漆膜制备法

(1) 材料和仪器设备

紫铜片：T2，表面平整光滑，厚度均匀一致（最厚和最薄点之差不大于 0.01mm）。

制备各项试验用漆膜对紫铜片的供应状态有不同的要求：如进行干燥时间、耐油性、击穿强度、绝缘电阻及吸水率的测定时，要为"硬态"；测定耐热性的紫铜片时，供应状态要求为软态。

电容器纸Ⅱ-10，玻璃板，电工纱带，去污粉，工业盐酸，甲苯或二甲苯-乙醇溶剂（1:1）。

制备漆膜用具：浸漆槽、滴干架等、鼓风烘箱，杠杆千分尺或测厚仪。

(2) 底材处理

① 悬挂样板，在上面打孔。

打孔的位置分别为：测电性能，四角打孔；测吸水率，对角打孔；测其他性能，中垂线两边缘打孔。

使用前，将铜片处理平整，浸入 3% 的稀盐酸中，5 min 左右取出，清水冲洗除去两面酸液。用软木塞或软棉布蘸取去污粉水浆，在紫铜片表面仔细、均匀地打磨，除去污斑和氧化物，直至表面光洁无污，用水冲洗干净，再用洁净的纱布揩除水分，在约 100℃ 的烘箱中干燥之后存放于干燥器中，浸漆前，用溶剂擦净并晾干。

② 电工纱带处理：取 700mm 的电工纱带，浸漆前，在酒精灯火焰上除去纱带表面上的纤维，并于 105℃±2℃下烘 30min，除去潮气，取出放入干燥器中，冷却至室温后使用。

③ 电容器纸的处理：电容器纸在浸漆前，需在 80℃±2℃下焙烘 10min，以除去纸上的潮气，取出放入干燥器中，冷却至室温后使用。

(3) 制备漆膜

① 浸渍法：经处理的试片，测量厚度后，均匀地浸入静置至无气泡的漆液中停留 30s（电容器纸等停留 1min），以同样均匀的速度自漆中取出，垂直悬挂

在洁净无灰尘处滴干 10min～30min，用调刀仔细地刮去下面的余漆，然后按规定进行干燥或烘干。将试片倒转 180°，按上述方法进行第二次浸渍，滴干或烘干。两次浸漆后，漆膜每面的厚度必须在 50 μm±5 μm，测定抗甩性的漆膜，每面厚度在 110 μm±10 μm，否则应重新调整漆液的黏度。

② 浇注法：对不适宜用浸渍法制备漆膜，可采用浇注法。将洁净的玻璃板或其他底材，以杠杆千分尺或厚度仪测量厚度，然后将适当黏度的漆液，均匀浇注于整块位于水平的样板上，再以 45°角倾斜放置于洁净无灰尘处 10min～30min，使样板上多余的漆流尽，以同样的角度置于干燥箱或烘箱内，按规定干燥。将样板倒转 180°，按同样方法进行第二次浇注。浇二次漆后，漆膜的每面厚度 50 μm±5 μm，测定耐电弧性的漆膜，每面厚度应控制在 70 μm±10 μm。

9.1.4　涂料试样状态调节和试验的温湿度

(1) 状态调节和试验环境

状态调节：是指在试验前，将试样和试件置于有关温度的规定条件下，并使它们在此环境中保持预定时间的整个操作。

试验环境：是在整个试验期间试样或试件所暴露的环境。它的特征是将温度及相对湿度的规定值，保持在预定的范围内。

试样及仪器的相关部分应置于状态调节环境中，使其尽快地与环境达到平衡。

(2) 试验的温、湿度

① 标准环境条件（凡有可能均采用）：温度 23℃±2℃，相对湿度 50％±5％。

② 标准温度 23℃±2℃，相对湿度为环境湿度。

③ 其他条件　对于某些难以保持①和②条标准环境条件的地区以及非仲裁目的，可以规定其他条件，但应在试验报告中注明。对于不必控制温湿度的环境条件，如果已知温湿度，应在试验报告中注明。

(3) 讨论　涂料大多是以高分子化合物作为基料的材料，制成供性能测试用的漆膜试板，都必须经过在规定的温湿度环境条件下的"状态调节"，这实际上是供漆膜固化到一定程度，也消除在烘烤固化成膜过程中产生的某些应力，测试时，才能测出稳定的性能，因此这一过程不能省略。

9.2　光泽、颜色及外观的测定

9.2.1　光泽的测定

涂料的一项重要作用就是其装饰性能。航空飞行器根据不同的需要而要求涂膜具有高光亮的装饰性或无光泽的隐蔽伪装性，涂膜的光亮度就是反映这一质量的重要技术指标。涂膜的光泽就是利用涂膜表面把投射在其上面的光线,由一方向反射出去的结果。光量越大,则光泽越强;光量越小。其光泽越弱,测定光泽的方法就是利用这一原理。

国标《GB/T 1743—79 漆膜光泽测定法》采用 GZ-1 型光电光泽计,以固定为 45°或 60°角度使光线投射到被测表面上,由被测表面以同样角度反射的光线经透镜聚集到光电池,产生光电流,借助于检流计可得出光泽读数。国标《GB/T 9754—88》采用等效国际标准《ISO 2813—1978》对原测定方法进行了较大更改,规定以 20°、60°、85°三种几何角度测定涂膜的镜面光泽。其中,60°法适用于所有色漆漆膜;对于光泽很高的色漆或接近无光泽的色漆,20°或 85°法则较为适宜。20°法对高光泽色漆可提高鉴别能力;85°法对低光泽色漆可提高鉴别能力。注意这些方法不适用于测定含金属颜料色漆的光泽。

(1) 原理

光泽的定义:就是涂膜表面将投射其上的光线向一个方向反射出去的能力。也称镜面光泽度。

光泽的测试原理:是光源经透镜使成平行或稍微会聚的光束射向试样涂膜面,反射光经接收部分透镜会聚,经视场光栏被光电池吸收,产生光电流借助于显示器就可得出光泽的读数。

实际上光泽是一个比较值,结果为从涂膜表面来的正反射光量与在同条件下,从标准板表面来的正反射光量之比,以百分数表示。

(2) 材料和仪器、设备

1) GZ-1 光泽计法

玻璃板(JG40-62):90mm×120mm×(2~3)mm。

GZ-1 光泽计。

2) 20°、60°、85°镜面光泽计法

底板材料:平板玻璃(除另外商定)150mm×100mm×3mm。

漆膜涂布器:(在没有规定其他施工方法时使用)底部有一槽的块状湿膜制备器,槽深 100mm±2mm。

光泽计:KGZ-1A 型镜向光泽度仪。

标准板:基本标准板,工作标准板。

(3) 试验步骤及结果评定

1) GZ-1 光泽计法

① 按《漆膜一般制备法》的规定,在玻璃板上制备漆膜。清漆需涂在预先涂有同类型的黑色无光漆的底板上。

② 测定时,先接通电源,按下电源开关。预热 10min 后,按下 140% 的量程选择钮。拉动样板夹,将黑色标准板插入空隙里夹好。慢慢转动标准旋钮,使

表针指示标准板所标定的光泽数。取出标准板,插入被测样板。光泽低于70%时,应按下70%的量程选择钮。在样板的三个不同位置进行测量,读数准确至1%。

③ 各测量点读数与平均值之差,不大于平均值的5%,结果取三点读数的算术平均值。

每测定5块样板后,用标准板校对一次。标准板宜用擦镜纸或绒布擦,以免损伤镜面。

2) 20°、60°、85°镜面光泽测定法

① 在温度23℃±2℃和相对湿度50%±5%的条件下,使用块状湿膜制备器将色漆涂在刚脱脂的玻璃板上。取约2ml色漆,使成直线涂布在玻璃板一边,以100mm/s左右的速度用恒定压力拉动涂布器,涂布成平整的漆膜。然后按产品标准规定的条件和时间干燥,除另有规定外,应将干燥后的试板在23℃±2℃,相对湿度50%±5%条件下至少进行状态调节16h。

② 按GB 1764中所规定的适当方法测定漆膜厚度,以微米(μm)表示,并记录测定的方法。

③ 进入光泽测定。在每次操作开始,先将仪器调整好,并校准光泽计使其能正确读出高光泽工作标准板的光泽值,然后再读出低光泽工作标准板的光泽值。如果低光泽工作标准板的仪器读数与其规定的数值相差超过1个光泽单位,最好由制造厂重新调整后再使用。操作一定时间后,亦需校准光泽计,以确保仪器工作稳定。

光泽计校准后,在试验涂膜的平行于涂布方向的不同位置测试,取得3个读数,再用高光泽的工作标准板校准仪器以确保读数没有偏差,若结果误差范围小于5个单位,记录平均值为镜面光泽值。否则再进行3次测定,记录全部6个值的平均值与极限值。

(4) 讨论

① 测定光泽仪在平整性好的表面漆膜上才有意义,底材的稍微弯曲或局部不平整均严重影响测试结果。

② 某些类型的色漆,特别是半光色漆,对条件变化及漆膜制备方法的变更较敏感,所以要严格控制环境条件和漆膜制备方法。

③ 漆膜的刷痕或其他有规则的纹理方向应该平行于仪器的入射和反射平面。否则,影响测定结果。

9.2.2 颜色及外观的测定

(1) 原理 作为一种装饰,标志及保护功能而言,漆膜的颜色及外观,应作为漆膜质量评定的一项重要内容。颜色是一种视觉,所谓视觉就是光刺激人的眼

睛之后，在大脑中引起的反映，所以颜色和光是密切相关的。

漆膜颜色及外观的测定是采用漆膜颜色及外观与标准色板，标准样品进行比较的方法评定结果。将试样与标准样同时制板，在相同条件下施工，干燥后，在天然散射光线下目测检查，如试样与标准样颜色板无显著区别，即认为符合技术误差范围。也可以将试样制板后，与标准色卡进行比较，以适合用户的需要。

(2) 材料和仪器、设备 标准色板；标准样品；马口铁板：50mm×120mm×(0.2～0.3)mm。

(3) 试验步骤

① 标准样品法：按《漆膜一般制备法》将测定样品与标准样品，分别在马口铁板上制备漆膜。待漆膜实干后，将两板重叠1/4面积，在天然散射光线下检查，眼睛与样板距离30cm～35cm，约成120°～140°角，根据产品标准检查颜色的外观，颜色应符合技术允许误差范围——外观应平整、光滑或符合产品标准规定。

② 标准色板法：按《漆膜一般制备法》将测定样品在马口铁板制备漆膜。待漆膜实干后，将标准色板与待测色板重叠1/4面积，在天然散射光线下检查，眼睛与样板距离30 cm～35cm，约成120°～140°角，其颜色若在两块标准色板之间与一块标准色板比较接近，即认为符合技术允许范围——外观检查应平整、光滑。

(4) 漆膜颜色测定的影响因素

① 施工条件的影响：由于测定漆膜颜色是将试样与标准样同时制板，干燥后，在天然散射光线下目测检查。所以，必须注意将试样与标准样留在相同的条件下施工，同时，漆膜一定要干燥彻底，在相同光线下目测检查。

② 操作者的影响：由于漆膜颜色测定是用肉眼区分漆膜的颜色差别，会受到色彩记忆能力等因素的影响，不可避免有人为误差的产生。因此我国国标《GB/T 11186.1.2.3—89 漆膜颜色的测量方法》规定用光谱光度计、滤光光谱光度计和三刺激值色度计测定涂膜颜色，即用通称的光电色差仪表对颜色进行定量测定，以把人们对颜色的感觉用数字表达出来，如对颜色有特殊要求，请参照此方法进行测定。

9.3　涂膜干燥性能的测定

液体涂料涂于物体表面从流体层变为固体涂膜的物理或化学变化过程通称涂膜干燥。干燥过程依据涂膜物理性状态的变化，主要是黏度的变化过程，可分为不同阶段，习惯上分为表面干燥、实际干燥和完全干燥3个阶段。

对于干燥时间,施工过程要求是越短越好,以免涂饰工件沾上尘土污物,并可大大缩短施工周期,而对涂料本身性能来说,因受材料的限制,则往往要求一定的干燥时间,才能保证成膜后的质量。由于涂料的完全干燥需要一个长时间过程,故一般只能测定表面干燥和实际干燥两项。

9.3.1 表面干燥试验方法

(1) 原理　《GB/T 6753.2—86》等效《ISO 1517》标准,规定了自干型产品表面干燥时间的测定。在规定的干燥条件下,在涂膜上撒下小玻璃球,测定用刷子轻轻刷离而不损伤涂膜表面时,漆膜处于这种状态即为表干。

(2) 材料和仪器　小玻璃球,直径 125 μm～250 μm,软毛刷,秒表。

(3) 试验步骤　按《涂料产品的取样》的规定,取待试产品的代表性样品,并按《漆膜一般制备法》制备样板。通常,将样板水平放置,无气流,无直射阳光,在温度为 23℃±2℃ 或 25℃±1℃,相对湿度为 50%±5% 或 65%±5% 的条件下进行干燥。经过规定的时间后,评定为表干状态。将样板放平,从不小于 50mm、不大于 150mm 的高度上,将约 0.5g 的小玻璃球倒在漆膜表面上。

[注] 为避免小玻璃球过分的分散,可通过内径约 25mm 适当长度的玻璃管倒下小玻璃球,注意不让玻璃管管口接触漆膜。如果需要,可在同一块样板的其他位置进一步进行试验。

(4) 结果评定　经 10s 后,将样板保持与水平面成 20°角。用软毛刷轻轻刷漆膜。用一般直视法检查漆膜表面,若能将全部小玻璃球刷掉而不损伤表面,则涂层为"表干"。样板边缘部分 5mm 以内不作考核。

测定表干时间时,应按上述的规定,制备一些相同的样板,按规定使其干燥。按合适的间隔时间,在预期漆膜表干前不久开始试验,每次试验使用不同的样板(如用上述的玻璃管,也可用同一试板未触过之位置)按规定进行试验,直到试验表明漆膜为表干时,记录漆膜刚好达到表干所用的时间。

9.3.2 漆膜、腻子膜干燥时间测定

(1) 原理　GB/T 1728 标准规定了漆膜、腻子膜干燥时间的测定,其原理:即在规定的干燥条件下,表层成膜的时间为表干时间,全部形成固体涂膜的时间为实际干燥时间,以小时(h)或分(min)表示。

(2) 材料的仪器设备

马口铁板:50mm×120mm×(0.2～0.3)mm;65mm×150mm×(0.2～0.3)mm;

紫铜片:T2,硬态,50mm×100mm×(0.1～0.3)mm。

铝板:LY12,50mm×120mm×10mm。

铝片盒：45 mm×45 mm×20mm（铝片厚度0.05mm～0.1mm）。
脱脂棉球：1cm³疏松棉球。
定性滤纸：标重75g/m，15 cm×15cm。
保险刀片；电热鼓风箱。
秒表：分度为0.2s。
天平：感量为0.01g。
干燥试验器：如图9-1所示，重200g，底面积1cm²。

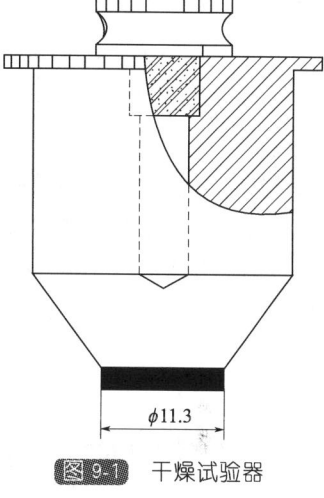

图9-1 干燥试验器

(3) 表面干燥时间试验步骤及评定结果

① 吹棉球法：在漆膜表面上轻轻放上一个脱脂棉球，用嘴距棉球10cm～15cm，沿水平方向轻吹棉球，如能吹走，膜面上不留有棉丝，即认为表面干燥。

② 指触法：以手指轻轻触摸漆膜表面，如感到虽有些发黏，但无漆粘在手指上，即认为表面干燥。

(4) 实际干燥时间测定步骤及结果评定

① 压滤纸法：在漆膜上放一片定性滤纸（光滑面接触漆膜），将干燥试验器轻轻放在滤纸上，同时开动秒表，经30s后移去干燥试验器，将涂漆试板翻转（漆膜向下），观察滤纸能否自由落下。如滤纸能自由落下而滤纸纤维不被粘在漆膜上，即认为漆膜实际干燥。

对于产品标准中规定漆膜允许稍有黏性的漆，如样板翻转经食指轻敲后，滤纸仍不能自由落下时，将样板放在玻璃板上，用镊子夹住预先折起的滤纸的一角，沿水平方向轻拉滤纸。当样板不动，滤纸已被拉下，即使漆膜上粘有滤纸纤维亦认为漆膜实际干燥，但应注明漆膜稍有黏性。

② 压棉球法：在漆膜表面上放一个脱脂棉球，在棉球上再轻轻放置干燥试验器。同时开动秒表，经30min，将干燥试验器和棉球拿掉，放置5min，观察漆膜有无棉球的痕迹及失光现象，漆膜上若留有1～2根棉丝，用手能轻轻弹掉，均认为漆膜实际干燥。

③ 刀片法：用保险刀片在样板上切刮漆膜或腻子膜观察其底层及膜内有无粘着现象，如无粘着现象，即认为漆膜或腻了膜实际干燥。

④ 厚层干燥法（适用于绝缘漆）：用二甲苯或乙醇将铝片盒擦净，干燥。称取试样20g（以50%固体含量计，固体含量不同时应换算），静止至试样内无气泡（不消失的气泡用针挑出），水平放入加热至规定温度的电热鼓风箱内。按产品标准规定的升温速度和时间进行干燥，然后取出冷却，小心撕开铝片盒将试块完整地剥出。

检查试块的表面、内部和底层是否符合产品标准规定，当试块从中间被剪成两份，应没有黏液状物，剪开的截面合拢再拉开，亦无拉丝现象，则认为厚层实际干燥。

备注：油基漆样板不能与硝基漆样板在同一个电热鼓风箱内干燥。

⑤ 仪器测定法：由于涂料的干燥和漆膜的形成是一个进行得很缓慢的和连续的过程，为了观察干燥过程中的全部变化，可采用自动干燥时间测定器。一种是利用马达通过减速箱带动齿轮，以 30mm/h 的缓慢速度在漆膜上直线走动，全程共 24h，随着漆膜的逐渐干燥，齿轮痕迹也逐步由深至浅，直至全部消失。另一种是利用马达带动盛有细砂的漏斗，在涂有漆膜的样板上缓慢移动，砂子就不断地掉落在漆膜上形成直线状的砂粒痕迹，以测定干燥的不同阶段所需要的时间。

9.4　涂膜的流平性及流挂性测定

9.4.1　流平性的测定

流平性是涂料施工性能中的一个重要项目，它是指涂料在施工后，其涂膜由不规则、不平整的表面流展成平坦而光滑表面的能力。涂膜的流平是重力、表面张力、剪切力的综合效果。这与涂料的组成、性能、施工方式有关。另外，涂料中加入聚硅氧烷、醋丁纤维素等助剂，也能直接改善涂膜的流平性。

(1) 原理　国标《GB/T 1750—88　涂料流平性测定》规定流平性的测定是将油漆刷涂或喷涂于表面平整的底板上，以刷痕消失形成平滑漆膜所需时间（min）表示。

(2) 材料和仪器设备

马口铁板：表面平整，尺寸 50mm×120mm×(0.2~0.3)mm。

漆刷：宽 25mm~35mm。

喷枪；秒表。

(3) 试验步骤

① 刷涂法：按《漆膜一般制备法》中的刷涂法。在恒温恒湿条件下，用漆刷在马口铁板上制备漆膜。刷涂时，应迅速先纵向后横向地刷涂，涂刷时间不多于 2min~3min。然后在样板中部纵向由一边到另一边涂刷一道（有刷痕而不露底）。自刷子离开样板的同时，开动秒表，测定刷子划过的刷痕消失和形成完全平整光滑漆膜表面所需的时间，合格与否按产品标准规定。

② 喷涂法：按《漆膜一般制备法》中的喷涂法，在马口铁板表面上制备漆膜，将样板置于恒温恒湿的条件下，观察涂漆表面达到均匀、光滑、无皱（无橘

皮或鹅皮）状态所需的时间。合格与否按产品标准规定。

（4）结果评定 一般按涂膜达到均匀平滑表面所需的时间来评级：不超过10min者为良好；10min～15min为合格；经15min后试样表面尚未均匀者为不合格。

（5）讨论 无论是采用刷涂法还是喷涂法，最重要的是应将涂料试样调至施工黏度，黏度过大或过小都不能观察出准确的流平性，难以进行符合标准的评定。

9.4.2 流挂性的测定

（1）原理 液体涂料涂刷在垂直表面上，受重力的影响，在湿膜未干燥以前，部分湿膜的表面容易向下流坠，形成上部变薄、下部变厚，或严重的形成球形、波纹形状。这种现象说明涂料易流挂或称抗流挂性不好，是涂料应避免的性能。主要是涂料流动特性不适宜，或涂层过厚所致。涂料的流挂速度与黏度成反比，与涂层的厚度二次方成正比。涂膜流挂性不符合标准规定，干后涂膜就难平整、均匀、影响外观及各项保护性能。所以对涂料的流挂性也需要检测。国标《GB 9264 色漆流挂性测定》采用流挂试验仪对色漆的流挂性进行测定。以垂直放置，不流到下一个厚度条膜的涂膜厚度为不流挂的读数。厚度数值越大，说明涂料越不容易产生流挂现象。

（2）仪器和材料

流挂试验仪：该仪器由3个多凹槽刮涂器（测试范围分别为：50μm～275μm；250μm～475μm；450μm～675μm）及底座组成。每个刮涂器均能将待试色漆刮涂成10条不同厚度的平行湿膜。每条湿膜宽度为6mm，条膜之间的距离为1.5mm，相邻条膜间的厚度差值为25μm。底座为带刮涂导边和玻璃试板挡块的表面平整的钢质构件（如图9-2所示）。

试板：200mm×120mm×（2～3）mm的表面平整光滑的玻璃板或其他商

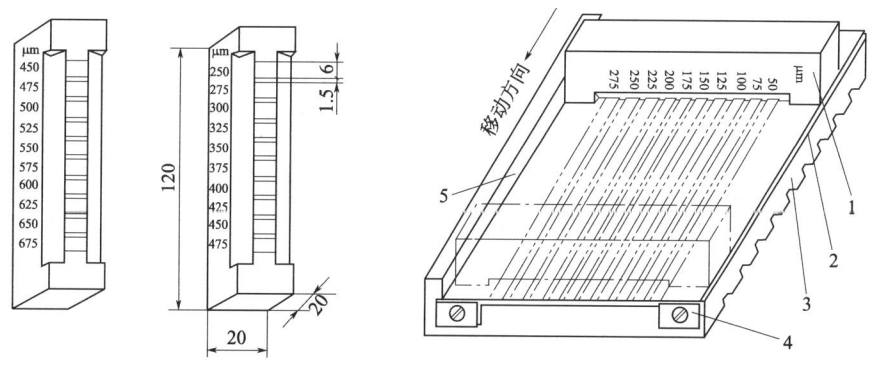

图9-2 流挂试验仪及装置（尺寸单位：mm）
1—多凹槽刮涂器；2—玻璃试板；3—底座；4—玻璃试板挡块；5—导边

定的试板。

(3) 测试步骤 在温度为 23℃±2℃，相对湿度 50%±5% 的条件下，将洁净、干燥的试验仪的底座放在一平台上，再将试板放在底座的适宜位置上，将刮涂器置于试板板面的顶端，刻度面朝向操作者。充分搅匀样品，将足够量的样品放在刮涂器前面的开口处，两手握住刮涂器两端，使其一端始终与导边紧密接触，平稳、连续地从上到下进行刮拉，同时应保持平直而无起伏。约 2s～3s 完成这一操作。将刮完涂膜的试板立即垂直放置，放置时应使条膜呈横向且保持"上薄下厚"。

(4) 结果表示 待涂膜表干后，观察其流挂情况。若该条厚度涂膜不流到下一个厚度条膜内时，即为该厚度的涂膜不流挂（如图 9-3），涂膜两端各 20mm 内的区域不计。同一试样以三块样板进行平行试验。试验结果以不少于两块样板测得的涂膜不流挂的最大湿膜厚度一致来表示（以微米计）。

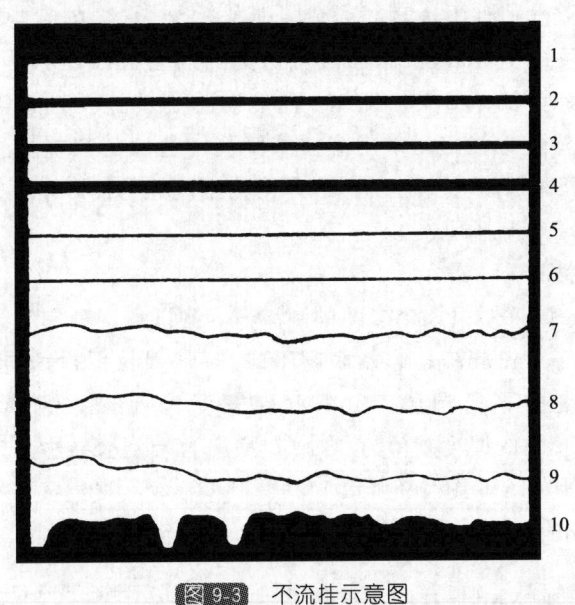

图 9-3 不流挂示意图

(5) 讨论 该测试方法只适用色漆，而不适用于测试清漆、粉末涂料的流挂性，该测试只是个相对结果。

9.5 涂膜厚度与遮盖力的测定

9.5.1 厚度的测定

在涂料的检验过程中，涂膜厚度是一项很重要的控制指标，涂膜的厚薄不匀或厚度未达到规定要求，均将对涂膜性能产生很大的影响，各种样品的性能比较也只有在同样的涂膜厚度下才能有可比性。根据国标《GB/T 1764 漆膜厚度测定法》，采用杠杆千分尺或磁性测厚度仪测定，以微米（μm）表示。

(1) 仪器设备

杠杆千分尺：精确度为 2 μm。

磁性测厚仪：精确度为 2 μm。

(2) 测试步骤

1) 杠杆千分尺法

① 杠杆千分尺的"0"位校对、调整：首先用绸布擦净两个测量平面，旋转微分筒，使两测量面轻轻地相互接触，当指针与表盘的"0"线重合后，就停止旋转微分筒。这时微分筒上的"0"线也应与固定套筒上的轴向该线重合，微分筒边缘与固定套筒的"0"线的左边缘恰好相切，这样算"0"线位正确。如果"0"线位不准，就必须调整。

"0"线位调整方法：先使指针与表盘的"0"线重合，用止动器把活动测杆固定住，松开后盖，再调整微分筒上的"0"线与固定套筒上的轴向刻线重合，微分筒边缘与固定套筒上的"0"线的左边缘恰好相切，然后拧紧后盖，松开止动器，看表盘指针是否对"0"。如不对应，重复上述步骤，重新调零。

② 测量：取距边缘不少于 1cm 的上、中、下三个位置进行测量。先将未涂漆底板放于微动测杆与活动测杆之间，慢慢旋转微分筒，使指针在两公差带指针之间，然后调整微分筒上的某一条线与固定套筒上的轴向刻线重合。为消除测量误差，可在原处多测几次。读数时，把固定套筒、微分筒和表盘上所读得的数字加起来，即为测得厚度值。然后涂上漆样，按规定时间干燥后，再按此方法在相同位置测量，两者之差即为漆膜厚度。也可先测量已涂漆样板的厚度，再用合适的方法除去测量点的漆膜，然后测出底板的厚度，两者之差即为漆膜厚度，取各点厚度的算术平均值即为漆膜的平均厚度值。

2) 磁性测厚仪法

① 调零：取出探头，插入仪器的插座上。将已打磨未涂漆的底板（与被测漆膜底材相同）擦洗干净，把探头放在底板上，按下电钮，再按下磁芯，当磁芯跳开时，如指针不在零位，应旋动调零电位器，使指针回到零位，需重复数次，如无法调零，需更换新电池。

② 校正：取标准厚度片放在调零用的底板上，再将探头放在标准厚度片上，按下电钮，再按下磁芯，待磁芯跳开后旋转标准钮，使指针回到标准片厚度值上，需重复数次。

③ 测量：取距样板边缘不少于 1cm 的上、中、下三个位置进行测量。将探头放在样板上，接下电钮，再按下磁芯，使之与被测漆膜完全吸合，此时指针缓慢下降，待磁芯跳开表针稳定时，即可读出漆膜厚度值。取各点厚度的算术平均

值为漆膜的平均厚度值。

对于涂层所用的其他底板材料,如玻璃、木板、纸张等,要测定其漆膜厚度,一般用杠杆千分尺。

9.5.2 遮盖力的测定

(1) 原理 色漆均匀地涂刷在物体表面,由于涂膜对光的吸收、反射和散射而使底材颜色不再呈现出来的能力,称为色漆的遮盖力。遮盖力的高低是由涂料的组成决定的。一般可用两种方式表示:①测定遮盖单位面积所需的最小用漆量,以 g/m 表示;或②遮盖住底面所需最小湿膜厚度,以 μm 表示。国标《GB 1726—79 涂料遮盖力测定法》规定了使用黑白格板,有刷涂法和喷涂法两种测定方法。

(2) 材料和仪器设备

漆刷:宽 25mm~35mm。

玻璃板(JG 40~62):100mm×100mm×(1.2~2)mm,250mm×100mm×(1.2~2)mm。

木板:100mm×100mm×(1.5~2.5)mm。

天平:感量为 0.01g,0.001g。

刷涂法黑白格玻璃板:如图 9-4 所示。将 100mm×250mm 玻璃板的一端遮住 100mm×50mm(留作试验时手执之用),然后在剩余的 100mm×200mm 的面积上喷一层黑色硝基漆,待干后用小刀仔细地间隔划去 25mm×25mm 的正方形。再将玻璃板放入水中浸泡片刻,取出晾干,间隔剥去正方形漆膜处,再喷上一层白色硝基漆,即成为具有 32 个正方形之黑白间隔的玻璃板。然后再贴上一张光滑牛皮纸,刮涂一层环氧胶(以防止溶剂渗入破坏黑白格漆膜),即制得牢固的黑白格板。

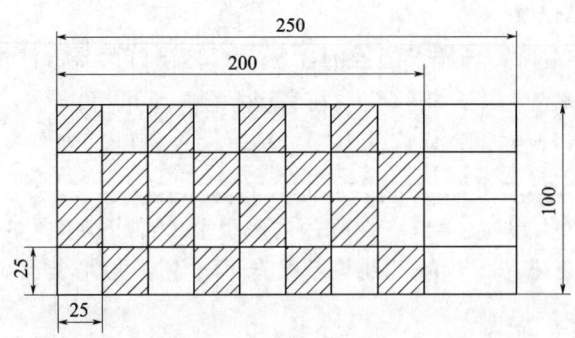

图 9-4 刷涂法黑白格玻璃板 (尺寸单位:mm)

喷涂法黑白格木板:如图 9-5 所示。在 100mm×100mm 的木板上喷一层黑硝基漆。待干后漆面贴一张同面积大小的白色厚光滑纸，然后用小刀仔细地间隔划去 25mm×25mm 的正方形，再喷上一层白色硝基漆，待干后仔细揭去存留的间隔正方形纸，即制得具有 16 个正方形之黑白格的间隔板。

木制暗箱：600mm×500mm×400mm，如图 9-6 所示。暗箱内用 3mm 厚的磨砂玻璃将箱分成上下两部分，磨砂玻璃的磨面向下，使光源均匀。暗箱上部均匀的平行装置 15W 日光灯 2 支，前面安一挡光板，下部正面敞开用于检验，内壁涂上无光黑漆。

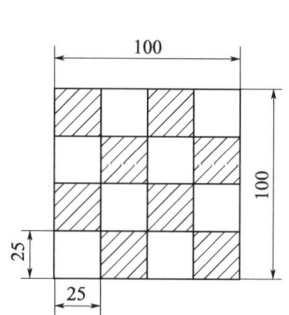

图 9-5　喷涂法黑白格木板（尺寸单位：mm）

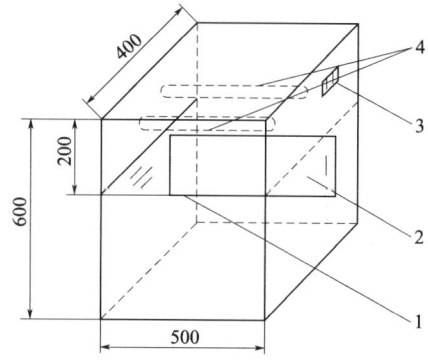

图 9-6　木制暗箱（尺寸单位：mm）
1—磨砂玻璃；2—挡光板；3—电源开关；
4—15W 日光灯

(3) 测定步骤及评定结果

1) 刷涂法　根据产品标准规定的黏度（如黏度稠无法涂刷，则将试样调至涂刷的黏度，但稀释剂用量在计算遮盖力时应扣除）：在感量为 0.01g 天平上称出盛有油漆的杯子和漆刷的总重量。用漆刷将油漆均匀地涂刷于玻璃黑白格板上，放在暗箱内，距离磨砂玻璃片 15cm～20cm，有黑白格的一端与平面倾斜成 30°～45°交角，在一支和两支日光灯下进行观察，以刚看不见黑白格为终点。然后将剩余涂漆的杯子和漆刷称重，求出黑白格板上油漆重量。涂刷时应快速均匀，不应将油漆刷在板的边缘上。

遮盖力（X）按式（9-1）计算（以湿漆膜计）

$$X = \frac{W_1 - W_2}{S} \times 10^4 = 50(W_1 - W_2) \qquad (9\text{-}1)$$

式中　X——遮盖力，g/m^2；
　　　W_1——未涂刷前盛有油漆的杯子和漆刷的总质量，g；
　　　W_2——涂刷后盛有余漆的杯子和漆刷的总质量，g；
　　　S——黑白格板涂漆的面积，cm^2。

两次结果之差不大于平均值的 5%，则取其平均值；否则，需重新试验。

2) 喷涂法　将试样调至适于喷涂的黏度,按《漆膜一般制备法》喷涂法进行。先在感量 0.001g 天平上分别称重两块 100mm×100mm 的玻璃板,用喷枪薄薄地分层喷涂,每次喷涂后放在黑白格木板上,置于暗箱内距离磨砂玻璃片 15cm~20cm,有黑白格的一端与平面倾斜成 30°~45°交角,在一支和两支日光灯下进行观察,以刚露看不见黑白格为终点。把玻璃板背面和边缘的漆擦净,各种喷涂漆类按固体含量测定方法中规定的焙烘温度至恒重。

遮盖力（X）按式（9-2）计算（以干膜计）

$$X\frac{W_1-W_2}{S}\times 10^4 = 100(W_1-W_2) \quad (9\text{-}2)$$

式中　X——遮盖力,g/m²;
　　　W_1——未喷涂前玻璃板的质量,g;
　　　W_2——喷涂漆膜恒重后的玻璃板质量,g;
　　　S——玻璃板涂漆的面积,cm²。

两次结果之差不大于平均值 5%,则取其平均值;否则,需重新试验。

(4) 讨论

① 无论用喷涂法或用刷涂法施工,调配试样的黏度是至关重要的。黏度太大或太小,在制备试板时,喷,刷至刚看不见黑白格时,所用的漆量都将不准确,因而,影响遮盖力的测定。

② 遮盖力测定时,终点的判断都是以操作者的目视视察为准的,因而有很大的经验性,为此,每个操作者应熟悉这种判断,尽可能减少误差。

为了克服目测终点的困难,我国等效采用 ISO 标准,制定了国标《GB 9270 浅色漆对比率的测定,聚酯膜法》,测得不同的对比率,即得相应的遮盖率,但这种方法仅适用于白漆或浅色漆。

10 涂膜力学性能的测定

10.1 柔韧性与冲击强度的测定

与涂膜弹性有关的指标有柔韧性，冲击强度，弯曲试验等。它们从不同的角度反映出涂膜树脂材料的柔韧性，从宏观上看，也反映出抵抗从金属底材上剥离的能力。

10.1.1 柔韧性的测定

当涂于底材上的涂膜受到外力作用而弯曲时，所表现的弹性、塑性和附着力等综合性能称为柔韧性。涂膜的柔韧性是由涂料的组成所决定。它与检测时涂层变形的时间和速度有关。

柔韧性的测定主要通过涂膜与底材共同受力弯曲，检查其破裂伸长情况，其中也包括了涂膜与底材的界面作用。

涂膜层柔韧性的测定，按国标《GB/T 1731—79 漆膜柔韧性测定法》规定进行。

(1) 原理 将涂漆的马口铁板在不同直径的轴棒上弯曲，以其弯曲后不引起漆膜破坏的最小棒轴的直径来表示漆膜的柔韧性。

(2) 材料和仪器设备

4倍放大镜；

马口铁板：25mm×120mm×(0.2～0.3)mm；

柔韧性测定器：如图10-1所示，是由粗细不同的7个钢制轴棒（1～7）所组成，固定于底座上，底座可用螺钉固定在试验台边上。

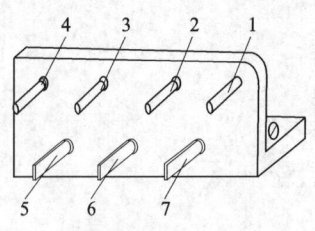

图 10-1 柔韧性测定器

轴棒的尺寸

轴棒 1：长 35mm，直径 $\phi\, 15^{0}_{-0.05}$ mm；

轴棒 2：长 35mm，直径 $\phi\, 10^{0}_{-0.05}$ mm；

轴棒 3：长 35mm，直径 $\phi\, 5^{0}_{-0.05}$ mm；

轴棒 4：长 35mm，直径 $\phi\, 4^{0}_{-0.05}$ mm；

轴棒 5：35mm×10mm×（3±0.1）mm，曲率半径为 1.5mm±0.1mm；

轴棒 6：35mm×10mm×（2±0.1）mm，曲率半径为 1mm±0.1mm；

轴棒 7：35mm×10mm×（1±0.1）mm，曲率半径为 0.5mm±0.1mm。

柔韧性测定器经装配后，各轴棒与安装平面的垂直度公差值不大于 0.1mm。

(3) 试验步骤及结果评定 按要求在马口铁板上制备漆膜。待漆膜实干后，将涂有漆膜的马口铁板小条，漆膜朝上，用双手将试板紧压于产品标准规定的轴棒上，利用两大拇指的力量在 2s～3s 内绕曲轴弯曲试板，弯曲后两大拇指应对称于轴棒中心线。漆膜在弯曲后用 4 倍放大镜观察，看是否有网纹、裂纹及剥落等破坏现象。如有上述情况发生，为不合格。

(4) 讨论

① 操作者在操作时，手法应尽可能一致，以避免测试结果的误差。

② 制备漆膜时，漆膜的厚度和底板的厚度都应控制，符合技术条件的要求。否则漆膜厚度不同，在弯曲同时，漆膜相对伸长率也不同，所得的试验结果也不相同。

③ 温度对漆膜柔韧性有一定影响，高温比低温柔韧性好，所以要在规定温度下进行测试。

④ 除外，弯曲试板时双手的动作、速度、时间都会对漆膜柔韧性有不同程度的影响。

10.1.2 弯曲试验

(1) 原理 漆膜进行弯曲试验，是考察色漆，清漆以及有关产品的涂层（包括单层和多层系统）在标准条件下绕圆柱轴或锥形轴弯曲时，抗开裂或抗从金属底板上剥离的能力。它也与柔韧性测试相同，也是对涂层弹性、抗拉强度、抗张强度、漆膜对底面的结合力等综合性能的反映。

弯曲试验参照《GB/T6742-86》和《GB/T 11185—89》分别采用圆柱轴法和锥形轴法进行。

其不同之处是：前者试板在直径分别为 2mm、3mm、4mm、5mm、6mm、8mm、10mm、16mm、20mm、25mm、32mm 的圆柱上进行弯曲；后者是试板在一种截顶式的锥体轴上进行（其锥体小端直径 d_0 为 3.2mm，大端直径 d_1 为

38mm，整个锥体长 h 为 203mm）。

（2）仪器、设备、试板

弯曲试验仪（圆柱轴弯曲试验仪或锥形绕曲测试仪），如图 10-2 和图 10-3 所示。

底板：马口铁板 50mm×120mm×(0.2～0.3)mm（圆柱轴法）或 100mm×180mm×0.8mm（锥形轴法）；磨光钢板或软铝板。

（3）试验步骤及结果评定

1）圆柱轴法 在平整、无扭曲、无可见皱纹、裂纹的马口铁底板上按《漆膜一般制备法》规定进行处理和涂装，在规定的环境条件下干燥，放置，并测定厚度。分别在两块样板上按下述要求进行试验和检查（如果结果不一致，应再取一块样板补充试验）。

① 将仪器全部打开，插入样板，并使涂装面朝座板，随后便可弯曲，操作应在 1s～2s 内，平稳而不是突然地合上仪器，使样板在轴上转 180°，整个过程应在规定的试验环境条件下进行，并且应避免不正确的操作而引起样板温度升高。

② 弯曲后，将样板从仪器下取出，立即检查样板。用正常视力或用 10 倍放大镜检查涂层是否开裂或从底板上剥离（不计离板边小于 10mm 的涂层）。如果使用放大镜，应在试验报告里注明，以免与用正常视力获得的结果造成误差。

③ 按上述步骤，对样板从大至小逐一试验各个直径的轴，直至漆膜开裂或从底板上剥离。再在一块新的样板上，以同样的轴径重复操作，证明这个结果后，记录最先使涂膜开裂或剥离的轴径。如果最小直径的轴也不使涂膜破坏，则记录该涂膜在最小直径的轴小弯曲时亦无破坏。如图 10-2 所示。

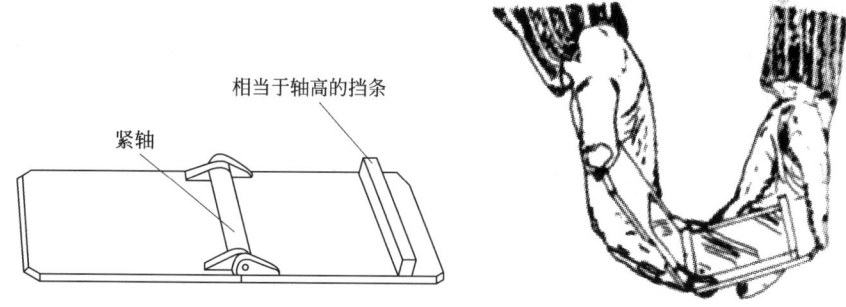

图 10-2 弯曲试验仪及弯曲过程示意

2）锥形轴法

① 试板处理与涂装：按《漆膜一般制备法》涂装试板，并按规定时间干燥（或烘烤），然后将样板在 23℃±2℃ 和相对湿度 50％±5％ 条件下，至少放置 16h，测定其厚度，然后尽快进行弯曲试验。

② 首先，将距试板的短边 20mm 处，平行地将试板切透，再将试板涂膜面朝着拉杆插入，使其一个短边与轴的小端相接触。

用拉杆均匀平稳地弯曲试板,使其在 2s~3s 时间内绕轴 180°。

注:在弯曲操作过程中,可在试板与拉杆之间涂层面放一张纸,以免涂膜损坏。

记录与轴小端相距最远的试板开裂处,然后取下试板(如图 10-3)。

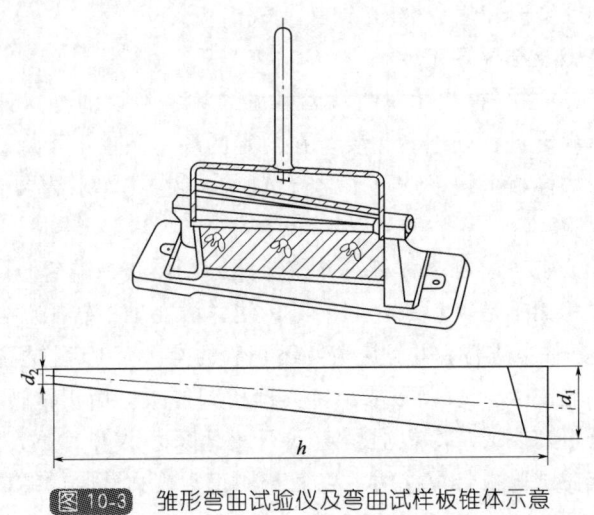

图 10-3　锥形弯曲试验仪及弯曲试样板锥体示意

③ 用肉眼观察或者商定使用 10 倍放大镜检查涂膜从试板上开裂范围处的距离,以 cm 计。

计算三次测定的平均值,记录该结果精确到 cm(单位)。

(4) 讨论

① 温度和湿度对涂料成膜性能有很大影响,因此,弯曲试验应在所要求的温、湿度条件下进行,同时要按规定放置一定时间,只有这样获得的涂膜性能才稳定,测试结果才有可比性。

② 试板要平整、均匀,没有变形,否则影响测试结果的评定。同时,操作时应保证在 1s~2s 内完成弯曲动作,确保平稳。

10.1.3　冲击强度的测定

(1) 原理　涂膜冲击强度是指涂于底材上的涂膜在经受高速率的重力作用下,发生快速变形而不出现开裂或从金属底材上脱落的能力。它表现出被试验漆膜的柔韧性和对底材的附着力。

冲击试验器:用重锤的质量与其落在涂膜上而不引起涂膜破坏的最大高度的乘积(kg·cm)表示耐冲击性。

(2) 材料和仪器设备

马口铁板:50mm×120mm×(0.2~0.3)mm。

薄钢板 (GB708—65): 65mm×150mm×(0.45~0.55)mm,供测腻子耐冲击作用。

4倍放大镜。

校正冲击试验器用的金属环及金属片。

金属环:外径30mm,内径10mm,厚30mm±0.5mm。

金属片:30mm×50mm,厚10mm±0.5mm。

冲击试验器:如图10-4所示。

(3) 冲击试验器的校正 把滑筒旋下来,将3mm厚的金属环套在冲头上端,在铁砧表面上平放一块1mm±0.05mm厚的金属片,用一底部平滑的物体从冲头的上部按下去,调整压紧螺帽使冲头的上端与金属环相平,而下端钢球与金属片刚好接触,则冲头进入铁砧凹槽的深度为2mm±0.1mm。钢球表面必须光洁平滑,如发现有不光洁不平滑现象时,应更换钢球。

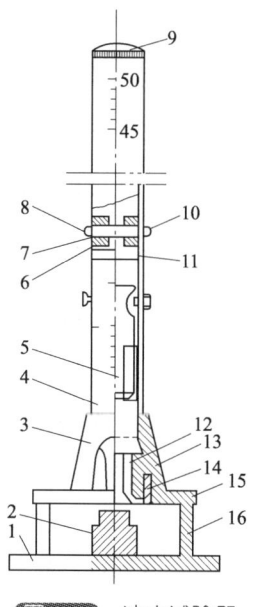

图 10-4 冲击试验器

1—座;2—铁砧;3—冲头;4—滑筒;5—重锤;6—制动器器身;7—控制销;8—控制销螺钉;9—盖;10—制动器固定螺钉;11—定位标;12—压紧螺帽;13—圆锥;14—螺钉;15—横梁;16—柱子

(4) 测定步骤与结果评定

① 试板处理及涂装:按《漆膜一般制备法》处理及涂装试验样板;在标准规定的条件和时间下干燥,并在标准环境条件下至少调节16H。

② 测试:除另有规定外,在23℃±2℃和相对湿度50%±5%的条件下进行测试。将涂装试板漆膜朝上平放在铁砧上,试板受冲击部分边缘不少于15mm,每个冲击点的边缘相距不得少于15mm。重锤借控制装置固定在滑筒的产品标准规定的高度,按压控制钮,重锤即自由地落于冲头上。提起重锤,取出试板。记录重锤落于试板上的高度。同一试板进行三次冲击试验。

③ 试板的检查:用4倍放大镜观察,判断漆膜有无裂纹、皱纹及剥落等现象。

(5) 讨论

① 测试时,漆膜必须在实干后才能进行,如果漆膜未实干,仅仅表面干燥时,测试的冲击值不反映漆膜真正的冲击值。这时,测得的数值可能因为漆膜较软而偏大。

② 测定冲击强度时,需注意样板要紧贴在铁砧表面,以免冲击样板跳动而影响测试结果。

③ 对于管状涂装样品也可以采用摆锤式撞击器。美国《ASTMG 14—77》规定

采用的落锤试验仪,铁砧底座改为相应的夹紧装置,可以在重锤的作用下,使涂装管子的表面上产生一个点冲击,然后用电测方法检查涂层由于冲击而产生的裂痕。

10.2 硬度的测定

硬度是表示漆膜机械强度的重要性能之一。其物理意义可理解为漆膜表面对作用其上的另一个硬度较大的物体所表现的阻力。这个阻力可以通过一定质量的负荷,作用在比较小的接触面积上,测定漆膜抵抗包括由于碰撞,压陷或者擦划等造成变形的能力。

涂膜的硬度测定方法很多,目前常用的有3类方法,即摆杆阻尼硬度法,划痕硬度法和压痕硬度法。3种方法均表达涂膜的不同的应力——应变关系。

10.2.1 摆杆阻尼硬度的测定

(1) 原理

① A法:科尼格(Konig)和珀萨兹(Persoz)摆杆式阻尼试验 通过摆杆下面嵌入的两个钢球接触涂膜样板,在摆杆以一定周期摆动时,摆杆的固定质量对涂膜压迫,而使涂膜产生抗力,根据摆杆的摇摆规定摆幅所需要的时间判定涂膜的硬度。涂膜硬度表示方法为摆杆的摆幅衰减时间,以秒(s)计。摆幅衰减时间长的涂膜硬度高。

② B法:双摆杆式阻尼试验 涂膜硬度是以一定重量的双摆,置于被试涂膜上,在规定摆动角范围内,摆幅衰减的阻尼时间与在玻璃板上同样摆动角范围内摆幅衰减的阻尼时间的比值来表示。

(2) 材料和仪器

玻璃板:100mm×100mm×5mm浮法平板玻璃或抛光平板玻璃。

秒表:分度值为0.1s。

科尼格和珀萨兹两种摆杆式阻尼试验仪,或采用双摆杆式阻尼试验仪(如图10-5所示)。

(3) 试验步骤及结果评定

① 试板的准备:按GB 9271中第2~3条处理玻璃板,按GB 6741的或GB 1727规定制备涂膜;并按产品标准规定的条件和时间进行干燥。除另有规定外,应将干燥试板在23℃±2℃,相对湿度50%±5%条件下至少放置16H,干涂层(单层或多层系统)厚度应按GB 1764中甲法测定,以微米(μm)计,除另有规定外,厚度应符合GB 1727中表1规定。

② 测定:试验要求在23℃±2℃,相对湿度50%±5%下进行,使用仪器测试时应避免气流和振动,尽可能使用一个保护罩。

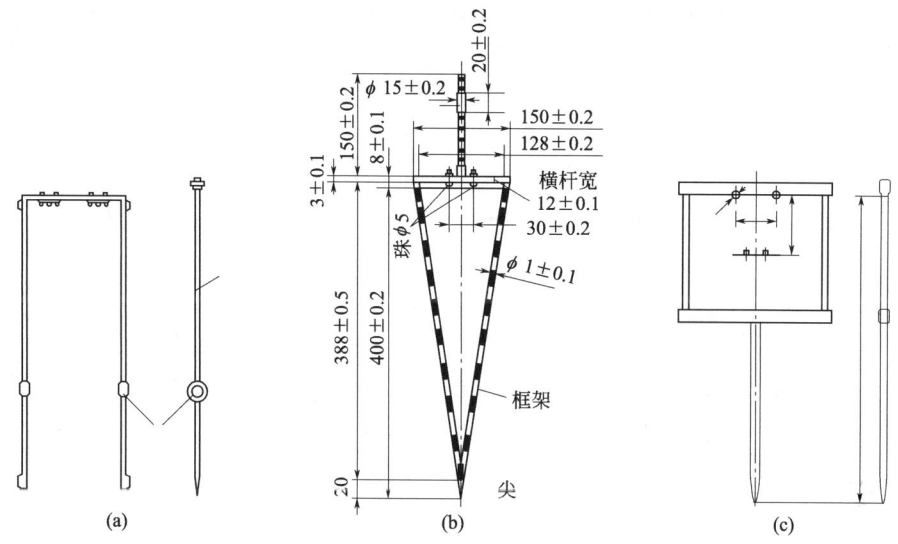

图 10-5 科尼格、和珀萨兹（b）和双摆杆式阻尼试验仪（c）

将抛光玻璃板放于仪器水平工作台上，用一个酒精水平仪放置于玻璃板上，调节仪器底座垫脚螺丝，使板呈水平。

用乙醚润湿了的软绸布（或绵纸）擦净支承钢球。将摆杆处于与试板相同的环境条件下放置10min。

将被测试板漆膜朝上，放置在水平工作台上，使摆杆慢慢降落到试板上。核对标尺零点使其与静止位置时的摆尖处于同一垂直位置，如不一致则应予以调节。

在支轴没有横向位移的情况下，将摆杆偏转一定的角度（科尼格摆为6°，珀萨兹摆为12°），停在预定的停点处。

松开摆杆，开动秒表。记录摆幅由6°到3°（科尼格摆）或由12°到4°（珀萨兹摆）的时间，以秒（s）计。

在同一块试板的3个不同位置上进行测量，记录每次测量的结果及3次测量结果的平均值。

③ B法则是在支轴没有横向位移的情况下，将摆杆偏转，停在5.5°处，松开摆杆，当摆至5°时，开动秒表。记录摆幅由5°到2°的时间，以秒（s）计。

在同一块试板的3个不同位置上进行测量，记录每次测量的结果及3次测量结果的平均值。

其涂膜硬度按下式计算：

$$X = t/t_0 \tag{10-1}$$

式中　t——摆杆在涂膜上由5°到2°的摆动时间，s；

　　　t_0——摆杆在玻璃板上由5°到2°的摆动时间，s。

涂膜硬度应以同一块试板上两次测量值的平均值表示,两次测量值之差不应大于平均值的 5%。

(4) 讨论

① 摆杆阻尼试验反映了涂膜阻尼时间对测定环境的敏感性,因此试验应在规定的温、湿度条件下,并无气流影响的情况下进行。

② 涂膜厚度及底材材质也能影响阻尼时间,因此涂膜厚度及底材材质均应按照产品标准中的规定进行。

10.2.2 铅笔硬度的测定

(1) 原理 作为表面涂膜力学性能的硬度而言,有的涂膜硬度较小时,可用铅笔测定涂膜硬度。以涂膜不被犁伤的铅笔硬度(手工操作),或犁伤涂膜的下一级硬度的铅笔硬度(仪器试验)作为涂膜的硬度。铅笔应采用规定厂家制造的符合标准的高级绘图铅笔。

(2) 材料和仪器 一组中华牌高级绘图铅笔 6H、5H、4H、3H、2H、H、HB、B、2B、3B、4B、5B、6B,其中 6H 最硬,6B 最软,由 6H→6B 硬度递减;削笔刀;400 号砂纸;涂膜铅笔划痕硬度仪。

(3) 试验步骤

① 准备:按照 GB 1727—79《漆膜一般制备法》制备 3 块试验件,或从涂漆件上切取具有代表性的试件 3 块。用削笔刀将铅笔削到露出柱形笔芯 5mm~6mm(切不可松动或削伤铅芯),握住铅笔使其与 400 号砂纸面成 90,在砂纸上不停划圈,以摩擦铅芯端面,直至获得端面平整、边缘锐利的笔端为止(边缘不得有破碎或缺口)。

② 手工操作:将样板放置在水平的台面上,涂膜向上固定(如图 10-6 所示)。手持铅笔约成 45°角以铅笔芯不折断为度,在涂膜面上推压,向前方以均匀的,约 1cm/s 速度推压

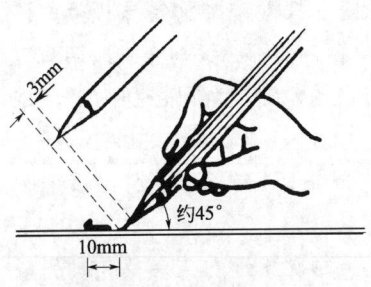

图 10-6 铅笔硬度示意图

约 1cm。每刮划一道,要对铅笔芯的尖端进行重新硬磨,对同一硬度标号的铅笔重复刮划 5 道。

③ 仪器试验:在试验机的试验样板放置台上,将样板的涂膜面向上,水平地放置且固定。

试验机的重物通过重心的垂直线使涂膜面的交点接触到铅笔芯的尖端,将铅笔固定在铅笔夹具上。

调节平衡重锤,使试验样板上加载的铅笔荷重处于不正不负的状态,然后将固定螺丝拧紧,使铅笔离开涂膜面,固定连杆。在重物放置台上加上 1.00kg±0.05kg

的重物，放松固定螺丝，使铅笔芯的尖端接触到涂膜面，重物的荷重加到尖端上。

恒速地摇动手轮，使试验样板向着铅笔芯反方向水平移动约 3mm，使笔芯刮划涂膜表面，移动的速度为 0.5mm/s。将试验样板向着与移动方向垂直的方向挪动，以变动位置，刮划 5 道，铅笔的尖端在每道刮划后要重新磨平再用。

(4) 结果评定 在 5 道刮划中，如有 2 道或 2 道以上认为未划到样板上的底板或者涂膜未被擦伤时，则换用前一位硬度标号的铅笔进行同样试验，直到找出涂膜被刮破或者被擦伤 2 道或 2 道以上的铅笔，记下这个铅笔硬度标号的后一位的硬度标号。

擦伤：指涂膜表面有微小的刮痕，但由于压力使涂膜凹下去现象不作考虑。如果在试验处的涂膜无伤痕，则可用橡皮擦除去炭粉，以对着垂直于刮划的方向与试验样板的面成 45°角进行目视检查，能辨别的伤则认为是擦伤。

样板评定：对于硬度标号相互邻近的两支铅笔，找出涂膜被刮破（或者被擦伤 2 道或 2 道以上）及未满 2 道的铅笔后，将未满 2 道的铅笔硬度标号作为涂膜的铅笔硬度，并记录刮破（或擦伤）及硬度标号。

(5) 讨论

① 温、湿度直接关系到漆膜表面的固化程度及状态，因此，在仲裁试验时，必须保证温度为 23℃±2℃，相对湿度为 50%±5% 的标准条件。

② 铅笔与涂膜的角度和铅笔推进的力量是试验操作者必须注意的重要问题，试验时必须控制好 45°角，和用力的大小，这对于每个手工操作者要认真领会，反复练习，以达到所要求的力度。

10.2.3 划痕硬度的测定

(1) 原理 划针测定法采用仪器的针尖划伤涂膜，用涂膜抗划针划透性来代表涂膜硬度。即以在规定负荷下是否被划针划透，或划针划透涂层所需最小负荷表示。

划痕法测定硬度时，涂膜不仅受压力的作用，而且受剪切力的作用，对涂膜的附着力也有所体现。

(2) 仪器与试片

自动型仪器；划针；手动型仪器。

试片：马口铁板，薄钢板和硬铝板，125mm×50mm 长方形。

(3) 测定步骤及结果评定

① 试板处理和施涂：除另有规定外，按 GB 9271 规定进行，并按要求测试干涂层厚度，试板应按受试产品的规定进行干燥，然后在温度 23℃±2℃、相对湿度 50%±5% 条件下，至少再放置 16h 后进行试验。

② 单一固定负荷的测定：a. 取一枚划针，用 30 倍放大镜检查该划针的针头

应是光滑的半球状的,无明显磨伤且无污物,否则应更换成新划针;b. 将划针固定于夹头上,并使其工作位置垂直于涂层;c. 将试板的涂层向上,并将其夹紧于仪器的滑动板上,试板长边应平行于要作划痕方向;d. 将砝码置于划针上方的支架上以获得给定的负荷;e. 开动仪器或用手推动仪器的滑动板,试板涂层上被划出划痕;f. 取下试板,检查涂层是否被划穿露底(可用导电仪判断,或根据双方协商,使用适当倍数放大镜检查)。

③ 测定划透涂层的最小负荷:按步骤②进行划痕试验,应在试板未划部分进行。开始先用较小负荷,然后以适当增量直到涂层被划透露底为止。在该试板的未划部分和一块新试板上用该最后负荷重复试验,所得结果相符之后,记下划针划透涂层的最小负荷值。

10.2.4 压痕试验

(1) 原理 采用一定质量的压头对涂膜压入,从压痕的长度或面积来测定涂膜的硬度。用压痕仪在规定条件下施压涂膜,即可形成压痕长度。以压痕长度倒数的函数表示抗压痕性试验结果。当要求涂膜的性能(抗压痕性)提高时,抗压痕性值就增大。

(2) 仪器与试片

压痕装置:该装置由矩形金属块、压痕器和两个尖脚构成,整个装置重$1000g±5g$,压痕器上的有效负荷重$500g±5g$。压痕器是由硬工具钢制的具有尖锐刀刃的金属轮。

测量装置:20倍的显微镜和配有能读到0.1mm刻度的目镜组成。

试板:玻璃板,$90mm×120mm×(2～3)mm$;金属板。

(3) 试板的处理与涂装 除另有商定外,试板处理、涂装、干燥、放置按GB9271、GB1727或产品标准要求进行。

(4) 试验步骤 将试板漆膜朝上,放在稳固的试验台平面上。将压痕器轻轻地放在试板适当的位置上,放时应首先使装置的脚与试板接触,然后小心地放下压痕器。可先在试验压痕的位置上做记号,以便压后重新找到它。放置$30s±1s$,抬起装置离开试板时,应先是压痕器,后是装置的脚。

除另有规定,移去压痕器后$35s±5s$内,用显微镜放在测定的位置上,测定压痕产生的影像长度,作为压痕长度,以毫米表示,精确到0.1mm,记录其结果。

在同一试板的不同部位进行5次试验,计算其算术平均值。

(5) 抗压痕性的计算 将平均值数字修约成最近似表10-1中某一栏的值,用该压痕长度舍入值查表来得到抗压痕性。

$$抗压痕性 = 100/L \tag{10-2}$$

式中 L——压痕长度,mm。

表 10-1　压痕长度、深度与抗压痕性的对照关系

压痕长度/mm	抗压痕性/mm^{-1}	压痕深度/μm	适用涂层的最小厚度/μm
0.8	125	5	15
0.85	118	6	20
0.9	111	7	20
0.95	105	7	20
1.0	100	8	20
1.05	95	9	20
1.1	91	10	20
1.15	87	11	25
1.2	83	12	25
1.3	77	14	25
1.4	71	16	30
1.5	67	18	30
1.6	63	21	35
1.7	59	24	35

（6）讨论　本试验与其他物理试验一样，测定结果与时间、温度、湿度有关，试验时只有在符合规定条件下进行，才能得到可比结果。

压痕深度取决于漆膜厚度，只有在漆膜厚度符合规定时，测得抗压痕性结果才是有效的。

10.3　涂膜附着力的测定

附着力是指漆膜与被涂漆物件表面通过物理和化学力的作用结合在一起的牢固程度。

根据吸着学说，这种附着强度的产生是由于涂膜中聚合物的极性基团（如羧基、羟基）与被涂物表面的极性基相互结合所致，因此凡是减少这种极性结合的各种因素均将导致涂膜附着力的降低。例如：被涂物表面有污染、水分；涂膜本身有较大的收缩应力；聚合物在固化过程中相互交联而消耗了极性基的数量等。

要真正测得漆膜与被涂物件的附着力是比较困难的，目前还没有一个十全十美的方法，只能用间接的手段来测定，往往测得的附着力数值还包括一些其他的综合性能。前面介绍的铅笔硬度、划痕试验、冲击强度、柔韧性等都在不同程度上间接表现出涂膜附着力，目前专门测定漆膜附着力的一般采用以下两类方法：综合测定法（包括十字划格法、划圈法、交叉切痕法）和剥落试验法（包括扭开法、拉开法）。这里根据我国国标《GB 1720—88》，《GB 9286—88》，《GB

5210—85》介绍划圈法、划格法、拉开法三种附着力测定法。

10.3.1 画圈法附着力测定

(1) 原理 按圆滚线划痕范围内的漆膜完整程度评定附着力,以级表示。

(2) 材料和仪器设备 马口铁板,50mm×100mm×(0.2~0.3)mm;4倍放大镜;附着力测定仪(如图10-7所示)。

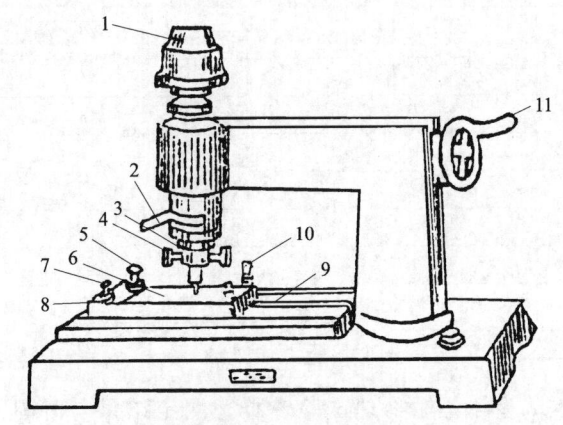

图10-7 附着力测定仪

1—荷重盘;2—升降棒;3—卡针盘;4—回转半径调整螺栓;5—固定样板调整螺栓;6—试验台;7—半截螺帽;8—固定样板调整螺栓;9—试验台丝杠;10—调整螺栓;11—摇柄

(3) 测定步骤

① 按《漆膜一般制备法》在马口铁板上制备样板3块,待漆膜实干后,在恒温恒湿环境条件下进行测定。测前先检查附着力测定仪的针头,如不锐利应予更换,如划痕半径不符合标准回转半径时,应调整回转半径,直至圆滚线与标准回转半径 5.25mm 相同为止。

② 将样板放在试验台固定,向后移动升降棒使转针的尖端接触到漆膜,如划痕未露底板,应酌加砝码。接顺时针方向,以 80r/min~100r/min 的速度均匀摇动摇柄。圆滚线划痕标准图长为 7.5cm±0.5cm,取出样板,用漆刷除去划痕上的漆屑,用4倍放大镜检查划痕并评级。

(4) 评级方法

以试板上划痕的上侧为检查目标,依次标出1、2、3、4、5、6、7七个部位,相应分为七个等级。

按顺序检查各部位漆膜的完整程度,如某一部位的格子有70%以上完好,则定为该部位是完好的,否则应认为损坏。例如,部位1漆膜完好,附着力最佳,定为1级;部位1漆膜损坏而部位2完好,附着力次之,定为二级;……七级为附着力最差。

标准划痕圆滚线如图 10-8 所示，结果以至少有两种样板的级别一致为准。

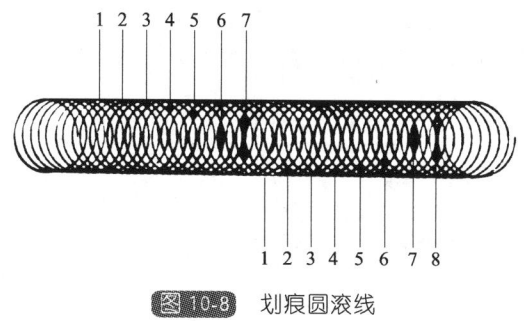

图 10-8　划痕圆滚线

10.3.2　划格法附着力的测定

(1) 原理　当涂层按格阵图形被切割，并恰好穿透至底材时，以评价涂层从底材分离的抗性或多涂层系统彼此抗分离的能力。

(2) 仪器和材料

切割刀具：可使用单刃或多刃手工切割刀具，或其他合适的器械。无论采用哪一种，均应能划出均匀度较高的切割，为此，必须保证刀具的切割部分有固定的形状，且刀刃情况良好。

刃口标准：刃口角 20°~30°，多刃刀具刀刃间隔为 1mm 或 2mm。

软毛刷。

试板：符合 GB/T9271 规定的厚钢板、马口铁板、铝板或玻璃板。

(3) 测定步骤

① 试板处理和涂装：按 GB/T6741 的规定或产品标准规定制备样板，按规定时间干燥，放置。放置应在 23℃±2℃，相对湿度 50%±5% 环境中，不小于 16h。并在划格位置测定厚度。

② 测定：将试板放置在坚硬、平直的物面上，在 3 个不同位置进行切割，切割图形每一方向的切割数应是 6。切割间距在涂膜厚度 0μm~60μm 的硬底材上为 1mm，在软底材上为 2mm。

握住切割刀具，使刀垂直于切割表面。对切割刀具均匀施力，并采用适宜的间距导向装置，用均匀的切割速率在涂层上形成规定的切割数，所有切割都应划透至底材表面。

重复上述操作，与原先切割线成 90°角相交，以形成网格图形。

用软毛刷沿网格图形对角线方向，轻轻地往后刷几次，再往前刷几次。

在硬质底材上另外还要施加胶黏带，剪下 75mm 的胶黏带。

采用电动机驱动的刀具切割涂层，务必遵守在手工操作步骤中规定的操作，特别是切割间距及试验次数。

(4) 结果评定 按 6 级评价分类（见表 10-2），前 3 级能满足一般用途，并用"通过"或"不通过"来评价。用正常视力（或经校正后正常视力）查看试验涂层的切割表面，对比表中说明或附图，根据对比结果评级。

表 10-2 评定结果分级表

分级	说明	脱落表现（以 6mm×6mm 切割为例）
0	切割边缘完全平滑，无一格脱落	—
1	在切口交叉处涂层有少许薄片分离，但划格法受影响明显不大于 5%	
2	在切口边缘或交叉处涂层脱落明显大于 5%，但受影响明显不大于 15%	
3	涂层沿边缘，部分或全部以大碎片脱落，或在格子不同部位上，部分或全部剥落明显大于 15%，但受影响明显大于 35%	
4	涂层沿切割边缘，大碎片剥落，或一些方格部分或全部出现脱落，明显大于 35%，但受影响明显不大于 65%	
5	大于第四级的严重剥落	—

10.3.3 拉开法附着力测定

(1) 原理 拉开法所测定的附着力是指在规定的速度下,在试样的胶接面上施加垂直、均匀的拉力,以测定涂层间或涂层与底材间附着破坏时所需的力。以 N/cm^2 表示。本方法适用于单层或复合涂层与底材间或涂层间附着力的定量测定。

(2) 设备

拉力试验机:其载荷选择应与试样的破坏负荷相适应。所用的夹具应能使试样对中、固定,应使拉力平稳地增加,并垂直作用于试柱的表面上。

试柱:试验用试柱是用金属(钢、铁、铝等)加工而成。试柱的直径为20mm,高度应不小于自身直径的一半,其平面应与试柱的长轴相垂直(如图10-9所示)。

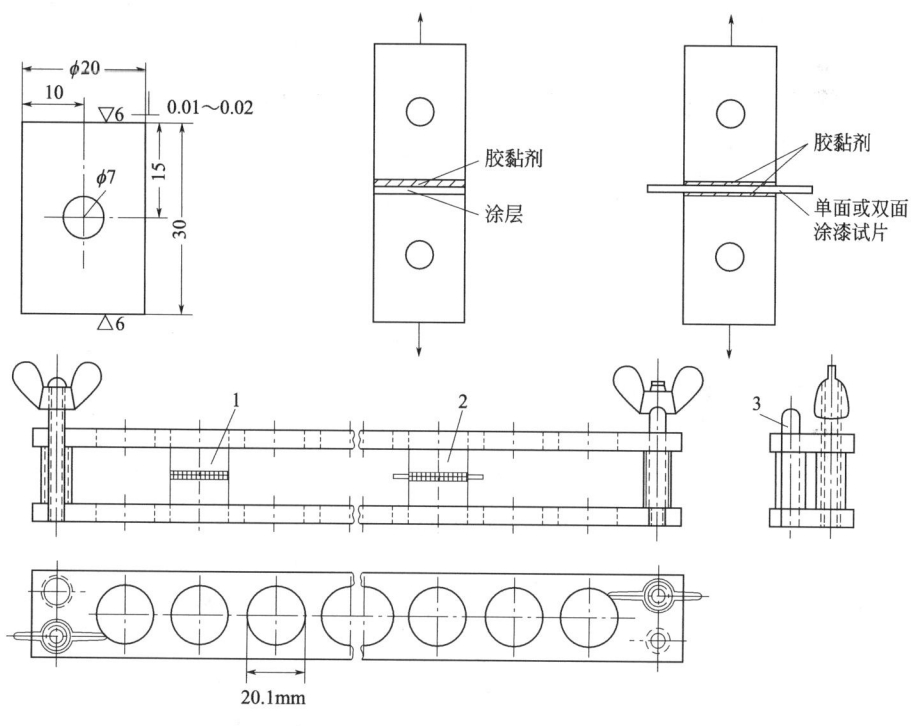

图 10-9 定中心装置及试样(尺寸单位:mm)
1—对接试样;2—组合试样;3—定心销

定中心装置:保证试件固定的同轴排列。

(3) 试样的制备

① 试样为两个金属试柱的对接件或组合件。试柱所用材料及其表面处理应与实用底材相同。一个试柱的表面按其受试涂料的技术条件进行涂装,用胶黏剂与另一个试柱胶接,如图10-9所示。

按受试涂层的技术条件或施工工艺说明书的规定制备涂层并干燥。

在未涂装的试柱上均匀地涂一薄层胶黏剂，借助定中心装置同轴心地胶接，连同装置按干燥工艺要求进行固化。

对不宜加工成试柱的材料，如可变形的底材、复合材料、玻璃等可用组合试样。制样时，应从涂装的底材上切下一块作为试片（最小直径为 30mm 的圆片或边长为 30mm 的正方形试片），在两个清洁的试柱表面上均匀地涂一薄层胶黏剂，用定中心装置使上下两个试柱与试片同心对接起来，固化期间要始终保持不动。

② 胶黏剂的调制及使用应符合相应技术标准的规定，应使用最小量的胶黏剂，使在组合试样时产生一牢固，连续而均匀的胶接面。

(4) 试验步骤

试验环境应保持在温度 25℃±1℃，相对湿度 60%~70%。将制备好的试样放入拉力机的上下夹具，调至对中，使其横截面均匀地受到张力。以 10mm/min 的拉伸速度进行拉开试验，直至破坏，记下试样拉开的负荷值，并观察断面的破坏形式。

(5) 结果评定

① 涂层附着力的计算按式（10-3）进行

$$F = G/S \tag{10-3}$$

式中　F——涂层的附着力，N/cm^2；

　　　G——试样被拉开破坏时的负荷值，N；

　　　S——被测涂层试柱的横截面积，cm^2。

② 破坏形式

a. 附着破坏。涂层与底材，复合涂层界面间的破坏，以 A 表示。

b. 内聚破坏。涂层自身破坏，以 B 表示。

c. 胶黏剂自身破坏或被测涂层的面漆部分被拉破。这表明涂层与底材的附着力或涂层间的界面附着力均大于所得数值，以 C 表示。

d. 胶接失败。胶黏剂与未涂漆的试柱脱开，或与被测涂层的面漆完全脱开，以 D 表示。

破坏形式为 A、B 或 C 时，其测量结果是符合附着力试验要求的。如出现两种或两种以上的破坏形式，则应注明破坏面积的百分数，大于 70% 为有效。

每组被测涂层的试验应不少于 5 对，并至少取其中 3 对的算术平均值作为试验结果。

试验结果用附着力与破坏形式表示。如：$750N/cm^2·A$。

10.3.4　附着力测定结果讨论

① 用画圈法或划格法测定附着力，涂膜厚度必须在规定的厚度下进行，因为涂膜厚度不同，即使同一类产品的漆膜，也会得出不同级别的附着力结果。

② 涂膜的附着力与涂膜及被涂物表面极性基结合情况有关，因而，被涂物表面污染水分均使附着力下降，故测定时要严格控制。

③ 附着力测试结果不仅与涂层性能有关，而且也受底材类型，表面处理方法，涂装工艺，环境温、湿度，干燥程度及其他因素的影响，所以整个测试过程均要按标准规定严格控制，这样结果才有可比性。

④ 拉开法测试附着力，当破坏形式为 D 时，表明胶接失败，胶黏剂的强度不能满足要求，应更换强度更高的胶黏剂，以便定量表示涂层附着力，一般选用 502 胶或环氧胶。为提高胶接试柱的粘接力，可打磨试柱表面。

11 涂膜的耐介质和耐环境性能的测定

11.1 耐介质性测定

11.1.1 耐水性的测定

(1) 原理 涂料在实际应用过程中往往与潮湿的空气或水分直接接触,随着漆膜的透水与膨胀,就会发生起泡、变色、脱落、附着力下降等各种破坏现象,直接影响涂料的使用寿命,因此对某些涂料产品必须进行耐水性检测。

涂膜的耐水性好坏与树脂中所含的极性基团、颜料中的水溶盐、涂膜中的各种添加剂有关,也受被涂物的表面处理及涂膜干燥条件等因素的影响。

根据国标《GB/T 1733—94》《GB 5209—85》规定,目前常用耐水性测定,包括常温浸水法、浸沸水法、加速耐水法。

(2) 材料和设备

玻璃水槽,或带恒温加热,搅拌系统的水槽尺寸 700mm×400mm×400mm。

马口铁板或冷轧普通低碳钢板。

电导率仪:测量范围为 $0\mu s/cm \sim 10^5 \mu s/cm$,基本误差不大于 1.5%。

(3) 试验步骤及结果评定

① 浸水试验法:按照规定,在 3 块试板上制备漆膜。待漆膜实干后,将涂漆样板用 1∶1 的石蜡和松香混合物封边。然后,将涂漆样板的 2/3 面积放入温度为 23℃±2℃ 的蒸馏水中,待达到规定浸泡时间后取出,用滤纸吸干表面水分,在恒温恒湿的条件下,目视检察试板,并记录是否有起泡、失光、变色、剥

落、起皱、生锈等现象和恢复时间，合格与否按产品标准规定。检验时以不少于两块样板符合产品标准规定为合格。

② 浸沸水试验：按《漆膜一般制备法》在马口铁板（或按产品标准规定）上制备漆膜。将涂漆样板的 2/3 面积浸挂在沸腾的蒸馏水中，待达到规定的时间后取出，按方法①的规定检查和评定样板。

③ 加速浸水法：向试验槽中加入足够量的符合要求的去离子水，保持试板 3/4 浸泡在水中，然后开始槽内水的循环和通气。调节水温为 40℃±1℃。并在整个试验过程中保持这个温度。取样检查槽中水的电导率，使其不大于 2μs/cm。

试板在试前检查并作记录，然后置于试板架上保持试板之间至少相隔 30mm，与槽底和槽壁至少相隔 50mm。试验期间应不断改变试板在槽中的位置，其变动位置的时间间隔不得超过 3d。

如规定在试验周期内要进行中间检查时，应将试板从槽中取出，用滤纸吸干水迹，即刻检查其破坏现象，然后立即放入槽中。

在规定的周期结果时，将试板从槽中取出，用滤纸吸干水迹即可检查破坏现象。检查漆膜受试后附着力降低、变脆、锈蚀、失光、变色等指标时，应将试板移入恒温湿室内（温度 25℃±1℃，相对湿度 60%～70%）放置 24h 后，再检查。

起泡、起皱、锈蚀、失光、变色、脱落、附着力降低以及脱漆后底材锈蚀状况为试验结果。

(4) 讨论 涂膜的耐水性能测定，必须在漆膜充分干燥的前提下才可进行，所以，必须按照规定喷涂和干燥，这样，才可进行耐水性比较，如涂膜没有干透，成膜物中的树脂如含有羟基，氨基等极性基团，便容易与水发生反应，引起漆膜变化。另外，涂膜厚度，试验温度高低，以及水质状况对耐水性能均有影响，一定按照标准规定严格掌握。

11.1.2 耐汽油性测定

(1) 原理 耐汽油性的检测是测定涂膜对汽油的抵抗能力，即在规定的条件下进行试验，在达到规定的时间后，以涂膜表面变化现象表示其耐汽油性能。

(2) 材料和设备

马口铁板：50mm×120mm×(0.2～0.3)mm。

砝码：500g，直径 45mm±1mm，底面平整。

120 号溶剂汽油：GB1922。

75 号航空汽油：GB1987。

(3) 试验步骤及结果评定

① 按规定制备好的试板，待涂膜实干后，将试板的 2/3 面积浸入温度为 23℃±2℃按产品标准规定的汽油中。经规定的浸泡时间后，取出样板，用滤纸

吸干，在恒温恒湿的条件下，检查漆膜表面是否出现皱皮、起泡、剥落、变软、变色、失光等现象。按产品标准规定，判定合格与否。应不小于两块样板符合标准，才可下合格结论。浸泡界线上，下各0.5cm宽的部分，不作终点观察判断。

② 浇汽油法：在恒温恒湿的条件下，将涂装试板浇上按产品标准规定的汽油5ml，使其立即布满样板，并使试板成45°角放置30min后放平，在干漆膜上放一块二层纱布，再放一个500g砝码，保持1min后取下，纱布不应粘在漆膜上，或用手指在试板背面轻敲几下，纱布能自由落下。

注：a. 每次试验，汽油应重新更换；b. 有机红色漆样板与浅色样板在试验时，应分开；c. 车用汽油重蒸后馏程应符合120号溶剂汽油GB1922的规定，外观：无色透明。

(4) 讨论

① 温度过高或过低，都将直接影响汽油分子对涂膜的渗透作用，对耐汽油的结果产生不良影响，所以必须保证试验条件，控制在23℃±2℃的范围。

② 涂膜干燥性能，决定涂层质量，如涂膜未干透，膜层发软，在汽油介质作用下，更容易破坏，甚至与底板分离、剥落。

③ 每次试验应重新更换汽油，红色漆试板与浅色漆试板要分开两槽试验。

11.1.3 耐化学试剂性测定

(1) 原理 由于涂料的广泛使用，不可避免地要与各种化学试剂相接触，如酸、碱、盐等。涂料与这些材料相接触时，应该具备较好的承受能力，而不会因侵蚀而受到破坏。因此，有必要测定涂膜耐化学试剂的性能，以便确定其工作环境。

涂膜耐化学试剂性的测定，是将涂膜浸入规定的介质中，观察其被侵蚀的程度。

(2) 材料和设备

砂布：0号或1号。

量筒：50mL。

薄钢板：50 mm×120 mm×(0.45～0.55)mm。

铝板：LY12，厚度为1mm～2mm。

普通低碳钢棒：直径10mm～12mm，长120mm。

测厚计或杠杆千分尺：精确度为0.002mm。

盐水槽。

试剂：硫酸，氢氧化钠，氯化钠。

(3) 试验步骤

1) 耐盐水性的测定

① 常温耐盐水法：按要求在3块薄钢（或产品标准规定的底材）上制备漆膜。各种防锈、防腐漆涂两道，两道漆之间应在恒温恒湿条件下干燥48h。（背

面也涂装，但不作考核依据）。以石蜡和松香1∶1的混合物或性能较好的自干漆封边。第二道漆在恒温恒湿条件下，干燥7天投入试验。各种底漆涂一道（背后亦涂装但不作考核依据），封边。在恒温恒湿条件下干燥48h投入试验（烘干漆的干燥按产品标准规定）。

氯化钠用蒸馏水配成3%（质量分数）水溶液。将涂漆样板三分之二面积浸入温度为25℃±1℃的盐水溶液中，待达到产品标准规定的浸泡时间取出样板，用自来水洗除盐迹，并用滤纸吸干。观察漆膜有无剥落、起皱、起泡、生锈、变色和失光等现象，合格与否按产品标准规定，以不小于两块样板符合产品标准规定为合格。

② 加温耐盐水法：涂膜制备与检查方法均同甲法。试验温度为40℃±1℃，采用恒温控制。氯化钠水溶液应试验一次，更换一次。

2) 耐酸、碱的测定　用普通的低碳钢棒，经砂布彻底打磨后，再用200号油漆溶剂油或工业汽油洗涤，然后用绸布擦干。用浸渍法将钢棒带孔的一端垂直浸入黏度为20s±2s的试样中，取出，悬挂在物架上。放置24h后，将钢棒倒转180°，再按上法浸入试样，取出后，放置7天（自干漆均在恒温恒湿条件下干燥，烘干漆则按产品标准规定的条件干燥）。用杠杆千分尺测量漆膜厚度。将试样的2/3浸入温度为25℃±1℃产品标准所规定的介质中，并加盖。

浸入介质中的试棒每24小时检查一次，每次检查试棒需经自来水冲洗，用滤纸将水珠吸干后，观察漆膜有无失光、变色、水泡、斑点、脱落等现象，合格与否按产品标准规定，以两支试棒结果一致为准。

(4) 讨论

耐化学试剂的测试：涂装试片必须按照技术条件规定进行干燥，这样结果才有可比性。

溶液的配制必须按照规定浓度进行，浓度过大或过小都影响试验结果。

悬挂制备试棒：底端球面处有流坠现象，要处理掉，否则，过厚的流坠引起干燥不彻底又不能形成致密的涂膜，而影响试验结果。

11.1.4　耐盐雾测定

(1) 原理　采用盐雾试验箱，控制一定的温度，盐水浓度和时间，对涂膜进行喷盐雾试验，以试板外观的破坏程度来评定等级。衡量涂膜的耐盐雾能力。

(2) 材料和仪器设备

氯化钠：GB1266，化学纯。

蒸馏水。

精密pH试纸：pH 6.1~7.5。

三角烧瓶：150ml。

玻璃漏斗：直径100mm。

天平：感量为 0.001g。

喷嘴式盐雾箱：控制盐雾沉降量为 24 小时后每 80cm^2 应为 1ml/h～2ml/h。

(3) 测定步骤

用蒸馏水配制浓度为 50g/L±10g/L 的盐水溶液，调整 pH 值 6.5～7.2。

根据产品标准规定选用底材和配套底漆，按《测定耐湿热，耐盐雾，耐候性（人工加速）的漆膜制备法》制板、干燥、状态调节。

试验前记录样板的原始状态。

样板纵向与盐雾沉降方向成 20°±5°夹角，被试板表面朝上，相邻两块样板保持一定的空隙，按一定间距平行排放在喷雾室内。

喷雾室内的温度应为 35℃±2℃。

关闭喷雾室顶盖，开启试验溶液贮罐阀，使溶液流到贮罐槽，进行试验。在整个周期内，进行连续喷雾。除检查取出试板或作必要记录外，不可停止喷雾。

在连续试验过程中，应经常检查喷嘴，保持喷雾正常。盐水不能循环使用。

除另有规定外，应进行两次平行测定。

(4) 试板的检查 试板应周期性地进行目测检查，但不允许破坏试板表面。在任一个 24h 为周期的检查时间不应超过 60min，并且尽可能在每天的同一时间进行检查。试板不允许呈干燥状态。

在规定的试验周期结束时，从箱中取出试板，用清洁的水冲洗试板以除去表面上残留的试验液体，立即检查试板表面的破坏现象，如起泡、生锈、附着力的降低、由划痕处腐蚀的蔓延等。

如有要求，将试板放置在符合 GB9278 规定的标准环境中状态调节到规定时间，再检查试板表面的破坏现象。

如果需要检查底材的破坏情况，则应按商定的方法除去涂层。

11.2 耐环境性测定

11.2.1 耐热性测定

(1) 原理 涂膜耐热性，是油漆涂料的一个重要指标，涂漆零件经常需要工作在一定的温度环境中，承受一定温度的热介质作用。如这些涂料在高温作用下不会降解，不易泛黄，不易变色，证明热稳定性好，不易老化。

涂膜耐热性能的测定是采用鼓风恒温烘箱或高温炉加热，达到规定的温度和时间后，以物理性能或漆膜表面变化现象表示漆膜的耐热性能。

(2) 材料和设备 马口铁板 50mm×120mm×(0.2～0.3)mm；薄钢板：50mm×120mm×(0.45～0.55)mm；鼓风恒温烘箱；高温炉。

(3) 试验步骤 按《漆膜一般制备法》在 4 块薄的钢板上制备漆膜。待漆膜实干后,将 3 块涂漆样板放置于已调节到按产品标准规定温度的鼓风恒温烘箱(或高温炉)内。另一块涂漆样板留作比较。待达到规定时间后,将涂漆试板取出,冷至温度 25℃±1℃,与预先留下的一块涂漆样板比较,检查其有无起层、皱皮、鼓泡、开裂、变色等现象,或按产品标准规定检查,以不少于 2 块样板均能符合产品标准定为合格。

(4) 讨论 影响耐热试验结果主要因素是要控制温度恒定,必须保证规定的温度定值,在允许的误差范围以内。这样,才能统一评定耐热结果。

温度的均匀性,也是保证试验结果的重要条件。试片的放置应该均匀,不得靠近炉壁、烘箱壁,以免温度不均匀。

耐热试验完成后,要与预先留下的一块涂漆样板进行比较,这块试片应与受试样板在相同的条件下制作,所得结果才有可比较性。

11.2.2 耐湿热测定

(1) 原理 采用调温调湿箱,控制一定的温度,湿度和时间进行试验,对涂漆样板外观的破坏程度评定等级,制定出漆膜耐湿热性能。

(2) 材料和仪器设备 调温调湿箱;透明有机玻璃板 70mm×150mm×(0.5~2)mm,划成一百等分;蒸馏水。

(3) 试验步骤 按产品标准规定选用底材和配套底漆,按《测定耐湿热,耐盐雾,耐候性的漆膜制备法》制成试板。投试前,记录样板的原始状态。将样板垂直悬挂于样板架上,样板正面不相接触。放入温度 47℃±1℃、相对湿度 96%±2% 的调温调湿箱中,回升到规定温湿度时,开始计算时间。试验样板表面不应出现凝露。连续试验 48 小时检查一次。两次检查后,每隔 72 小时检查一次。每次检查后,样板应变换位置。按产品标准规定的时数进行最后一次检查。

(4) 结果评定 对样板进行检查和评级时,样板表面必须避免指印,在光线充足或灯光直接照射下与标准比较,结果以 3 块样板中级别一致的两块为准。按表 11-1 进行等级评定。

表 11-1 耐湿热的结果评定

等 级	破 坏 程 度
一级	轻微变色;漆膜无起泡,生锈和脱落等现象
二级	明显变色;漆膜表面起微泡面积小于 50%,局部小泡面积在 4% 以下,中泡面积在 1% 以下。锈点直径在 0.5mm 以下,漆膜无脱落
三级	严重变色;漆膜表面起微泡面积超过 50%,小泡面积在 5% 以上,出现大泡锈点面积 2% 以上,漆膜出现脱落

① 起泡面积计算：使用百分格板，其中 1% 的面积只要有泡，则算为 1% 的面积，余此类推。

② 起泡等级评定：微泡，肉眼仅可见者；小泡，肉眼明显可见，直径在 0.5mm 以下；中泡，直径 0.6mm～1mm；大泡，直径 1.1mm 以上。

板的四周边缘（包括封边在内）及周围 5mm 不考核，对外来因素引起的破坏现象不作计算。漆膜破坏现象凡符合上表规定等级中的任何一条，即属该等级。

(5) 讨论 漆膜耐湿热测定法可以用来评定各类涂层的耐湿热性。尤其是对新产品或对各种涂层选材时，可根据需要确定检查时间及试验的温度和湿度。

11.2.3 耐霉菌测定

(1) 原理 将涂漆试片置于所规定的霉菌生长环境中，按一定的检查周期，观察试验样板表面生霉状况及生霉程度，按照标准评定等级以测定各种漆膜的耐霉菌性能。

(2) 材料和仪器设备

无色玻璃试管：直径 15mm，长 150mm。

无色玻璃培养皿：直径 90mm。

三角瓶：50ml、100ml，500ml、1000ml。

量筒：100ml。

量杯：500ml。

无色玻璃漏斗；不锈钢刀；试管架 20～40 孔。

酒精灯、喷雾器、马口铁板、铝板、保温箱、高压灭菌锅、天平、接种环（如图 11-1 所示）。

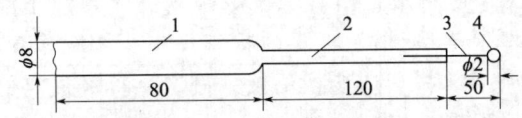

图 11-1 接种环（尺寸单位：mm）
1—柄（圆木涂漆）；2—杆（φ2mm～3mm，粗铝线改制）；
3—不锈钢丝（直径 0.5～0.8mm）；4—不锈钢丝一端的小环

各种试剂：硝酸铵、磷酸氢二钾、氯化钾、硫酸镁、硫酸亚铁（全部是化学纯）。蔗糖、琼脂、吐温 80、聚羟基乙烯油酸山梨醇酐、95％乙醇（化学纯）。

(3) 各种培养基及无菌水的制备

无机盐培养基（供检验样品用）的组成：硝酸铵 1.5g；磷酸氢二钾 1.0g；氯化钾 0.25g；硫酸镁 0.5g；硫酸亚铁 0.002g；琼脂 15g～20g（用量冬少夏多）；水（pH 值 6.8～7.0）1000ml。按以上组成配好的培养基放入三角瓶中，塞上棉塞，用纸包住棉塞。放入高压灭菌锅中灭菌 30min，取出后倒入培养皿中，培养基厚约 5mm～7mm。

合成培养基（供培养霉菌用）的组成：硝酸铵 1.5g；磷酸氢二钾 1.0g；氯

化钾 0.5g；硫酸镁 0.5g；硫酸亚铁 0.01g；蔗糖 30g；琼脂 15g～20g（用量冬少夏多）；水（pH6.8～7.0）1000ml。

将上列配好的培养基放在三角瓶中，加热使琼脂完全融化，用漏斗装入试管，直立放入高压灭菌锅中，在压力下灭菌。趁热取出试管，存放阴凉清洁处备用。

麦芽汁培养基（供交替培养霉菌用）：取啤酒厂未加苦酒的麦芽汁，用水稀释；加入琼脂 15～20g/l，加热使琼脂完全融化，装入试管，放入高压灭菌锅中，在压力下灭菌。趁热取出试管，存放在阴凉清洁处备用。

马铃薯培养基（供交替培养霉菌用）：将新鲜马铃薯洗净去皮，切成长斜条，放入试管，加入 1ml 水，塞上棉塞，扎成捆，放入高压灭菌锅中，在蒸汽压力下灭菌。取出试管，存放在阴凉清洁处备用。

无菌水：用 100 份蒸馏水加 0.005 份分散剂（吐温-80）配成无菌水，放在 100ml 三角瓶中，塞上棉塞。在高压灭菌锅中灭菌，取出后备用。

（4）菌种及混合霉菌孢子（种子）悬浮液的制备

菌种：黄曲霉、黑曲霉、萨氏曲霉、土曲霉、焦曲霉、黄青霉、拟青霉、芽枝霉、毛壳霉、木霉。

菌种种植培养：首先将接种环在酒精灯上烧红金属丝部分，杀死被沾污的杂菌，放入酒精中消毒。通过接种环伸入老菌管中，在菌种表面轻擦一下，使环上沾上霉菌种子，再进入新鲜的培养基管内，新菌管经过 5～7 天培养后，取出与老菌管对照检查，应无错误，无污染。将其保存在阴凉清洁处，作为试验用菌种，培养 10～14 天，取出制备混合霉菌孢子悬浮液。

混合霉菌孢子（种子）悬浮液：逐个将培养好的试验菌种取出放在无菌水中，按每 10mL 无菌水，菌种 5 环的量计算总的无菌水所需接种环数，分别计算每种菌所需接种环数。使霉菌种子在无菌水中充分分散。混合霉菌孢子悬浮液必须当天制备，当天使用。

（5）试验步骤

① 培养皿法：该方法适用检验小片试样漆膜耐霉菌的性能。将喷涂法制备的漆膜试样实际干燥以后，平放在无机盐培养基表面。用喷雾器将悬浮液均匀细密地喷在样板上，晾干，盖上皿盖。标明试样、编号和日期，放入保温箱中保持在 29℃～30℃培养。3 天后检查样板表面生霉是否正常，若生霉正常，将培养皿倒置；若不见霉菌生长，需另喷混合霉菌孢子悬浮液。7 天后检查试样生霉程度，14 天后总检查，评定等级。

② 局部法：适用于大型器件成品漆膜的耐霉菌性能测定。在大型成品试样局部漆膜表面上，均匀细密地喷洒混合孢子悬浮液。稍晾干，先放上半块平板培养基，盖上留下半块平板培养基的圆皿（半个培养皿），使上、下两个半块培养基相交叉，构成优越的生霉环境。四周用胶布固定（但不能将盖缝封死）。标注

试样编号，日期，放入保温箱中，是否生霉正常，7 天后检查生霉程度，14 天后总检查，按标准评定等级。

(6) 结果评定 直接从正面或侧面观察样板表面霉菌，菌体，菌丝生长状况。在 14 天培养期内，以不开盖检查为宜，评级标准见表 11-2。

表 11-2 耐霉菌评级标准

等 级	标 准
0	无长霉
1	长霉斑点在 1mm 左右，分布稀疏
2	长霉斑点在 2mm 左右或蔓延生长在 2mm 范围内，霉斑点分布最大量不超过整个表面的 1/4
3	长霉斑点在 2mm 左右或分布量占整个表面的 1/2 左右
4	长霉斑点大部分在 5mm 以上或整个表面布满菌丝

(7) 注意事项

1) 培养皿灭菌法 将洗净晾干的培养皿，几个一起用纸包住，在 $1.3kg/cm^2$ 蒸汽压力下灭菌 1h 后取出，在 110℃ 的烘箱中烘干。

2) 操作室灭菌法

① 甲醛熏蒸法：把高锰酸钾放在地上的瓷盘内，然后倒入定量的甲醛使高锰酸钾湿透，则迅速放出气体，有效地清洁了室内的空气。

应注意在操作前必须使窗户及通风管道关闭。一般每平方米用 5g 高锰酸钾、3ml 37% 的甲醛即可。加完甲醛后，操作人员必须退出，关好门，在 24h 内人不得进入室内。

② 乳酸消毒法：每 $100m^3$ 用 80% 乳酸 100ml，加热熏蒸 30min～60min。

③ 高压蒸汽灭菌锅操作法：先检查压力表和安全阀，如用外加热，必须检查锅内水位保持安全位置。装好物品后，盖紧锅盖，打开放气口，通入蒸汽或加热到放气口出现水汽时，表明锅内空气已被赶尽关好放气口继续加热升压至所需压力，保持压力到足够时间，停止加热。待冷却至表压 $0.2kg/cm^2$ 以下时，打开放气口，放掉剩余压力，即可开启锅盖，取出物品，晾干水汽，保存待用。

11.2.4 漆膜的人工气候老化和人工辐射暴露测定

(1) 原理 经滤光器滤光的氙弧灯对涂层进行人工气候老化或人工辐射暴露来评定其耐光性，目的是为了在实验室模拟自然气候作用或在（窗）玻璃遮盖下测验所发生的老化过程。

与自然气候老化相比，人工气候老化涉及了有限的几个变量，这些变量能易于控制并且能够强化加速老化。

精确地模拟气候对涂层作用的每个方面是不可能的,因此,这是用人工气候老化的术语来区别自然气候老化。通过窗玻璃滤光模拟的太阳辐射试验称为人工辐射暴露。

(2) 仪器设备

试验箱:由耐蚀材料制成,内装有滤光系统的辐射源、温湿度调节系统、试板架等。

黑标准温度计,白标准温度计;辐射量测定仪。

(3) 试验步骤

① 试板的制备:按 GB/T 1765 进行,试验涂层的底材采用符合 GB/T 9271 规定的标准板。

② 试板的放置与暴露:将试板放在试板架上,周围空气要流通,排列位置以有规律间隔时间改变。把辐射量测定仪、黑标准温度计装在试验箱柜架上。如果以非连续方式操作时,通过试板架旋转180°角,使试板受辐射源辐照产生周期性变化。为避免试验过程中所有各相关参数差异的影响,可采用试板和参照试样一起暴露。

③ 黑标准温度:通常试验控制在 65℃±2℃。当选颜色变化项目进行试验时,则使用 55℃±20℃,因较高温度时会发生漆基大量降解,导致粉化和失光,难以正确评定颜色变化。

④ 试板的润湿和试验箱中的相对湿度:除非商定,按表 11-3 规定使试验箱中的相对湿度保持恒定。

表 11-3　试板润湿操作程式

标准程式	人工老化		人工辐射暴露	
	A	B	C	D
操作方式	连续光照	非连续光照	连续光照	非连续光照
润湿时间/min	18	18	/	/
干燥时间/min	102	100	持久	持久
干燥期间的相对湿度/%	60~80	60~80	40~60	40~60

润湿过程中,辐射暴露不应中断。

⑤ 试验时间:试验一直进行到试板表面已经受到商定的辐射暴露或符合商定,规定的老化指标。

(4) 试验结果　有关双方应商定涂层在暴露前,暴露过程中和暴露后,应当试验哪些性能,以及应采用哪些适当的标准,如无商定,则按 GB/T 1766 进行评定。各按 6 个级别(025 级)评定其破坏程度,数量,大小等级,失光等级;变色等级;起泡等级;生锈等级;剥落等级;长霉等级;斑点等级;泛金等级;沾污等级。

注意:除非滴定,中间各项检查,试板不应洗涤或磨光。

12

涂膜的其他物理性能测定

12.1 耐磨性的测定

12.1.1 原理

漆膜的耐磨性是那些在使用过程中经常受到机械磨损的漆膜的重要特性之一，其定义为涂层对摩擦机械作用的抵抗能力。耐磨性实际上是漆膜的硬度、附着力和内聚力综合效应的体现。

测定耐磨性目前有多种方法：如落砂法，即让一定大小的砂粒以规定的高度落到试验样板上，称取将漆膜破坏所需要的砂量，其结果以磨耗系数 V/T 来表示。其中，V 为砂的体积，L；T 为涂层厚度，μm。

还有一种叫喷射法，即在试验箱中放上受试样板，与试板成垂直方向，距离 10mm 处有一喷嘴，用一定压力的二氧化碳气体将一定大小的铝丸喷射试板，以漆膜达到规定的磨损状态所需的时间来表示。

这里只介绍国标《GB 1768—79（88）》规定采用漆膜耐磨仪。在一定的负载下经规定的磨转次数后，以漆膜的失重来表示其耐磨性，以 g 表示。

12.1.2 材料和仪器设备

玻璃板（jc40-62）：厚 3mm，直径 100mm，中心开直径 9mm 的小孔。
天平：感量为 0.001g。
漆膜耐磨仪：JM-1 型。
砂轮修整机。

橡胶砂轮：JM-100，JM-120，厚 10mm，直径 50mm。

12.1.3 试验步骤

① 按《漆膜一般制备法》将试样刷涂或喷涂于清洁干燥的底板上。自干漆第一道干 24h，涂第二道，干燥 48h，测试。挥发性漆第一道干 2h，喷第二道，最后一道喷后，干燥 24h，测试。

② 将试板固定于耐磨仪工作转盘上，加压臂上加所需的载重（加压臂自重 250g 应计算在内）和经整新的橡胶砂轮，在臂的末端加上与砂轮重量相同的平衡砝码，轻轻放下加压臂。放下吸尘咀，并调节至离试板 1mm～1.5mm。依次开启总开关，吸尘器开关，转盘开关。把试板先磨 50 转，使之形成较平整的表面。关闭电源，取出试板。用毛笔轻轻抹去浮屑，称重（准确至 0.001g）。

③ 按产品标准规定调整计数器进行试验，当达到规定耐磨转数时，即行停止。取出试板抹去浮屑，称重，前后重量之差，即为漆膜失重。

④ 试验环境条件：试验应在恒温恒湿条件下进行。

⑤ 试验结果及误差：平行试验两次，两次之差不大于平均值的 7%，结果取其算术平均值。

12.1.4 讨论

耐磨性实际上是漆膜的硬度，附着力和内聚综合效应的体现。与底材种类，表面处理，漆膜在干燥过程中的温度和湿度有关。因此，试板的制备应严格按照方法中所述及要求进行。尤其是对于仲裁试验更需如此。

12.2 磨光性的测定

12.2.1 原理

漆膜磨光性能的测定，采用漆膜磨光仪，在一定的负载下，经规定的磨光次数后，以漆膜的光泽度百分数表示。

12.2.2 材料及仪器设备

马口铁板：50mm×120mm×(0.2～0.3)mm。
钢板：普通低碳钢板 50mm×120mm×(0.8～1.5)mm。
铝板：LY12，50mm×120mm×(1～2)mm。
纱布：医用纱布 65mm×100mm。
磨光剂：60g 三氯化二铬（化学钝）用 40g 煤油调成糊状。

（注：三氧化二铬有块状颗粒时需用 120 目筛子过筛后使用。）

汽车上光蜡；光电光泽仪；漆膜磨光仪。

12.2.3 试验步骤

① 按《漆膜一般制备法》，将试样喷涂于清洁干燥的底板上，按产品标准规定条件干燥后，测定其磨光性。

② 提起加压臂，磨头装上 5 层纱布，用少量的煤油湿润纱布后，涂上一层磨光剂。

③ 试板用夹具固定在磨台上。按产品标准规定的次数调整计数器。

④ 放下磨头，开启电源，当磨台往复运动停止后，取下试板，用纱布抹净。

⑤ 涂覆上光蜡，用纱布揩光，测定光泽。重复用纱布揩光，测定光泽，至光泽不再上升为止，记下读数。

12.2.4 试验结果评定

平行试验 2 次，2 次之差不大于平均值的 5%，结果取其算术平均值。

12.3 耐码垛性试验

12.3.1 原理

耐码垛性系指单层涂膜或复合涂膜体系在规定条件下充分干燥后，在两个涂漆表面或一个涂漆表面与另一种物质表面在受压的条件下接触放置时涂膜的耐损坏能力。

耐码垛性试验尽量模仿涂漆物体被互相堆起来的条件，结果的表示为检查在接触的面积上涂层有无任何损坏，并列出涂层表面所受的压力（Pa）。

12.3.2 仪器设备及材料

① 仪器如图 12-1 所示。该仪器是由一个底座和一个能自由滑动的压柱所组成，压柱（其底面的直径为 50mm±1mm）的最大质量为 250g，其下表面能与试验板上表面密合。

通常所使用的砝码质量范围为 100g～1000g。

② 试板

底材：除非另有规定，底材应符合 GB9271 的规定，试板的底材尽可能根据实际用途来选择。

试板的处理与涂覆：试板的处理应按 GB9271 的规定进行，然后按规定的方法将受试产品或产品体系涂覆在试板上。

涂漆试板应按产品标准规定的时间和条件进行干燥（烘烤及放置），然后在恒温 23℃±2℃，相对湿度 50%±5%的条件下放置，放置的时间按产品标准规定或 GB9271 的规定。

试片的准备：经规定的干燥时间后，尽快地从试板上切出一或两块试片，每片宽 30mm±1mm，长约为宽的 5 倍，所使用的方法应避免损伤漆膜，并尽量减少底材的变形。

测试前，试片边缘的隆起应整平。

如果已确定用涂漆表面与另一种表面之间相互作用做试验，则应准备一同样大小的其他材料的试片。

干涂层的厚度应按 GB1764 的规定测试。

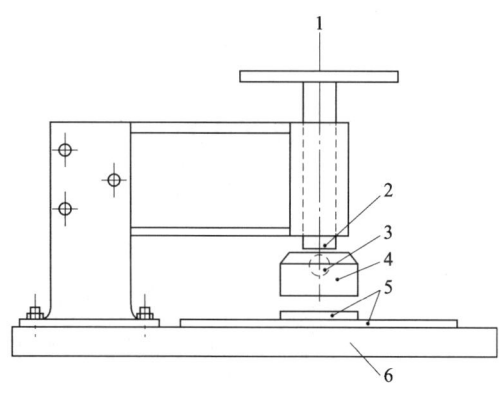

图 12-1　耐码垛性器
1—砝码；2—压柱；3—球节；4—表面；
5—试板；6—底座

12.3.3　试验步骤

试验应在温度 23℃±2℃，相对湿度 50%±5%的条件下进行。试片以 90℃±2℃角相互交叠，使试片表面紧密接触（见图 12-2 中的俯视图）。

（注：可采用三角尺校准以确保测试面积是正方形。）

将试片按上述方法放在底座上，将规定的砝码放在压柱上，然后将所有的质量慢慢地放置于两试片的接触面上，使压柱完全覆盖所接触的正方形，使其保持到所规定的时间。

经规定时间后，移去压柱分开试片，检查在接触的面积上涂层有无任何损伤，例如可见的印痕，试片在粘连中涂层的脱落。

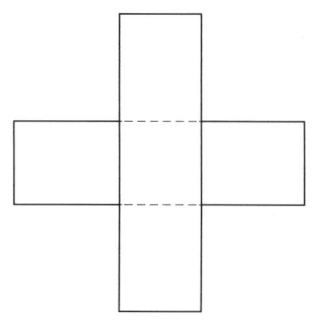

图 12-2　试板的俯视图

12.3.4　结果评定

如果需要，可用式（12-1）计算涂层表面所受的压力。

$$P = \frac{m_1 + m_2}{L^2} g \times 10^5 \approx \frac{m_1 + m_2}{L^2} \times 10^4 \qquad (12\text{-}1)$$

式中　P——压力（压强），Pa；

m_1——压柱的质量，g；

m_2——砝码的质量，g；
L——试片宽度，mm；
g——重力加速度，N/kg。

12.4 杯突试验

12.4.1 原理

GB9753 色漆和清漆的杯突试验，它是指涂层在标准的条件下，使其逐渐变形后，抗开裂或与金属底材分离的性能，可按规定的压陷深度进行试验，用通过不通过来评定。也可逐渐增加压深度，以测定涂层刚出现开裂或开始脱离底材时的最小深度。

12.4.2 设备及材料

杯突试验机，如图 12-3 所示。

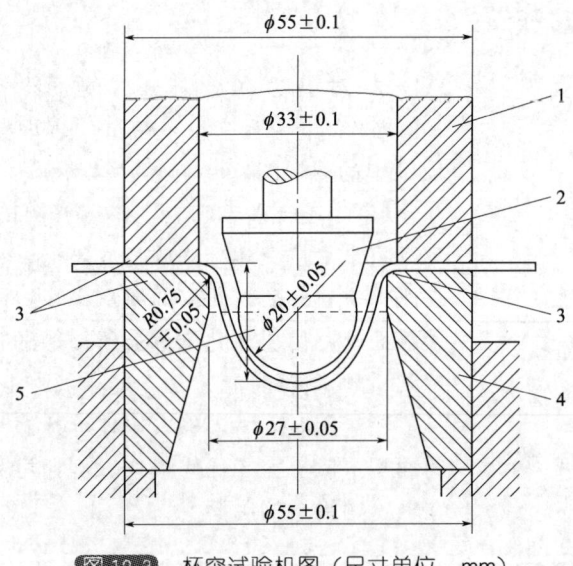

图 12-3 杯突试验机图（尺寸单位：mm）
1—固定环；2—冲头及球；3—试板；4—冲模；5—压陷深度

试片尺寸：正方形，70mm×70mm×(0.3～1.25)mm 磨光钢板。

12.4.3 试验步骤及结果判定

① 试片干燥：将涂装好的试板按标准规定的干燥条件和时间进行干燥，然

后在温度 23℃±2℃、相对湿度 50%±5% 下进行状态调节至少 16h（特殊规定除外），即可投入试验。

② 测定涂层是否通过规定深度程序：a. 将试板牢固地固定在固定环与冲模之间，涂层面向冲模，当冲头处于零位时，顶端与试板接触，调整试板，使冲头中心轴线与试板交点距板各边不小于 35mm。b. 将冲头的半球形顶端以 0.2mm/s±0.1mm/s 恒速推向试板，直至达到规定深度，即为冲头从零位开始至移动的距离。c. 以正常视力或 10 倍放大镜检查涂层是否开裂或从底材上分离。以两块试板结果一致来判定试验结果。

③ 测定引起破坏的最小深度程序：按步骤②程序进行，当涂层表面第一次出现开裂或涂层从底材上分离时，冲头停止移动，测量冲头此时的移动深度，即为冲头从零位开始至移动的距离（精确到 0.1mm）。

12.5　无印痕试验

12.5.1　原理

"无印痕"指在干燥后的涂层表面放置一块规定的尼龙丝网与一定质量的重物，经过一定时间后，涂层表面不留有丝网的印迹。从涂料涂于试板上开始，直至用本试验方法在涂层上进行测定刚好无印迹为止所用的时间，称作"无印痕时间"，试验的结果是以经过规定的时间后移去重物，观察有无印痕出现，记录结果为"无印迹"或"有印痕"。

12.5.2　材料及设备

① 聚酰胺丝网：由单丝织成的正方形丝网，尺寸 25mm×25mm（丝网的单丝线径为 0.12mm，孔径约为 0.2mm）。

② 橡皮圆板：直径 22mm，厚度 5mm，邵氏 A 硬度为 50±3 的橡皮。

③ 圆柱形砝码：质量为 200g，500g，1000g，其直径不小于 22mm。

注：橡皮圆板直径与砝码的质量可能与②、③的规定稍有不同，而涂层上所受的压力应等于采用②和③规定尺寸的圆板与砝码所产生的压力，即为 5.2kPa（200g），13.1kPa（500g）与 26.34kPa（1000g）。

④ 秒表或定时钟。

⑤ 试板：除另有规定或商定外，试验样板应为玻璃板、磨光钢板，应符合 GB 9271 的要求。试板的处理应按 GB 9271 要求进行，用规定的方法，采用合适的底漆（或中间漆）涂装，并在规定时间干燥。烘烤型漆、底漆（或中间漆）应在商定的烘烤条件下进行烘烤干燥，然后用规定方法施涂受试产品。涂装好的试

验样板按 GB 1764 测定干漆膜厚度。

12.5.3 试验步骤及评定结果

① 干燥：除非另有规定，涂好漆的样板应在标准环境，即温度 23℃±2℃、相对湿度 50%±5% 下进行干燥。需要烘烤的产品应在规定的条件下烘烤，烘干取出后应在上述标准环境中放置。

② 无印痕状态的评定：将已干燥的样板水平放置在实验台上，把一块正方形的聚酰胺丝网放在涂层表面，并在正方形中心放一块橡皮圆板，在其上面小心放上所需重量的砝码，使圆板的轴线与砝码的轴线重合，同时启动秒表或定时钟。除另有规定外，经过 10min 后移去重物，橡皮圆板及正方形丝网，以正常的（或校正过的）视力立即检查试验面积内的涂层表面情况，如果看不见印痕则无印痕，记录结果为"无印痕"或"有印痕"。

③ 无印痕时间的测定：涂好的样板在标准环境中干燥。在预计达到无印痕时间前不久开始，以适当的间隔时间进行每一次试验，可在同一试板的未试验涂层上（如果需要可在同时制备的不同板上）按上述测定要求进行测定，直至试验显示涂层已无印痕为止，记录涂层刚好无印痕的时间。

12.5.4 讨论

印痕试验的结果评定，主要与漆膜的干燥固化性能有关。为了保证成膜的完好，一定要严格按照技术标准对漆膜进行干燥（烘烤或室温干燥），同时应在标准条件下放置。

13 绝缘漆漆膜特殊性能测定

13.1 绝缘漆漆膜吸水率和耐油性的测定

13.1.1 绝缘漆漆膜吸水率的测定

(1) **原理** 绝缘漆漆膜吸水率的测定，是将试板浸入保持一定温度的蒸馏水中，保持一段时间后，以其重量增加的百分数表示。

(2) **材料和仪器设备**

紫铜片：T2，硬态。

天平：感量 0.0001g。

定性滤纸；玻璃容器。

(3) **试验步骤** 按规定制备 3 块试板。浸漆前，称紫铜片重量，两次浸漆干燥后称重（如为烘干漆则样板自烘箱中取出后，在干燥器中先放置 30min 再称重）。将试样垂直地全部浸入盛有 25℃±1℃ 蒸馏水的玻璃容器中。浸入 24h 后，用镊子取出试样，迅速用滤纸吸干漆膜表面水分，立即称重。

(4) **结果评定** 绝缘漆漆膜吸水率（W）按式（13-1）计算：

$$W = \frac{G_2 - G_1}{G_1 - G} \times 100\% \tag{13-1}$$

式中 G——紫铜片的质量，g；

G_1——浸入前试板的质量，g；

G_2——浸入后试板的质量，g。

以 3 次测定的算术平均值作为测定结果，取二位有效数字。平行试验结果之差不应大于平均值的 20%。

(5) 讨论

① 试板在浸水时,试片表面不应附有气泡,试片互相间或与容器壁不应接触。

② 浸水 24 小时后,将每块试板自水中取出至称重完毕的时间不得超过 2min,试验应尽快进行,否则会在空气中吸水,影响试验结果。

③ 绝缘漆漆膜的吸水率是需要控制的。水分吸收超过一定值,会使漆膜的绝缘性能降低,而对其他的漆,只是测定在水中保持一定时间后,漆膜变化的情况。

13.1.2 绝缘漆漆膜耐油性的测定

(1) 原理 绝缘漆漆膜耐油性的测定是将试板浸入或浇上保持一定温度的变压器油中,经受一定时间,观察其漆膜表面变化的现象。

(2) 材料和仪器设备

紫铜片:T2,硬态。

10 号变压器油;鼓风恒温烘箱。

盛油容器:搪瓷杯等器皿。

(3) 试验步骤 取 3 块按《绝缘漆漆膜制备法》制得的试样,一半浸入变压器油中,一半露于空气,将其放入烘箱,以 25～30min 的时间升温至 105℃±2℃,保持 24h,从油中取出试样,用洁净纱布将油轻轻擦净,观察外观。

(4) 结果评定 在浸过油的 3 块试片中,如其中两块试样符合下列要求,则耐油性为合格。

浸入油中的漆膜与上部未浸油的漆膜表面均应平整光滑,无起泡、起皱及脱落现象。

漆膜不应被纱布擦掉。

13.2 绝缘漆的体积电阻和表面电阻

13.2.1 原理

绝缘漆漆膜绝缘电阻的测定,是对漆膜施加上一定的直流电压,用高阻计测定体积电阻 R_v 和表面电阻 R_s,从而计算出漆膜的体积电阻系数 ρ_v 和表面电阻系数 ρ_s。

13.2.2 材料和仪器设备

紫铜片:T2,硬态。

铝箔:厚度<0.01mm。

Zc36 型 $10^{17}\Omega$ 超高阻计:是一种直读式高阻计,最高量限为 $10^{17}\Omega$ 电阻值

(测验电压为 1000V)，用三电极系统测试时，可按图 13-1 连接。

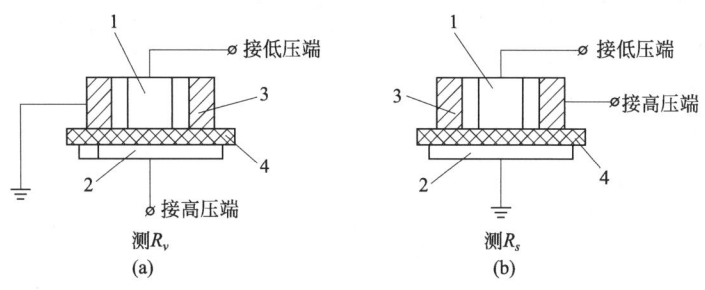

图 13-1 三电极连接图
1—测量电极；2—高压电极；3—保护电极；4—被测试样

13.2.3 测定方法

在紫铜片上制备漆膜，测量时，不允许用手指接触漆膜表面。

(1) 测试条件

常态测定：在温度 25℃±1℃、相对湿度 60%～70% 的条件下放置不少于 4h，并在此条件下测定。测试电压为 500V。

受潮测定：在 25℃±1℃ 蒸馏水中，全浸 24h 后取出，用滤纸吸干漆膜表面水分，立即测定。试片从水中取出到测定完毕时间不得超过 5min，测试电压为 250V。

热态测定：将试板和电极置于绝缘良好的专用烘箱中，在规定的温度下保持 10min 后进行测定，测试电压为 250V。

(2) 测试步骤

① 以涂漆铜片作为一个电极，另一个电极是直径为 50mm±0.2mm 的圆形铝箔及外径为 74mm、内径为 54±0.2mm 的环形铝箔。将铝箔以少量凡士林粘贴于漆膜上（高温测定采用硅油或变压器油），贴后的铝箔应平整无气泡。圆形铝箔和环形铝箔应同心。

② 接通仪器电源，合上电源开关，指示灯发亮，并有蜂鸣声。

③ 调整仪器，使前面板上各开关位置处于规定位置。即：测试电压开关置于"10V"处，倍率开关置于最低档位置（$1\times10^2\Omega$）；"放电-测试"开关置于"放电位置"；输入短路开关置于"短路"位置；极性开关置于"0"位。

接通电源预热 30min 后，反复多次调节"满度"电位器及倍率开关，调好仪器灵敏度。

④ 将试样板接入仪器测量端，再将放电—测试开关置测试挡，约经 15s 充电后，按下输入短路开关，按要求加上测试电压，1min 时读取电阻的指示值。注意测量电极与保护环同心，间隙距离要求均匀。

⑤ 测试后，经 1min 左右的放电，取出试板，然后再测另一块试板。

13.2.4 结果评定

按下式分别计算体积电阻系数 ρ_V（Ω·cm）和表面电阻系数 ρ_s（Ω）：

$$\rho_V = \frac{R_V \times \pi r^2}{d} = 19.63 \times \frac{R_V}{d} \tag{13-2}$$

式中　R_V——体积电阻，Ω；

　　将仪表上的读数乘以 10^6 乘以倍率开关指示的倍率×测试电压开关指示的系数（100V 为 0.1；250V 为 0.25；500V 为 0.5；1000V 为 1）即得 R_V；

　　π——3.1416；

　　r——测量电极半径，本电极为 2.5cm；

　　d——被测漆膜的双面厚度，cm。

$$\rho_s = R_s \times \frac{2\pi}{\ln D_2/D_1} = 80R_s \tag{13-3}$$

式中　R_s——表面电阻，Ω，读数同 R_V；

　　π——3.1416；

　　D_2——保护电极的内径，本电极为 5.4cm；

　　D_1——测量电极的直径，本电极为 5cm。

取 3 块试板测定数值的算术平均值作为试验结果，其中任意两块的数值差不应大于 1。

13.3　绝缘漆耐击穿强度的测定

13.3.1　原理

绝缘漆漆膜击穿强度的测定是采用连续均匀升压的方式，在一定条件下，对漆膜施加交流电压直至击穿。测定所得到的击穿电压值与漆膜的厚度之比为击穿强度 E，以 kV/mm 表示。

13.3.2　材料和仪器设备

紫铜片（T2）；热态电性能测定专用恒温烘箱；击穿强度测定仪；该仪器系由高压变压器、过电流继电器、电压调整装置和电压表等主要部件组成，线路如图 13-2 所示。

高压变压器其交流电源的频率为 50Hz±0.5Hz。过电流继电器其动作电流应使高压变压器的次级电流小于其额定值。电压表的精确度为 1.5 级。电压调整装置应能均匀地调整电压（跳动不超过±0.5%）升压速度为 500V/s。试验时高压电极应以紫铜或黄铜制成圆柱电极，尺寸如图 13-3 所示。接触漆膜的电极底部应保持平整光滑，其光洁度不低于∇7。

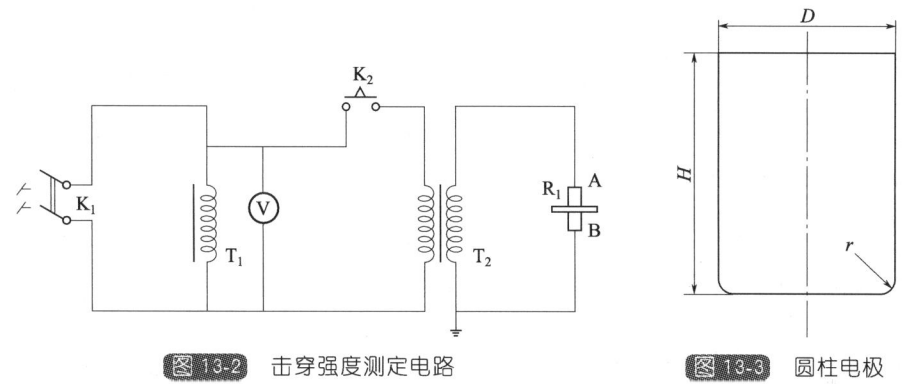

图 13-2 击穿强度测定电路　　　　图 13-3 圆柱电极

13.3.3 测试方法

(1) 测试条件

常态测定：恒温恒湿条件下测定。

受潮测定：试板在 25℃±1℃ 蒸馏水中全浸 24h 后取出，用滤纸吸干漆膜表面水分即进行测定。试板从水中取出到测定完毕不得超过 5min。

热态测定：将高压电极置于绝缘良好的专用恒温烘箱中，升温至规定的温度，然后放入试板在该温度下保持 10min 后进行测定。

(2) 测试步骤　按标准要求制备两块试板，以涂漆铜片为接地电极，放置于高压电极下进行试验。作用于试板上的电压，由零位开始以 500V/s 的速度连续均匀平稳升高，直至试板被击穿时，读取电压值。按图 13-4 所示的位置在漆膜两面各测定 5 次，然后在击穿点附近测量漆膜的厚度。铜片上任何处的每面漆膜厚度均应为 0.05mm±0.005mm。

试验时如有飞弧现象发生，可使用防飞弧罩。

13.3.4 结果评定

击穿强度 E(kV/mm) 按式 (13-4) 计算

$$E = \frac{V}{d} \tag{13-4}$$

式中　V——试板击穿时的平均电压，kV；

　　　d——漆膜厚度 mm。

取 10 次测定结果的算术平均值作为试样的击穿强度，计算值取小数点后一位数字。每次测定值与平均值之差应不大于 5%，否则应重新制备试板复验。

13.4 绝缘漆耐电弧性的测定

13.4.1 原理

耐电弧漆耐电弧性的测定是采用耐电弧仪,对漆膜施加连续高电压小电流电弧,至漆膜烧穿导电时所需时间,以秒(s)表示。

13.4.2 材料和仪器设备

酚醛绝缘塑料板:$\Phi 100mm \times 3mm$ 或 $100mm \times 100mm \times 3mm$,耐电弧性为 1.5s~2.5s。

连续高电压小电流耐电弧仪:该仪器系由调压变压器、电流互感器、交流毫安表、钨电极、限流电阻、计时等部分组成。

基本要求如下:

电压表精度为 1.5 级;

调压变压器容量不小于 1kV·A;

电流互感器容量不小于 300V·A;

限流电阻为 15kΩ,功率不小于 150W;

交流毫安表精度 1 级。

钨电极:电极用 2.5mm 的钨棒加热到暗红色,擦上亚硝酸钾后马上放入水中冷却,擦净(如提高钨棒韧性及改善电性能)。然后研磨出和轴线成 30°角的椭圆平面,用 15 倍放大镜检查应无毛边及边缘的凹凸不平。两钨电极的距离必须为 6.5mm ± 0.05mm,对试样压力为 50g ± 5g,试样与电极间夹角为 35°。整个装置如图 13-4 所示。

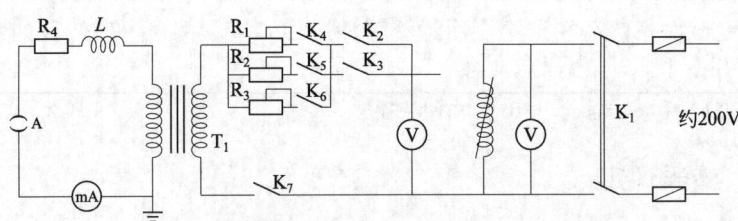

图 13-4 耐电弧性的测定线路图

每做 10 次用绸布蘸乙醇揩擦电极尖端。如电极严重污染,可用 600 号水砂纸擦净电极表面。试验时,电极应罩在有出气孔的玻璃罩内。

13.4.3 试验步骤

接通电源,调节电阻 R_2 使两电极在空气中燃弧时,交流毫安表数值为 10mA。

按《绝缘漆漆膜制备法》中浇注法的规定，用酚醛绝缘塑料板制备 3 块样板。

在恒温恒湿条件下，将样板放在耐电弧仪支架托盘上，使两电极的椭圆面朝下接触漆膜表面，关闭玻璃罩，开启开关，同时计时。待两电极间漆膜表面发生炭桥导电、弧迹发亮、电弧熄灭或电弧呈火焰状现象形成导电通路时，即记录时间。

试验完毕，打开玻璃罩，排气后，再做第二次、第三次试验。

每块样板测定应不少于 5 点，并保证燃弧部分离试样边缘 7mm 以上，每点间隔 12mm 以上。

13.4.4　结果评定

以每块样板各点的算术平均值作为该样板的耐电弧值，精确到 0.1s，以两块样板的平均值作为该试样的耐电弧性测定结果。每点允许最大相对误差不大于平均值的 20%，否则，应重新制备样板进行复验。

13.4.5　讨论

两个电极之间的距离 $L = 6.5mm \pm 0.05mm$ 一定要严格保证，才能控制试板上承受电弧的大小一致，否则影响测出的耐电弧时间。

试验样板的耐电弧性测定应在恒温恒湿的条件下进行，温度和湿度的变化都将影响耐电弧漆承受电弧作用的时间。

涂膜的厚度直接影响耐电弧结果，一定要按规定严格控制涂膜厚度以及涂层的均匀程度。

14 国内外涂料试验方法

部分国内外涂料的试验方法如表 14-1 所示，供实验人员参考。

表 14-1 部分国内外涂料试验使用方法

名 称	国标号	俄罗斯标准	ISO 国际标准
油漆涂层耐候性加速实验的一般要求和方法		ГосТ 9.401—91	
油漆涂层液体静态作用能力的测定方法		ГосТ 9.403—80	ISO 2812—1974
油漆涂层的外观评定方法		ГосТ 9.407—84	ISO 4628—1980
油漆涂料的光泽度测定方法	GB/T 9754—88	ГосТ 894—69	
油漆涂料的冲击强度测定方法	GB/T 1732—1993	ГосТ 4716—73	ISO 2815—1973
油漆涂料的硬度摆杆仪测定方法	GB/T 1730—2007	ГосТ 5233—89	ISO 1522—1973
油漆涂料的细度测定方法	GB/T 1724—1979（1989）	ГосТ 6589—74	ISO 1524—1983
油漆涂料漆膜弯曲强度测定方法	GB/T 6742—2007	ГосТ 6806—73	ISO 1519—1973
油漆涂料的条件黏度测定方法	GB/T 1723—1993	ГосТ 8420—74	
油漆涂料的遮盖力测定方法	GB/T 1726—1979（1989）	ГосТ 8784—75	ISO 3906—1980
油漆涂料的试验用油漆涂层的制备方法	GB/T 1727—1992	ГосТ 8832—76	ISO 1514—1984
油漆涂料的挥发物和不挥发物、硬质物质和成膜物质的质量百分率测定方法	GB/T 6751	ГосТ 17537—77	ISO 1515—1973

续表

名　称	国标号	俄罗斯标准	ISO 国际标准
油漆材料干燥程度和时间的测定方法	GB/T 1728—1979（1989）	ГосТ 19007—73	ISO 1517—1973
油漆材料用碘量等级评定颜色	HG/T 3342—1985	ГосТ 19226—79	ISO 14630—1981
油漆材料的酸值测定方法	GB/T 6743—1986	ГосТ 23955—80	ISO 3682—1983
油漆材料附着力测定方法	B/T 1720—1979（1989）	ГосТ 15140—78	ISO 2409—1972

参考文献

[1] 陈士杰等主编. 涂料工艺. 北京：化学工业出版社，2003.
[2] 李金桂，赵闺彦主编. 航空产品腐蚀及其控制手册. 北京：北京 621 所，1984.
[3] 天津油漆厂、北京航空学院合编，油漆结构学与施工. 北京：国防工业出版社，1978.
[4] 中化化工标准化研究所等编. 化学工业标准汇编 涂料与颜料（上）. 北京：化学标准出版社，2003.